電子工作
Hi-Tech
シリーズ

おまかせ表示! 動画から天気予報までなんでもウェブから

ハイパー・マイコン
mbedで
インターネット
電子工作

飯田忠夫 [著]
Tadao Iida

CQ出版社

はじめに

　ARM 製 CPU は低コスト・低消費電力という特徴を持ち，組み込み機器やスマートホンなどのモバイル機器の分野で，大きなシェアを獲得しています．一方ホビー・ユースに目を向けると，日本ではまだまだ H8 や PIC のマイコンをはじめ，Arduino(AVR) などが一般的ですが，最近では RaspberryPi など ARM アーキテクチャを採用したものも電子工作への利用が少しずつ増えています．

　そのような中で，mbed は利用のしやすさという点で一歩抜きん出ています．それは，開発環境を Web ブラウザから利用するため，開発環境を構築するためのソフトウェアのインストールなどの作業がまったく必要ないからです．また，mbed の Web ページには，世界中の mbed ユーザが開発したライブラリやプログラムが公開されており，それらを活用することで，プログラムを作成することができます．これらの特徴により，mbed は**作りたいものを素早く作ることができる**のです．

　そのような中，本書は ARM Cortex-M3 を搭載した mbed を使って，**ネットワークを利用したプログラムの作成に焦点を当てた内容**になっています．この mbed にはネットワークを使用するためのイーサネットの物理層(PHY)IC が搭載されているほか，mbed の公式 Web ページには mbed ユーザが開発したネットワーク関連のライブラリやプログラムが多数公開されています．そのため，それらを活用することで，これまでのマイコンに比べると，とても簡単にネットワークを使ったプログラムを作成できるのです．本書ではネットワークを使ったプログラム作成の基本や，ネットワークを使ったさまざまな事例について紹介しています．

　まず，第 1 章では mbed の概略について紹介します．プログラムを作成するための準備や実際にプログラムを作成し，開発手順をひととおり体験することで mbed の基本的な利用方法を知ることができます．第 2 章では，mbed の Web ページで公開されているライブラリを利用し，世界中のユーザが作成したライブラリやプログラムを再利用して新しいプログラムを作成します．

　第 3 章では Socket クラスを使って比較的ロー・レベルの階層のネットワーク・プログラムを作成します．この際，mbed と Windows の双方についてプログラムを作成します．そして，第 4 章から第 6 章では，これまでのネットワークを使ったプログラムのまとめと応用事例として，

- ▶ mbed 同士で音声を送受信するプログラム
- ▶ インターネットから気象情報を取得し表示するプログラム
- ▶ カメラを使った画像表示プログラム

など，mbedにデバイス数個を加えることで手軽に試すことができ，しかも読者の皆さんに興味を持ってもらえ，発展させることのできる事例を紹介しています．

　ネットワークの世界は日々新しい技術が生まれています．そのため，あなたのアイデア次第では，世界中の人が興味を持つようなものを作成することも夢ではありません．本書により，ネットワークを活用した面白いアイデアが生まれたり，それらを実現する手助けができれば幸いです．ぜひ，世界が驚くような面白いプログラムを作成し，mbedのWebページで公開してみてください．
　なお，本書はC言語の基礎がある程度理解できることを前提にしてプログラムの解説をしています．もし読者がC言語について初心者であれば，本書以外にC言語の基礎について書かれた参考書籍を準備されることをお勧めします．

2014年6月　飯田 忠夫

CONTENTS

はじめに ……………………………………………………………………………… 2

早くしかも簡単に動くものが作れる Rapid Prototyping を体験する
[第1章] mbed を使って組み込みマイコンの
　　　　プログラム開発をマスタしよう！ ……………………… 8

- 1-1　mbed はただのマイコンではない ……………………………………… 8
- 1-2　mbed は初心者でも簡単にプログラムが作成できるワンボード・マイコン
　　　……………………………………………… 10
- 1-3　mbed で最初に行うことは アカウントの作成 ………………………… 12
- 1-4　mbed でプログラムを作成…え！こんなに簡単なの!! …………………… 18
- 1-5　printf を使ったデバッグ ……………………………………………… 23
- 1-6　書き込み器なんて不要．しかもコピペだけでプログラムが動いちゃう …… 24
- Column…1-1　mbed 2.0 になってより使いやすくなった ………………… 13
- Column…1-2　ベース・ボードにはそれぞれ特徴がある ………………… 16
- Column…1-3　プログラムが増えて「Program Workspace」が見づらい ……… 27

液晶表示とネットワーク対応のメール送信プログラミング
[第2章] ライブラリを使って作りたいものを素早く簡単に作る
　　　　……………………… 28

- 2-1　ライブラリってよく聞くけどなに？ …………………………………… 28
- 2-2　mbed でのライブラリの利用方法…とても簡単にプログラムが作れる！ …… 30
- 2-3　ライブラリをフル活用してネットワーク・プログラムを作成する ………… 32

2-4　帰宅お知らせシステムの実行と動作確認 ……………………………………… 43

2-5　SimpleSMTPClientライブラリをちょっと覗いてみる～あれ，意外と簡単かも～
　　　………………………………… 51

Column…2-1　mbedのSMTPClientからGmailやHotmailの
　　　　　　　　SMTPサーバに接続したい ……………………………………… 45

組み込みマイコンでも簡単にインターネット通信が利用できる

［第3章］Socket通信を使ってmbedとWindowsの コラボレーションを実現しよう ……………………… 53

3-1　プログラムの作成に必要なネットワークの知識 ……………………………… 53

3-2　TCPSocketを使ったデータ受信プログラムの作成 ………………………… 56

　3-2-1　mbedでTCPソケットを使ったプログラムを作成する …………… 58

　3-2-2　WindowsでTCPソケットを使ったプログラムを作成する ………… 61

3-3　UDPを使ったデータ送受信プログラムの作成 ……………………………… 76

応用事例

応用事例1：シンプルなハードウェアで簡単実験

［第4章］ネットワークで音声を送受信するIPトランシーバの製作 ……………………………… 91

4-1　IPトランシーバは音声データを送受信するがテキストと大差はない ……… 91

CONTENTS

 4-2 IP トランシーバ回路の製作 ………………………………………… 92

 4-3 ボイス・レコーダの製作 …………………………………………… 96

 4-4 IP トランシーバの製作 …………………………………………… 100

応用事例 2：xml 形式のデータをうまく使いこなす

［第 5 章］自動更新する天気予報表示ガジェットの製作 ………… 107

 5-1 Web サーバから気象情報を取得する ……………………………… 108

 5-2 mbed で気象情報から必要な情報だけを抽出してみよう …………… 113

 5-3 カラー・グラフィック LCD を制御する …………………………… 117

応用事例 3：動画と無線

［第 6 章］JPEG カメラと XBeeWifi を使った画像表示システムの製作 …………………… 133

 6-1 画像表示システムで使用するデバイス JPEG カメラ ……………… 133

 6-2 画像表示システムで使用するデバイス XBeeWifi ………………… 134

 6-3 mbed のプログラム Camera-XBeeWifi の作成 …………………… 148

 6-4 C# によるカメラ画像表示プログラム C1098Viewer の作成 ……… 152

 Column…**6-1** mbed のプログラムから XBee を設定する ………… 144

Appendix ライブラリ ……………………………………………… 160

 TextLCD ライブラリ ……………………………………………………… 160

Ethernet 用 mbed IP ライブラリ …………………………………………… 160

NTPClient ライブラリ ……………………………………………………… 161

SMTP クライアント・ライブラリ ………………………………………… 162

TCPSocketServer ライブラリ ……………………………………………… 163

TCPSocketConnection ライブラリ ……………………………………… 164

UDPSocket ライブラリ ……………………………………………………… 165

Endpoint ライブラリ ………………………………………………………… 166

HTTP クライアント・ライブラリ ………………………………………… 166

XMLParser ライブラリ ……………………………………………………… 167

Nokia 製カラー・グラフィック LCD ……………………………………… 170

C1098 カメラ・ライブラリ ………………………………………………… 171

索引 …………………………………………………………………………… 172

著者略歴 ……………………………………………………………………… 175

参考・引用＊文献 …………………………………………………………… 175

[第1章] 早くしかも簡単に動くものが作れる Rapid Prototyping を体験する

mbedを使って組み込みマイコンの プログラム開発をマスタしよう！

本章では，最初に mbed について紹介し，続いてプログラム開発を行うための準備として，mbed の Web ページにログインするためのアカウント作成やデバッグのための環境構築を行います．最後に実際にプログラムを作成し，実行してみます．

本章を読み終えると，開発手順をひととおり体験でき，mbed を使ったプログラム開発の流れをつかむことができます．

1-1 mbed はただのマイコンではない

　mbed は ARM 社の CPU を搭載したマイコンです．しかし，これまでのマイコンとは少し違い，マイコン開発の初心者でも早くしかも簡単に「動くもの」が作れるように開発されました．そのため，これまでのマイコンとは違ったいくつかの特徴があります．

　一つ目は，mbed の開発を行うための開発環境がクラウド（後述）で提供されているため，パソコンに開発用ソフトウェアをインストールするなどの面倒な作業が必要がありません．しかも，開発環境は Web ブラウザから利用でき，インターネットが利用できる環境さえ整っていれば，mbed での開発をすぐに始めることができます（**図 1-1**）．

　二つ目は，コンパイラが出力するバイナリ・ファイル（実行ファイル）をマイコンに書き込む際にも，USB ストレージ[*1]として認識される mbed に実行（バイナリ）ファイルを「保存するだけ」という手軽さ

(a) 一般的な開発　　　　　　　　　　　　　　(b) mbedでの開発

図 1-1　従来の複雑なマイコン開発と単純な mbed を使った開発
従来のマイコン開発では，開発用ソフトウェアをインストールしマイコンを開発するための環境を構築する必要がある．また，システムによっては書き込み用のハードウェアも別途必要になる．このため，初心者の場合プログラムを作成する前の段階でかなりの時間を費やすことも多く，マイコンでプログラムを作成するための敷居が高い．一方 mbed は，クラウドにある開発環境を使うため，開発環境の構築に要する時間はほとんどかからない（アカウント作成だけ）．しかも，マイコンへのプログラムの書き込みは，ファイルを mbed に保存するだけという手軽さである．

です（図1-2）．したがって，マイコンの開発では必須だった書き込み器や書き込むためのソフトウェアなどは一切必要ありません．パソコンとmbed，そしてそれらをつなぐUSBケーブルさえあれば，すぐに開発したプログラムを実行できます．

　三つ目が，世界中にいる何万というmbedユーザが開発した，センサや各種デバイスを使用するためのライブラリやプログラムが自由に利用できることです．これらは，多くの有用な情報とともにARM社が運営しているmbedの公式Webページ（http://mbed.org）に公開されていて，しかも，その多くがオープン・ソースとして公開されています．これにより，ライブラリを使用したり，公開されているプログラムをベースにして開発することで，開発者は自分で作成するプログラムのソース・コードの量を減らすことができ，それにともない，デバッグにかかるコストも大幅に削減することができます．

　このように，mbedはこれらの機能により驚くほど容易にしかも素早く「動くもの」を完成させることができるのです．

◆ Cortex Mシリーズのマイコンを搭載

　mbedで使われているCPUは，Cortex M3もしくはCortex M0というARM社の32ビット組み込み用プロセッサです．図1-3は最初に発売されたmbedで，NXP社のLPC1768（Cortex M3）が搭載された，汎用性の高い高性能マイコンです．ARMプロセッサは特に消費電力が少ないという特徴があり，モバイル機器や組み込み機器の用途に世界中で使われていて，mbedに搭載されているCortex M3の上位シリー

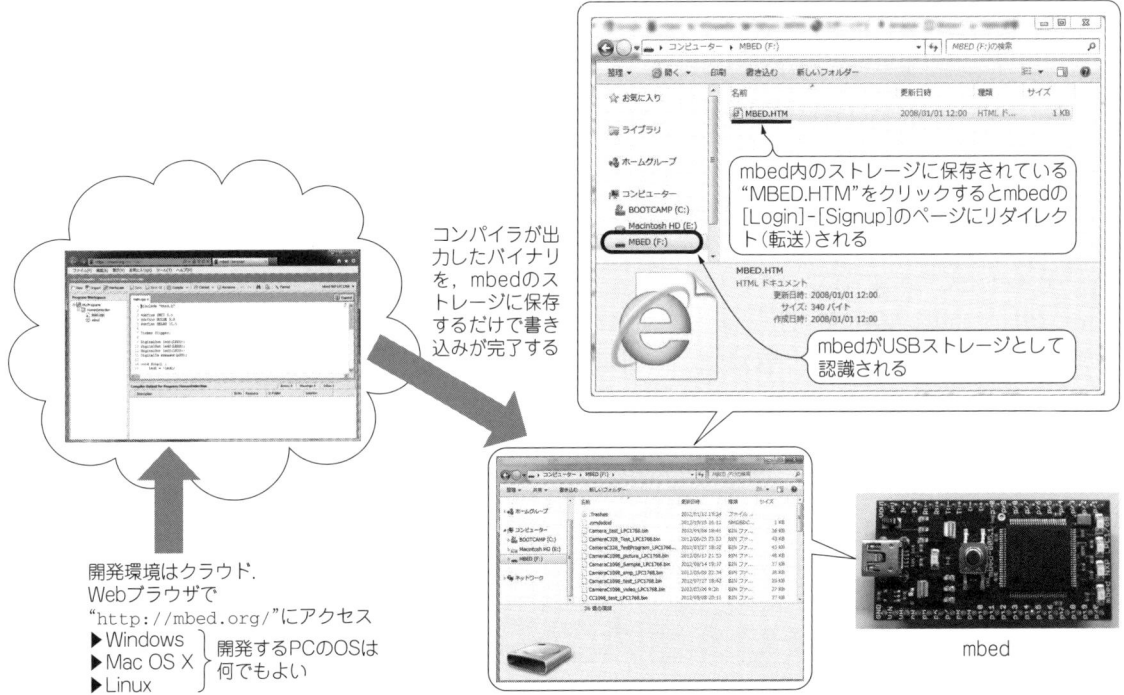

図1-2　開発したプログラムは実行ファイルをmbedにコピーするだけという手軽さ！
mbedでの開発はクラウドにアクセスして行うため，開発に使用するコンピュータのOSには依存しない．Webブラウザでhttp://mbed.org/にアクセスするだけ．作成したプログラムをコンパイルしてできたバイナリ・ファイルをmbedのストレージに保存するだけでプログラムを実行できる．

（＊1）USBストレージ：ストレージとは補助記憶装置のことで，USBを介して補助記憶装置を使用する機器をUSBストレージという．普段使っている，USBメモリやUSBの外付ハードディスクもUSBストレージ．mbedはパソコンに接続すると，2MバイトのUSBストレージとして認識される．

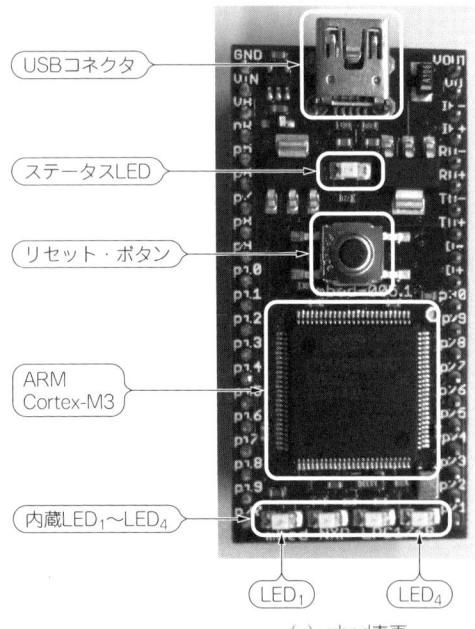

(a) mbed表面

- サイズ：54×26mm．40ピンのDIP ICソケットに挿さるパッケージ
- I/O-Ethernet，USB
  SPI，I²C，UART，CAN
  GPIO，PWM，ADC（12ビット），DAC（10ビット）
- 電源：4.5〜9.0V（※USB接続時はUSB給電）
- 消費電流：200mA（※Ethernet無効時100mA）
- VOUT端子：周辺機器駆動用3.3V出力
- VU端子：USB給電時だけ5V出力
- 入力端子：3.3V（※5Vトレラント入力）
- 電流：40mA/ピン，合計400mA

(b) mbed（NXP LPC1768）の仕様

図1-3[(10)] **mbedの外観と主な仕様**
mbedの外観図でVINやGNDなど端子名がシルク印刷されている．
- USBコネクタ（USB mini Bコネクタ）：PCと接続するためのコネクタ
- ステータスLED：電源が供給されると点灯し，プログラムを書き込む際には点滅する
- リセット・ボタン：mbedをリセットしてプログラムを実行する
- 内蔵LED₁〜LED₄：プログラムにより制御できる内蔵LED

ズにあたるA9，A15と呼ばれる処理能力が高いCPUは，スマートホンやタブレットに採用されています．最近ではMicrosoftからARMプロセッサで動作するWindows RT（ARM版Windows8）が発表されるなど，ARMプロセッサは一般ユーザ向けコンピュータ用途にまで急速に利用が進んでいます．

ARM社は，IntelのようにはCPUの製造を行っておらず，CPUのアーキテクチャを設計し，そのライセンスを販売することで，NXP Semiconductors（NXP）やSTMicroelectronics，Texas Instruments（TI），Freescaleをはじめ，富士通（Spansion），東芝など世界の名だたる半導体メーカが製造を手掛けています．これら，各社が作るマイコンの仕様は同じではありません．ARM社からライセンスを取得したCPUに，各社で目的に応じた周辺回路を組み合わせるなどして製造するため，たとえ同じCortex M0であっても内蔵されているメモリのサイズや，A-Dコンバータの分解能，I/Oの種類や数は各社でそれぞれ異なっています．

1-2　mbedは初心者でも簡単にプログラムが作成できるワンボード・マイコン

mbedの開発環境で使用する「クラウド」ですが，皆さんも一度は耳にしたころがあると思いますし，実際にクラウドで提供されているサービスであるGmail（Webメール・サービス）やDropbox（オンライン・ストレージ・サービス）などを利用されている方も多いと思います．クラウドとは利用者がインターネット側の物理的なハードウェア構成やプラットホームなどについて意識せず，インターネット上に提供され

表1-1[10],[11] 代表的な2種類のmbedの特徴

	mbed NXP LPC11U24	mbed NXP LPC1768	概　要
用途	省電力	汎用(高パフォーマンス)	
CPU コア	ARM Cortex-M0	ARM Cortex-M3	
周波数	48MHz	96MHz	
FLASH メモリ	32K バイト	512K バイト	
RAM	8K バイト	32K バイト	
入出力インターフェース			
LAN	無	有	有線LANを使ったデバイスを開発できる
USB ホスト	無	有	USBデバイスを制御するための機能
USB デバイス	有	有	USBデバイスとして動作する機器を開発できる
UART	1	3	非同期シリアル通信
SPI	2	2	シリアル通信(比較的高速)
I²C	1	2	バス接続のシリアル通信
CAN	無	2	主に車載ネットワークとして利用される
PWM 出力	8	6	サーボ・モータ制御などに利用される
アナログ入力	6	6	0～3.3Vのアナログ入力(※5Vトレラント．5V耐性あり)
アナログ出力	無	1	0～3.3Vのアナログ出力

ているサービスを，必要なときに必要なだけ利用する形態のことで，mbedの場合は開発環境であるオンライン・コンパイラやデータを保存するストレージのクラウド・サービスを利用していることになります．クラウドを利用することで，自宅・学校・職場など場所や使用するPCを問わず，どこでも開発環境や作成したプログラムにアクセスすることができるという利点があります．

　mbedの開発言語は，標準的なC/C++を使用するため情報量も多く，初心者が最初に学習するには最適です．また，mbedでプログラム開発するためのライブラリやサンプル・プログラムなどの多くの有用な情報は，http://mbed.orgに集約されており，必要な情報を得るためにインターネットを探し回る必要もありません．

◆ 本書では青いmbed(NXP LPC1768)を使う

　mbedは，当初に用途が違う2種類のマイコンが入手できました．一つは省電力向けのNXP LPC11U24(黄色いmbed)で，もうひとつは汎用向けで高いパフォーマンスのNXP LPC1768(青いmbed)です．**表1-1**に二つのmbedの仕様をまとめました．

　mbed 2.0がアナウンスされてから，いくつかのマイコン・ボードやマイコン単体でもmbedの開発ができる環境が整いつつあります(p.13のコラム1-1参照)．本書では，主にネットワークを使った開発を行うことから，それらのマイコン・ボードの中で一番ポピュラなNXP LPC1768を使用します．

　図1-4がピンの配置図です．一般的にマイコンは一つのピンに複数の機能が割り当てられており，どの機能をどのように使うかをプログラムで指定します．初心者にはこのピンへの機能の割り当てが複雑で理解するのが大変なのですが，mbedはほかのマイコンに比べると，とても簡単にピンの機能を指定するこ

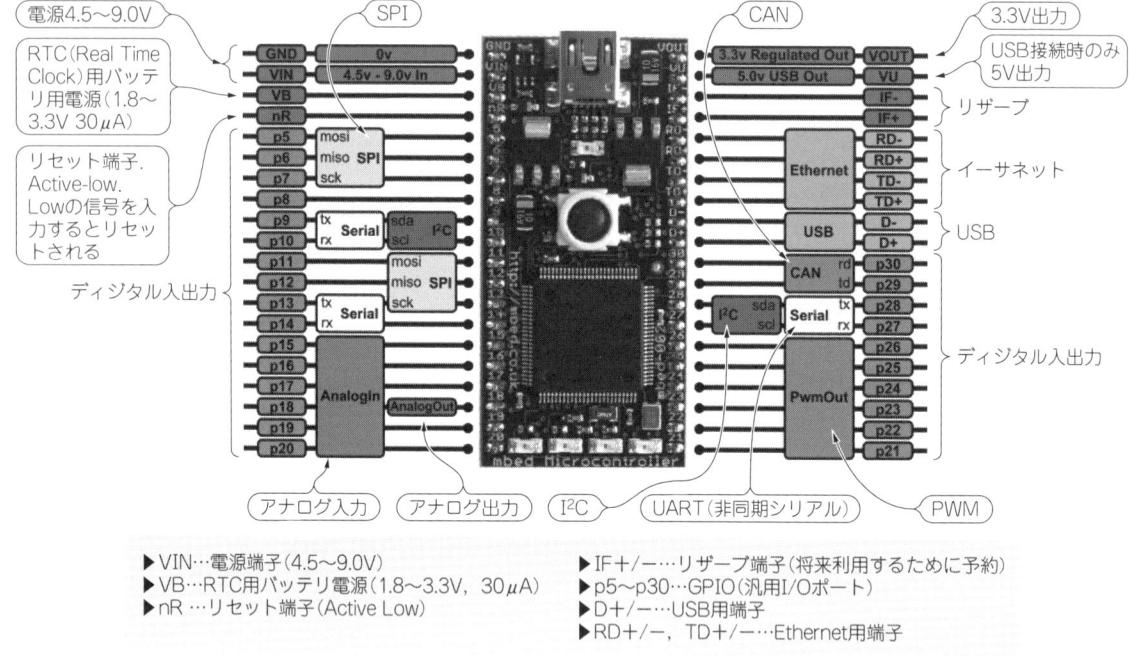

図 1-4[10] **mbed のピン配置と機能**
mbed の端子図で，各ピンに割り当てられている機能がわかるようになっている．もし，PWM の機能を使いたければ PWM の機能が割り当てられている p21 ～ p26 のピンを使う必要がある．

とができます．
　このように，mbed は初めて組み込みプログラムの開発を体験するユーザに適したマイコンであると言えます．

1-3　mbed で最初に行うことは アカウントの作成

　mbed を使うためには，まず最初にクラウドにある mbed の Web ページにアクセスし，アカウントの作成を行います．前にも述べましたが，mbed はクラウドに提供された開発環境を使ってプログラムを作成するため，PC とインターネットへの接続環境が必要です(*2)．
　まず，付属の USB ケーブルを使って，図 1-5 のように mbed と PC を接続してください．このとき，mbed の端子をむき出しで使用すると，意図せず端子同士が接触する危険があるので，ブレッドボードや後ほど紹介するベース・ボードに取り付けて利用しましょう．正常に接続が完了すると mbed はパソコンの USB ストレージとして認識されるので，図 1-2 のようにファイル・エクスプローラから mbed のストレージにアクセスします．ストレージ内には[MBED.HTM]というファイルがあるので，そのファイルをクリックすると，図 1-6 のように Web ブラウザが起動し，mbed の[Login or Signup]のページにリダイレクト(転送)されます．既にアカウントを取得済であれば，ユーザ名とパスワードを入力し[Login]ボタンを押してログインします．また，初めて mbed を使う場合は[Signup]ボタンを押してアカウントの作成を行ってください．

(*2) mbed はローカルに開発環境を構築することも可能だが，本書では一般的な使用方法であるオンライン・コンパイラを使って開発を行う．

> **Column…1・1** mbed 2.0になって，より使いやすくなった

2013年春にmbed 2.0がリリースされ，いくつかの大きな変更が加えられました．これにより，mbedでの便利な機能が利用できるmbedプラットホームは今後さらに増えていくと思われます．mbed 2.0の変更点を紹介します．

(1) mbed SDKがオープン・ソースに対応

当初mbedライブラリ(mbed SDK)はブラックボックスとしてバイナリで提供されていました．このため，mbed SDKのライブラリに動作の不安定なものがあっても，mbedのサポートに連絡し，対応を待つしか手段はありませんでした．

しかし，mbed SDKはApache2.0ライセンスでオープン・ソースとして公開され，Digital I/OなどmbedSDKの各種ライブラリのソース・ファイルにアクセスすることができるようになり，不具合と思われる個所について自分でソース・ファイルを確認したり，直接ライブラリを修正したりすることができるようになりました．

また，mbedの開発者は，Apacheライセンスのもと 商用および個人利用を問わず，mbedの開発を行うことができます．

(2) mbed HDKの提供

mbed HDK(Hardware Development Kit)が提供するマイクロコントローラ・サブシステムやファームウェアを使うことで，mbedの特徴であるUSBストレージからのプログラムの起動やmbed SDK，また次項で紹介するオンラインの開発環境を利用することができます．加えて，CMSIS(*A)-DAP(*B)を利用したデバッグも利用できるなど，mbedプラットホームの恩恵を受けることができるようになります．

mbed HDKでは，CADソフトウェアEagleの回路図やファームウェアが公開されています．これにより，mbed HDKを利用してmbedプラットホームに対応したマイコン・システムを作成することができるようになりました．

(3) フリーのオンライン・コンパイラ

mbedの開発に使用していた，オンラインの開発環境が無料で利用できるようになりました．これにより，NXP社のLPC1114FN28などmbedプラットホームに対応したマイコンの開発に，mbedのオンライン・コンパイラが利用できます．また，コンパイラにはNXP社以外のマイコンが搭載されているFreescale社のKL25Zプラットホームもサポートされています．

ほかにも，オンラインの開発環境から，Keil uVision4やGCCなどの統合開発環境のプロジェクトも出力することができ，オフラインでの開発やデバッグが可能になり，本格的なプロジェクトにもmbedが利用しやすくなりました．

これまで，mbedをハードウェアのように紹介してきましたが，本来は，ハードウェアだけではなく，Webから利用できるオンライン・コンパイラなどの開発用ソフトウェア，そしてプログラム作成時に使用するライブラリ，USBストレージにバイナリを保存することで，プログラムが動作する仕組みなど開発に利用している一連の機能の総称がmbedといったほうが正しいのです．少しイメージしづらいですが，AVRマイコンを使って開発されたArduinoをイメージすると，理解しやすいかもしれません．

このように，mbedはマイコン開発経験の浅い人を対象として，比較的短時間で動くものが作れるように開発されたソリューションともいえるでしょう．

(*A) CMSIS：Cortex Microcontroller Software Interface Standard．CPUとI/Oの一貫したソフトウェア・インターフェースを実現するための規格．
(*B) DAP：デバッグ・アクセス・ポート

サインアップの場合は[No,I haven't created an account before]をクリックすると，図1-7のようにメール・アドレスやユーザ名，パスワードを入力するアカウント作成の画面が表示されるので，必要事項を記入し利用規約にチェックを付け，[Signup]ボタンを押します．すると，図1-8のように作成したアカウントのページにログインします．これで，アカウント作成は完了です．この作業は最初に一度だけ必要で，

次回からは，図1-7の画面で登録したユーザ名とパスワードを使ってログインします．
　`mbed.org`のページ内には，mbedに搭載されているプロセッサの供給元であるNXPセミコンダクタージャパンが情報を提供しているページがあり，mbedの導入手順が写真を使って詳しく紹介されているので参考にしてください．

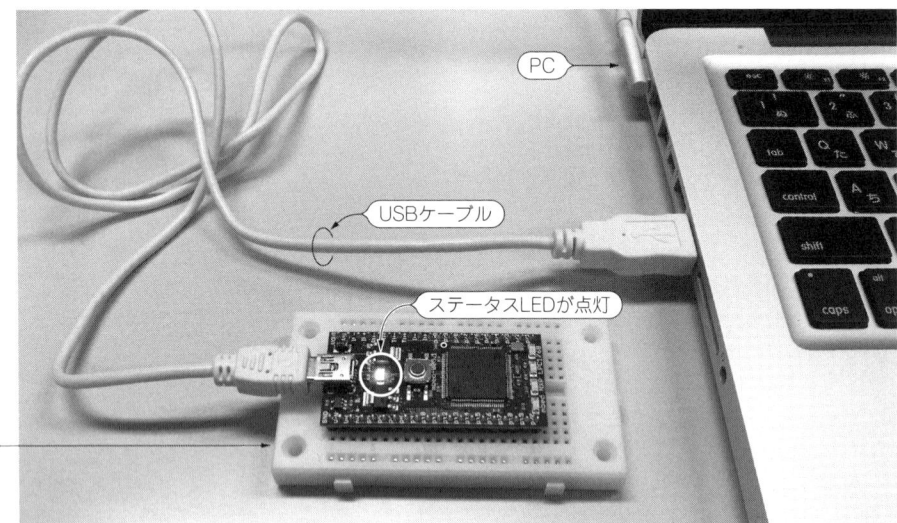

図 1-5　mbed と PC の接続
mbed と PC は USB ケーブル（A-miniB タイプ）で接続する．mbed には USB から電源を供給しており，ステータス LED が青く点灯し，動作していることが確認できる．

図 1-6　ログイン・サインアップ画面
クラウド上の開発環境を使うにはログインする必要がある．アカウントを既に作成している場合は，そのままユーザ名とパスワードを入力してログインする．まだ，アカウントを作成していなければ[Signup]ボタンを押してアカウント作成の手続きに進む．Webブラウザの横のサイズによっては，[Signup]は[Login]の右横ではなく下に表示されることもある．

図 1-7
ユーザ登録とアカウントの作成
mbed を初めて使う場合は，最初にアカウント作成の手続きを一度だけ行う．②枠内に必要事項を記入し，利用規約にチェックを付けて[Signup]ボタンを押すとアカウントが作成される．

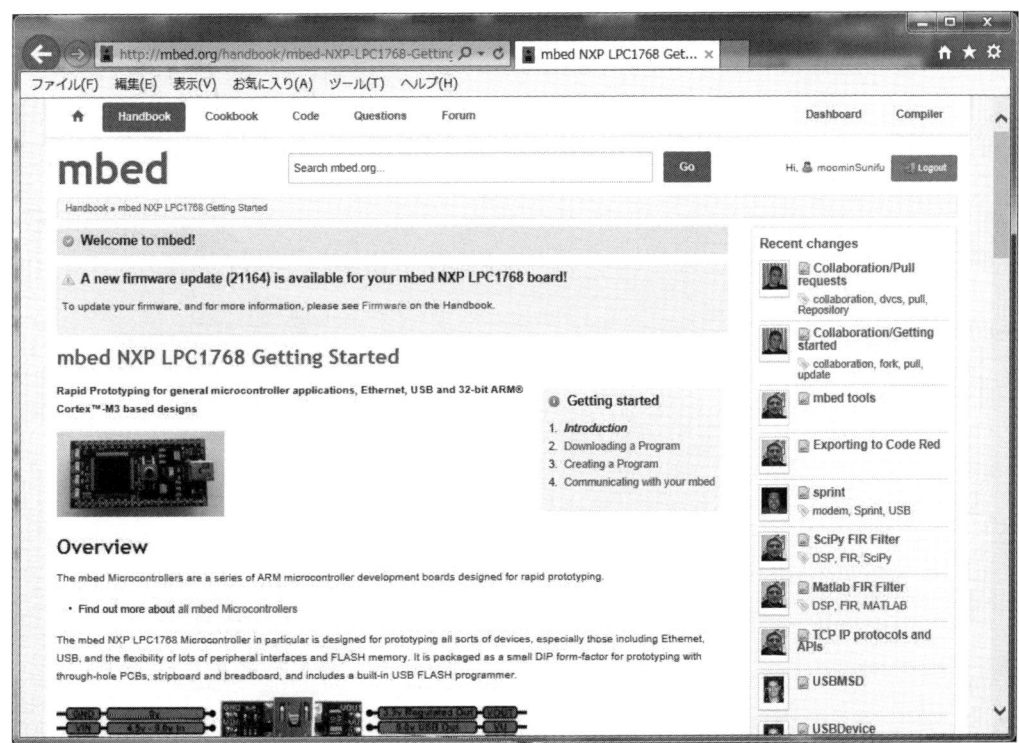

図 1-8　アカウント作成後の初期画面
アカウント作成が完了すると mbed の開発環境にログインする．アカウント作成後，最初に表示される画面とログインした際の画面とは表示が違う．これで mbed の開発環境が利用できる．

1-3　mbed で最初に行うことはアカウントの作成 | 15

mbedを始めましょう！("Let's get started!" in Japanese)
http://mbed.org/users/nxpfan/notebook/lets_get_started_jp/

本書で紹介するプログラムは，すべてStarBoardOrange（図1-9）というベース・ボードを使って作成します．

Column…1-2 ベース・ボードにはそれぞれ特徴がある

mbedで使える汎用のベース・ボードは，本書で利用したStarBoardOrangeのほかにも表1-Aに示す商品があります．それぞれのベース・ボードには様々な周辺機器が実装されており，汎用性を重視したものから特定用途に特化したものまでいろいろ販売されています．汎用性を重視したものでは，表示用のLCDやSDカード，イーサネット，USBなどが利用できるようになっており，周辺回路を製作す

表1-A[5]　利用できるベース・ボード

品　名	周辺機能	ベース・ボードの外観
StarBoard Orange	完成基板，組み立てキットなどがある． 　TextLCD モジュール 　Ethernet コネクタ 　microSD 　USB ホスト・ポート	http://kibanhonpo.shop-pro.jp/?mode=cate&cbid=822917&csid=1
mbed Application Board	完成基板． 　128×32 グラフィック LCD（SPI interface） 　3軸加速度センサ 　温度センサ 　5方向ジョイスティック 　ポテンショメータ 　RGB LED 　スピーカ 　Xbee用ソケット 　3.5mm オーディオ・ジャック 　RC サーボ・モータ用ヘッダ 　USB-A コネクタ 　USB-B コネクタ 　Ethernet コネクタ　など	http://www.switch-science.com/catalog/1276/
MAPLEboard	組み立てキット． 　TextLCD モジュール 　Ethernet コネクタ 　microSD 　USB ホスト・ポート 　USB ターゲット・ポート 　入力用スイッチ 　MARY 拡張モジュール搭載可	http://www.marutsu.co.jp/shohin_104608/

このベース・ボードは，本書で使用する液晶表示のためのキャラクタLCDやインターネットを利用するためのEthernetポート，ほかにも大容量のデータが保存可能なmicroSDなどの周辺装置が利用できます．StarBoardOrangeには，部品が実装済の完成基板や，基板単体，そして部品がセットになった単体基板＋部品セットなど複数の商品が販売されています．

初心者の方やすぐにプログラムを作成したい方は完成基板をお勧めしますが，手持ちの部品を使って作成される方や，自分で一から作ってみたいという方は，それぞれ用途にあったものを選んでください．

ることなく，すぐにmbedの機能を試せます．

搭載されているデバイスがベース・ボードによって微妙に違うので，表1-Aを参考に自分に合ったベース・ボードを購入するとよいでしょう．ベース・ボードには組み立てが必要なものもあるので，購入する際にはよく確認します．

ここで紹介した以外にも多くのmbed用ベース・ボードが開発されています．それぞれ特徴があるので，目的にあったベース・ボードを探してみてください．

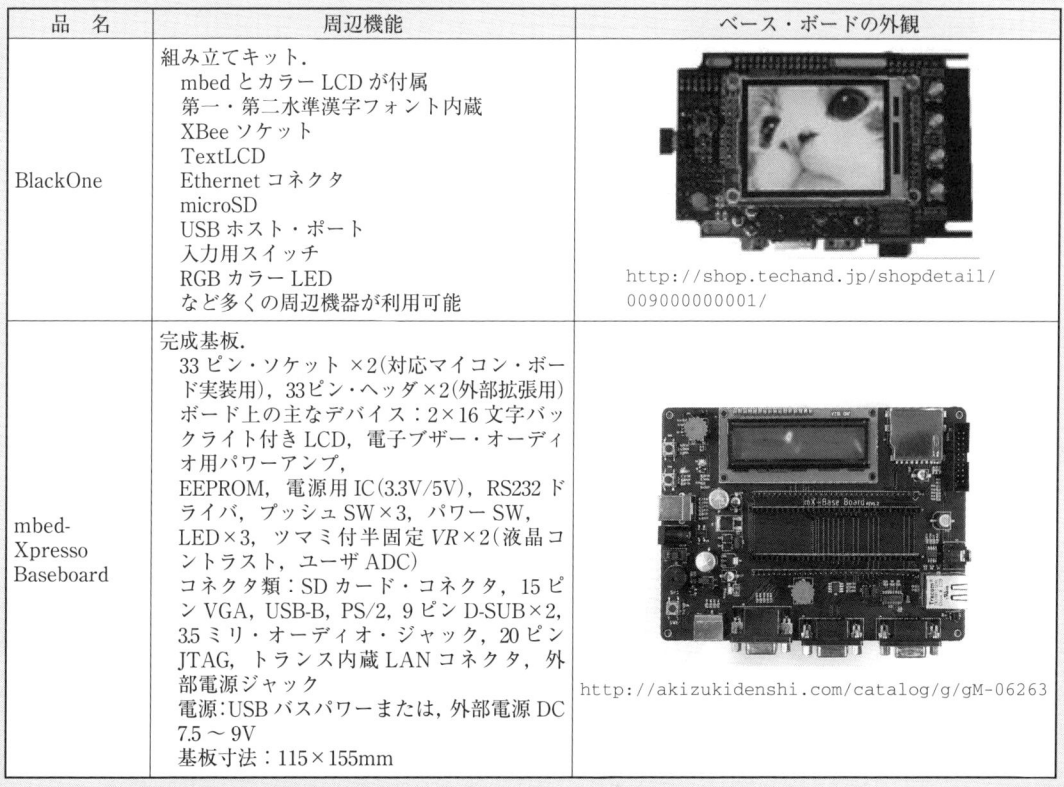

品　名	周辺機能	ベース・ボードの外観
BlackOne	組み立てキット． 　mbedとカラーLCDが付属 　第一・第二水準漢字フォント内蔵 　XBeeソケット 　TextLCD 　Ethernetコネクタ 　microSD 　USBホスト・ポート 　入力用スイッチ 　RGBカラーLED 　など多くの周辺機器が利用可能	http://shop.techand.jp/shopdetail/009000000001/
mbed-Xpresso Baseboard	完成基板． 33ピン・ソケット×2(対応マイコン・ボード実装用)，33ピン・ヘッダ×2(外部拡張用) ボード上の主なデバイス：2×16文字バックライト付きLCD，電子ブザー・オーディオ用パワーアンプ， EEPROM，電源用IC(3.3V/5V)，RS232ドライバ，プッシュSW×3，パワーSW，LED×3，ツマミ付半固定VR×2(液晶コントラスト，ユーザADC) コネクタ類：SDカード・コネクタ，15ピンVGA，USB-B，PS/2，9ピンD-SUB×2，3.5ミリ・オーディオ・ジャック，20ピンJTAG，トランス内蔵LANコネクタ，外部電源ジャック 電源：USBバスパワーまたは，外部電源DC 7.5〜9V 基板寸法：115×155mm	http://akizukidenshi.com/catalog/g/gM-06263

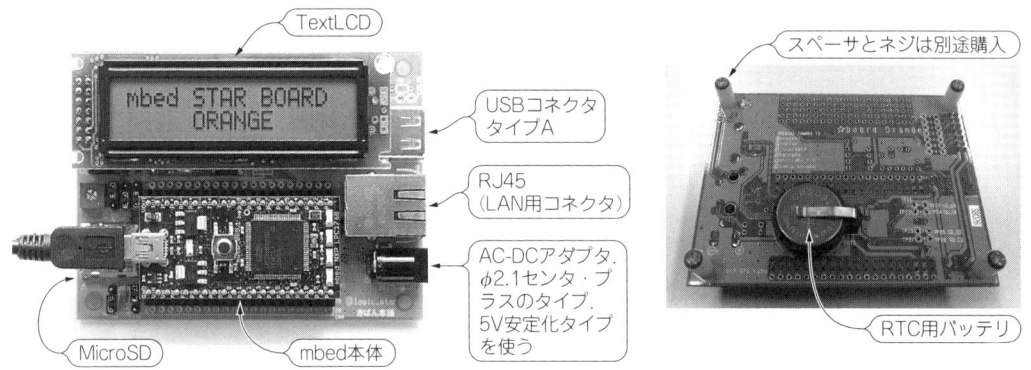

図1-9 StarBoardOrange の上に mbed を載せた状態
ベース・ボード StarBoardOrange（スター・ボード・オレンジ）の外観図で，mbed が取り付けられている．本書ではこの StarBoardOrange を使って，プログラムを作成する．ベース・ボードを利用すると，ベース・ボードに実装されている周辺機器の回路を組み立てる必要がないので使い勝手がよい．
StarBoardOrange には MicroSD，USB，Ethernet，TextLCD の周辺機器が利用できる．なお，USB を使用する場合は AC-DC アダプタが必要になる．

1-4 mbed でプログラムを作成…え！こんなに簡単なの!!

● ためしにさくさくっ！と人検知システムを作ってみる

　mbed + StarBoardOrange で，いかに簡単に「動くもの」が作れるかを知ってもらうためには，実際に何かを作って体験してみるのが一番だと思います．
　そこで，「MP モーション・センサ」というセンサを使って，人が近付くと内蔵 LED が点灯する「人検知システム」のプログラムを作成してみます．このプログラムを応用することで，「ひとり暮らしのお年寄り見守りシステム」や「子供の帰宅時間お知らせシステム」などに発展させることができます（**図1-10**）．

● 使用するセンサは「MP モーション・センサ」

　表1-2 は人検知システムで使用する部品表です．**図1-11** は今回使用するモーション・センサとその電気的特性で，センサ部は TO-5 と呼ばれるパッケージに必要な回路がすべて収納されているため，製作する回路はセンサに電源を供給するだけで動作します．
　焦電型 MP モーション・センサは，赤外線を使って人が動くことでおこる周囲との温度変化を検出します．このため，検出範囲内に人が居ても動きがないと検出しないので，その点は用途によっては注意が必要です．今回使用する MP モーション・センサには，出力形式や検出範囲によっていくつか種類がありますが，使用したのはディジタル出力の標準検出タイプです．センサの出力は人を検知しないときは開放（オープン）状態，検出すると $V_{DD} - 0.5V$ 程度の信号を出力します．検出範囲は**図1-12** のように上下左右とも広く，700×250mm 程度の大きさの人の動きを検出することができます．**図1-13** は MP モーション・センサを使用するための回路図です．

● プログラムを作成してみよう

　プログラムを作成するには一般的な開発ツールと同様に，最初にプロジェクトを作成します．mbed の

(a) 玄関などの出入口　　(b) 秘密の場所　　(c) トイレの入口

図1-10 人の検知ができると，いろいろなシステムに応用できる

表1-2 人検知システムで使用する部品

品　名	型　式	個数	備　考
MPモーション・センサ	AMN11112	1	Panasonic．同等品可，マルツ電波や千石電商などで販売
セラミック・コンデンサ	0.1μF程度	1	16V
抵抗	100kΩ程度	1	1/4W
ブレッドボード	適当な大きさのもの	1	

図1-11[12]
MPモーション・センサの外観と特性
センサを駆動するための回路はすべてTO-5のパッケージ内に収納されている．センサにはレンズが付いているので，TO-5パッケージよりも少し大きい．MPモーション・センサには，微検出/標準検出/スポット検出/10m検出，ディジタル出力/アナログ出力などいくつか種類があるが，今回はディジタル出力，標準検出タイプ，白色のセンサを使用している．用途によって適切なものを選ぶとよい．

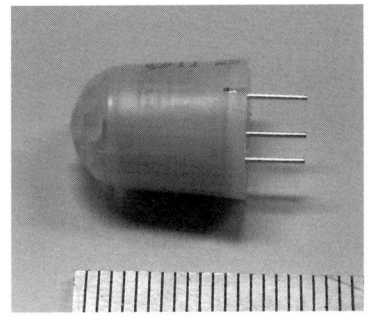

MPモーション・センサの特性

動作電圧[V]	最小	3.0(2.2)
	最大	6.0(3.0)
消費電流[μA]	平均	170(46)
	最大	300(60)
出力(検出時) 電流[μA]	最小	100
出力(検出時) 電圧[V]	最小	$V_{DD}-0.5$
電源投入時[sec]	平均	7
回路安定時間[sec]	最大	30

※( )内は低消費電流タイプの特性

[Login or Signup]のページからログインし，図1-14の枠内の[Compliler]をクリックするとコンパイラ画面が表示されます．

次に，コンパイラ画面の左上にある[new]ボタンを押すと，図1-15のようにプログラム名を入力するためのダイアログが表示されるので，今回のプログラム名[HumanDetection]を入力し，[OK]ボタンを押しリスト1-1のプログラムを入力します（図1-16）．開発環境は日本語に未対応なので，プログラム内のコメントには日本語は使わないでください．

リスト1-1のプログラムをサポート・ページ[*3]から入手し，メモ帳で開き，コピーして使ってください．

(*3) http://mycomputer.cqpub.co.jp/

図 1-12[12]
MP モーション・センサの検知範囲
図(a)はセンサを上から見た図で左右の検知範囲を表し，図(b)は横から見たときの上下の検知範囲を表している．センサの設置方法は，侵入を検知したい方向に対して90°ずらして取り付ける．侵入方向に対して正面に取り付けると検知する距離が短かくなる．図(a)の場合，誌面の上下方向から侵入する人に対して広い範囲をカバーできる．

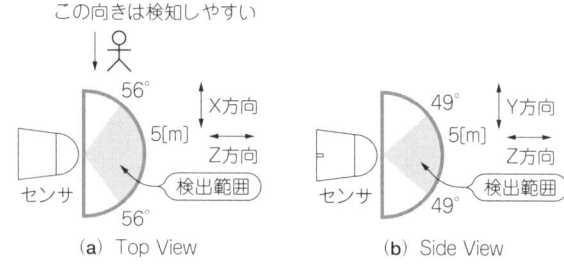

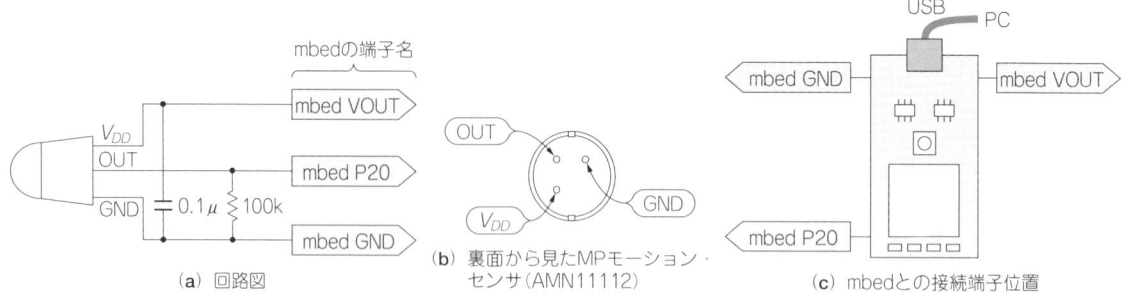

図 1-13 人検知システムの回路と MP モーション・センサの端子図
MP モーション・センサの端子図は裏面から見た図．センサの OUT と GND には 100kΩ 程度の大きな値の抵抗を付ける．これは，モーション・センサがディジタル出力タイプの場合，非検知時は出力がオープンになり出力が不安定になるのに対応．

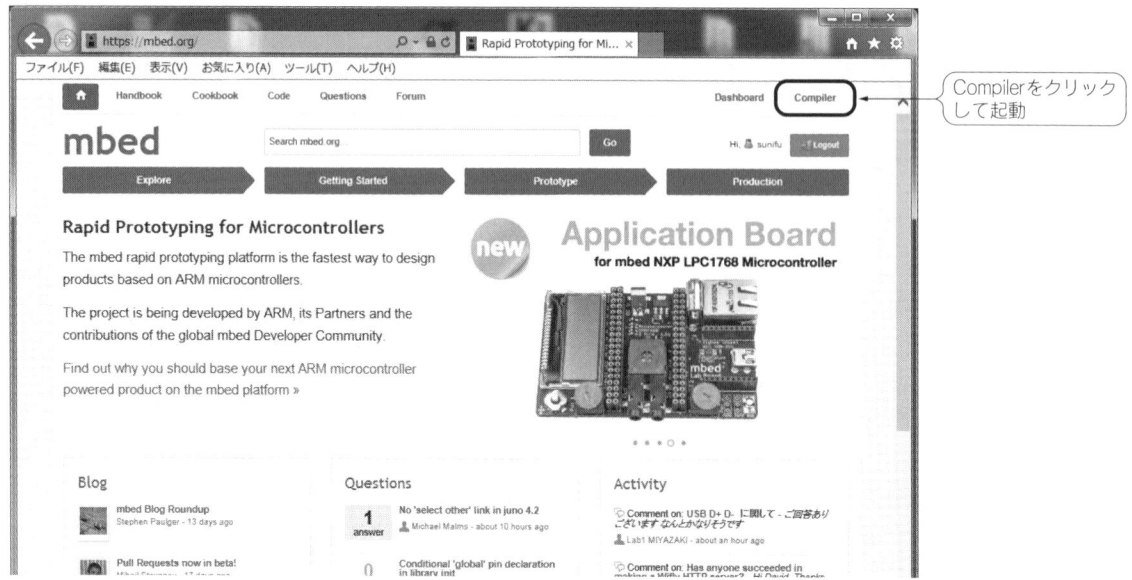

図 1-14 コンパイラの起動
mbed の開発環境にログインした後，プログラムを作成するためにコンパイラを起動するときの Web ブラウザの画面．画面右上の [Compiler] のリンクをクリックすると，別のウィンドウが開きコンパイラ画面が表示される．

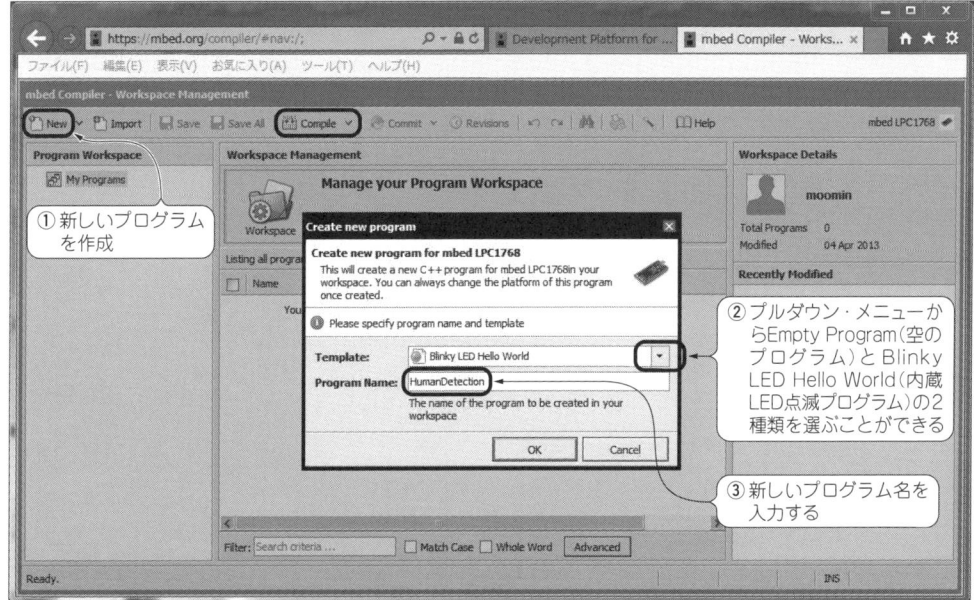

図1-15 新規プログラムの作成
コンパイラの画面左上の[New]をクリックすると，Create new programダイアログが表示され，[Template]欄のプルダウン・メニューからBlinky LED Hello Worldを選び[Program Name:]のテキスト・ボックス内に新しいプログラム名を入力し，[OK]ボタンを押すと新しいプログラムが作成できる．プログラム名に日本語や機種依存文字は使用しない．

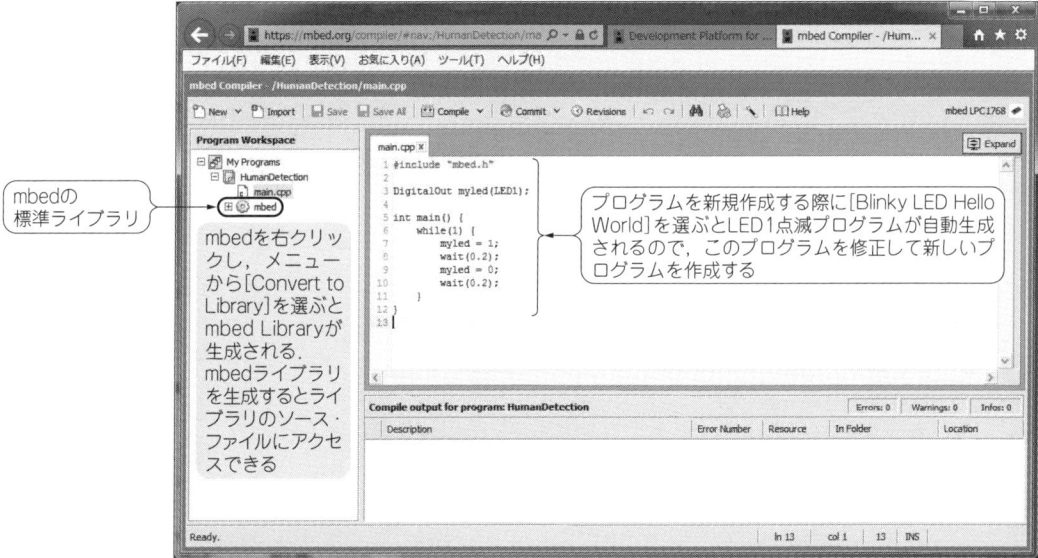

図1-16 プログラムの作成
新しいプログラムを作成すると，左側のProgram Workspaceのプログラム名(HumanDetection)の下に，[main.cpp]と[mbed]の二つが表示される．main.cppにはコード・ジェネレータが生成したひな形のプログラムが作成されるので，それを修正してプログラムを作る．プログラムに追加されている"mbed"はmbedの標準ライブラリを利用するためのライブラリで自動で登録される．
[Compile]を押すと，プログラムがコンパイルされる．

リスト 1-1 人検知システムのプログラム

```cpp
// -- HumanDetection.cpp --
#include "mbed.h"

// センサ安定時間.
// センサは平均7秒で安定する ※最大は30秒
#define INIT 7.0

// センサが人を検知した後に再度NOISE[秒]後にセンサの値を取得する.
// その際に，モーション・センサの入力値がOFF(人を検知していない)の場合はノイズと
// 判断．NOISEの値は環境によってチューニングする
#define NOISE 3.0

// 人を正しく検知した後 DELAY[秒]後に再度センサの値を取得する.
// モーション・センサの検出範囲に人がいても，動きがないとセンサは人を検出できない
// が，それは仕様外の動きとする
#define DELAY 10.0

// Tickerオブジェクトの宣言
// 設定した時間ごとに関数を呼ぶ.
// 詳しくはmbedページのHandbookを参照
Ticker flipper;

DigitalOut led1(LED1);    // センサが安定するまでLED1を点滅(確認用)
DigitalOut led2(LED2);    // モーション・センサの値(ON/OFF)
DigitalOut led3(LED3);    // 人を感知すると点灯
DigitalIn msensor(p20);   // モーション・センサの入力信号

// センサが安定するまでLED1を点滅させる関数
void flip() {
    led1 = !led1;
}

int main() {
    led2 = 0;
    led3 = 0;

    // Tickerオブジェクトで0.3秒ごとにflip関数を呼び出す
    flipper.attach(&flip, 0.3);

    // センサが安定するまでINIT[秒]待機
    wait( INIT );

    // Tickerオブジェクトの終了
    flipper.detach();
    led1=0;

    while(1) {

        // センサの値を読み取る(ON/OFF)
        // On(1) :人を検知した
        // Off(0):人が居ない(正確には検知範囲内に動きがない)
        led2 = msensor;
        if ( led2 == 1 ){
            // センサが人を検知した場合の処理

            // NOISE[秒]時間待機する
            wait( NOISE );

            // 再びセンサの値を読み取る
            led2 = msensor;

            // NOISE[秒]時間待機して，再びセンサの値を読み取り
            // センサが人を検知すれば，正しく人を検知したと判断して処理する
            // 検知しなかった場合はノイズと判断する

            while ( led2 == 1 ){
                // 人を検知したのでLED3を点灯
                led3 = 1;

                // DELAY[秒]時間待機する
                wait( DELAY ) ;

                // センサの値を読み取る
                led2 = msensor;

                // 人を検知しなくなったらループを抜ける
            }
            // LED3を消灯する
            led3 = 0;
        }
    }
}
```

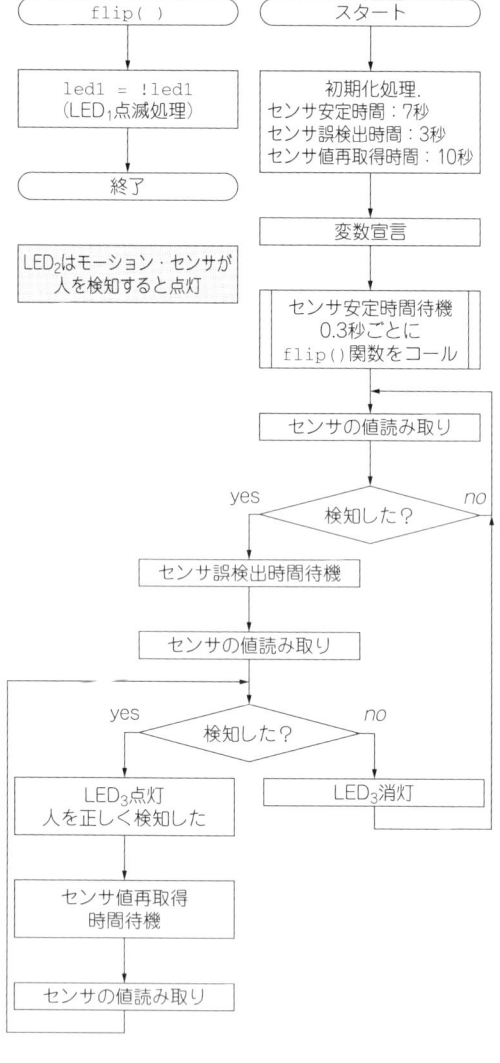

ここで作成するプログラムは，すべて標準ライブラリで定義された型やClassを使用しているため，別途ライブラリをimportする必要はない．

mbedの標準ライブラリで定義されているClassは，mbedのWebページ内のHandbookに詳しい解説が掲載されている．今回のプログラムで使用しているTicker ClassについてもHandbookにサンプル・プログラムやReferenceが掲載されている．

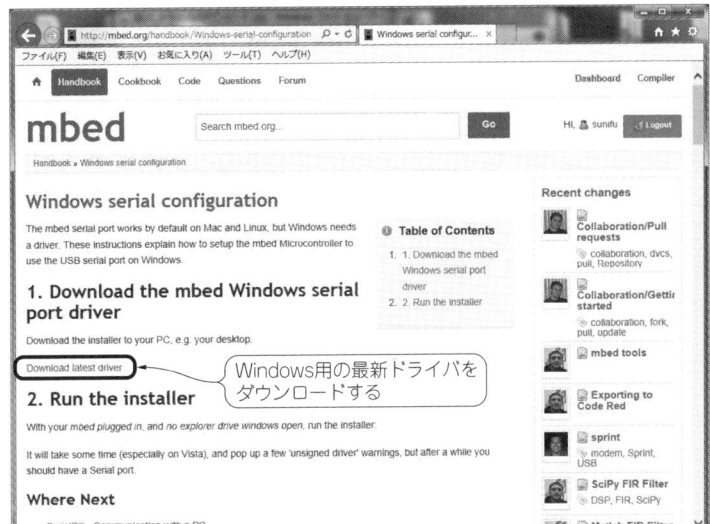

図 1-17
Windows 用シリアル・ドライバのダウンロード
Windows を使って開発する場合，シリアル通信用のドライバをインストールすることによって，USB を介し PC とシリアル通信ができるようになる．これにより，mbed の標準出力がシリアル通信でパソコンに送信され，パソコン側でターミナル・ソフトを使って表示できる．ここでは，シリアル通信するためのドライバがどこにあるかを紹介している．

1-5　printfを使ったデバッグ

　プログラムが完成したら，［Compile］をクリックしてバイナリ・ファイル（mbedを動作させるための実行ファイル）を作成します．この際にエラーが表示されたら，エラー・メッセージに従ってエラーを修正します．
　mbedにはJTAG[*4]のインターフェースがサポートされていないため，エラーの原因がわからない場合はprintfデバッグを使ってエラー個所を特定します．このprintfデバッグを利用するには，ドライバやソフトウェアのインストールと若干の設定が必要になります．

● シリアル・ドライバのインストール

　Windowsを使って開発する場合，http://mbed.org/handbook/Windows-serial-configuration から［Download latest driver］（図1-17の枠内）をクリックし，mbedのシリアル・ポート・ドライバをダウンロードします．ファイル名は，mbedWinSerial_*nnnnn*.exe（※ファイル名の*n*にはバージョンの数字が入る）です．
　ダウンロードが完了したら，実行してドライバをインストールしてください．

◆ ターミナル・ソフトウェアを用意

　次に，ターミナル・ソフトをインストールします．
　http://sourceforge.jp/projects/ttssh2/ からteraterm-4.75.exe（もしくはそれより新し

[*4] JTAG：以前は回路の検査やデバッグにオシロスコープやロジック・アナライザを利用していた．ところが，製品が小型化されるにともない基板も高密度化・多層化し，物理的なプローブを回路の端子に接続することが難しくなった．そこで，IC自体にテスト用の端子を実装しておき，その端子を使って回路やIC内の情報を読み取ることで検査やデバッグ作業を行うようになった．このような方式を定めた業界の略称がJTAGで，この規格を使って行うデバッグをJTAGデバッグという．mbedに搭載されているCortex自体にはJTAGの機能は搭載されているが，mbedにはその端子を利用するためのインターフェースが実装されていない．しかし，mbed 2.0になりmbedのファームウェアを更新しCMSIS-DAPに対応することで，USBを介してJTAG/SWDの機能を使ったオフライン・デバッグが行えるようになる．

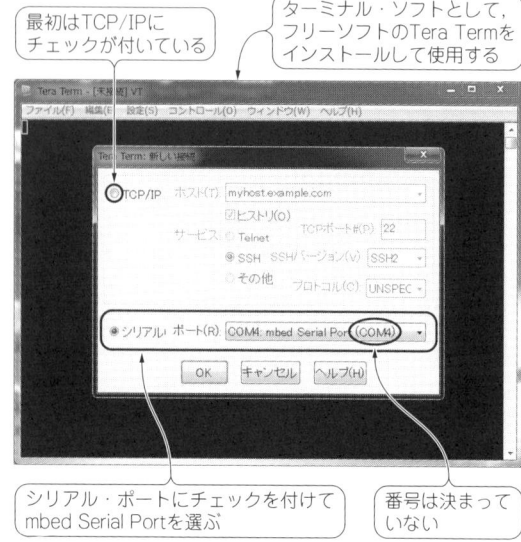
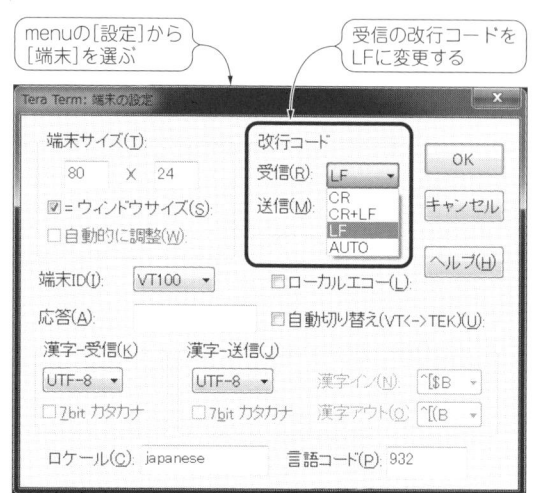

図1-18 Tera Term の起動
mbed からの送信データ（標準出力）をパソコンのターミナル・ソフトで受信するための設定．mbed の標準出力を PC 側のターミナルで受信するためには，図1-17 のドライバをインストールする必要がある．ターミナル・ソフトには，Tera Term を使用する．起動すると接続先を選択するダイアログが表示されるので，シリアルを選択する．図では mbed のシリアル・ポートは COM4 になっているが，使用する環境によって COM ポートの番号は変わる．mbed と PC を接続している USB ケーブルを抜くと，ターミナル・ソフトは再起動が必要になる．

図1-19 Tera Term の改行コードの設定
mbed のプログラムを Tera Term を使ってデバッグする際に，mbed のプログラムは printf を使って標準出力に出力を行うが，この際に改行コードを"¥n"とした場合ターミナルの表示がズレてしまう．そこで，Tera Term の設定で受信コードを"CR+LF"から"LF"に変更すると正しく改行されて表示される．もしくは，プログラムでの改行を"¥r¥n"にする．

いバージョン）をダウンロードし，インストールします．Tera Term はとてもメジャーなフリー・ソフトウェアなので，提示したサイト以外からでもダウンロードできます．

　ドライバと Tera Term をインストールしたら，mbed をパソコンに接続した状態で，Tera Term を起動し，図1-18 のように Tera Term の設定をします．設定が完了すると，プログラム内で printf で表示した結果が Tera Term に表示されるようになります．ただし，プログラム内で改行コードを ¥n とした場合は，正しく改行されず文字の表示がズレてしまいます．そこで，プログラム内で printf の改行を ¥r¥n にするか，図1-19 のように Tera Term の受信側の改行コードを LF に変更すると，正しく改行されて表示されるようになります．

　Mac を使って開発する場合は，ドライバのインストールは必要ありません．また，ターミナル・ソフトも OS 標準のものが利用できます．

1-6 書き込み器なんて不要．しかもコピペだけでプログラムが動いちゃう

◆ プログラムの実行準備

　プログラムの実行はとても簡単です．プログラムをコンパイルしエラーがないとバイナリ・ファイルが作成され，図1-20 のように保存場所を問い合わせるダイアログが表示されます．そこで，mbed の USB

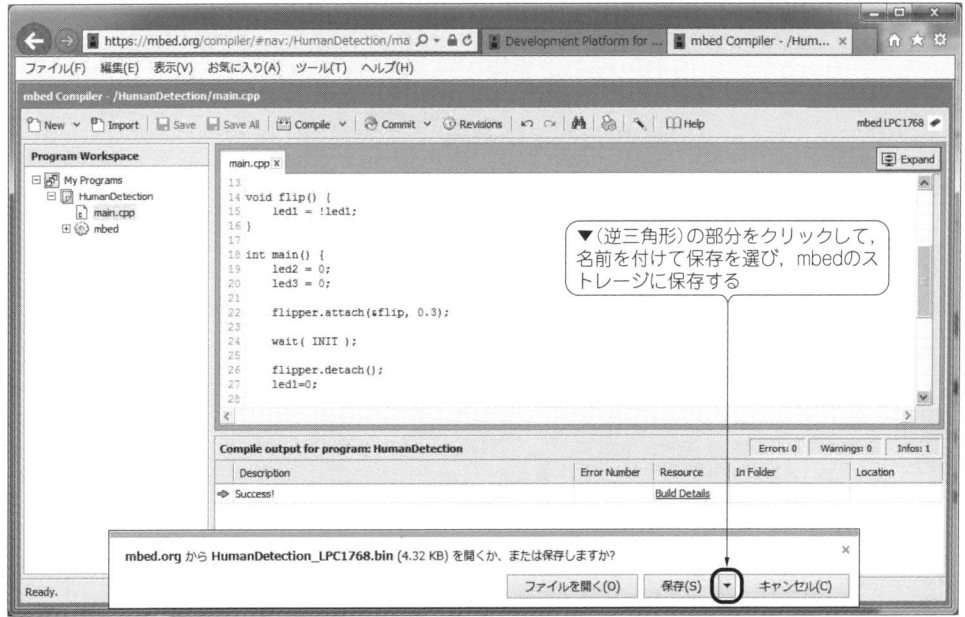

図1-20 バイナリ・ファイルの書き込み
コンパイルにより作成したバイナリ・ファイルをマイコンに書き込む際に，マイコンによっては専用のハードウェアやソフトウェアを必要とすることがある．mbed はプログラムのコンパイルが正常に完了すると，バイナリ・ファイルの保存場所を指定するためのダイアログが表示されるので，mbed の USB ストレージ内に保存し，リセット・ボタンを押すと mbed のストレージ内に保存されているバイナリ・ファイルの中で一番新しいタイム・スタンプのバイナリ・ファイルが実行される．とても簡単にプログラムを書き込めるので，初心者にお勧め．

ストレージに保存すると，プログラムを書き込んでいる間 mbed の青いステータス LED が点滅するので，点滅が終わったらリセット・ボタンを押してください．

これで，タイム・スタンプ（ファイル作成日時）の1番新しいプログラム・ファイルが実行されます．

◆ プログラムの実行

それでは，プログラムが正しく動作しているか確認してみます．**図1-21** は**図1-13** の回路を実際に組み立てた人検知システムの回路で，**図1-22** が動作を検証したものです．プログラムを起動すると，最初センサの動作が安定するまでの INIT 秒間（プログラムで7秒に設定）の間，LED_1 が点滅します．

次に，**図1-22** 左側の図のようにセンサの検出範囲に人の動きがない場合は，すべての LED が消灯しています．一方右の図のようにセンサの検出範囲に手を置くと，センサが反応し LED が点灯します．この際 LED_2 はセンサから読み取った信号によって点灯／消灯します．ただし，センサの検出範囲に人がいない場合でもノイズなどで一時的に信号が ON になることを考慮し，人を検知した後プログラムで指定した NOISE 秒後に再度センサの信号を読み取り，このときにも人を検知した状態が続いていれば本当に人を検知したと見なして LED_3 が点灯します．

● **これだけで動いてしまうの？ mbed の手軽さにびっくり！**

いかがでしたか？ プロジェクトの作成からデバッグの方法，プログラムの実行まで開発手順をひととおり順を追って紹介しました．マイコンを初めて使う初心者の方でも簡単に使用できたと思います．また，

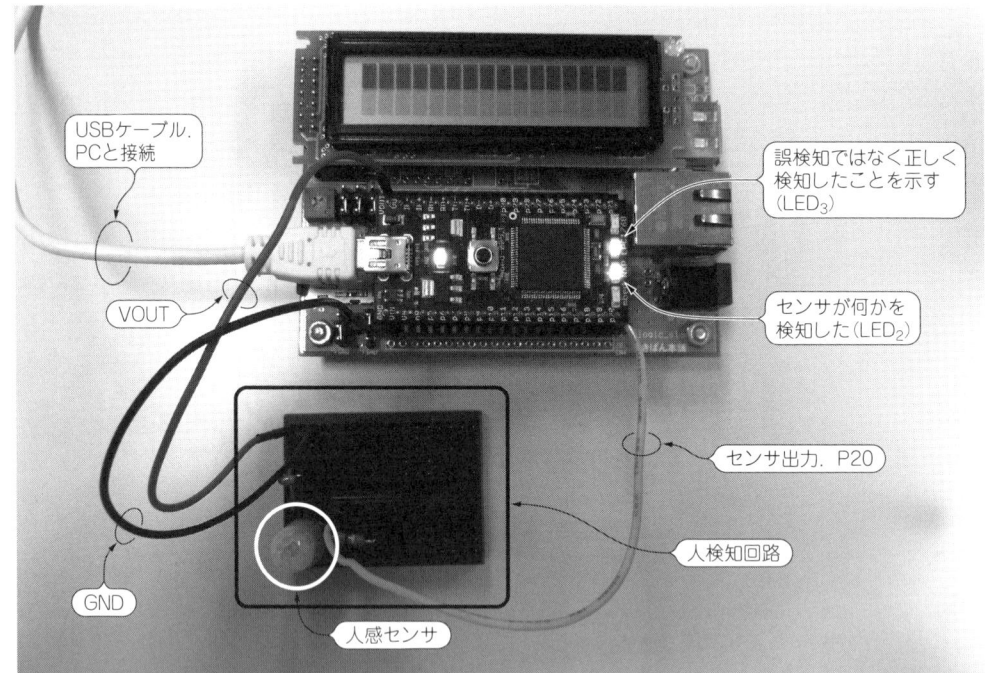

図1-21 人検知システムの配線
mbedの電源はPCのUSBから給電しており，センサの電源はmbedのVOUT端子(3.3V)から供給している．電源ラインには0.1μF程度のセラミック・コンデンサを取り付けている．使用しているセンサはディジタル出力タイプのセンサで，非検出時はオープン状態になるため，出力が不安定にならないようにGNDとOUT間に抵抗(100kΩ)を取り付けている．

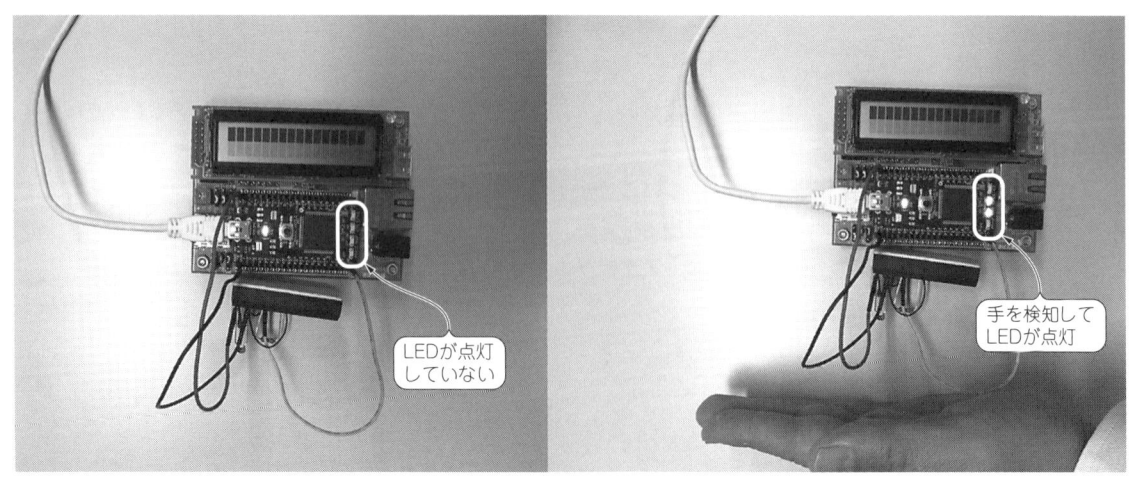

(a) 未検知．LEDは消灯　　　　　　　　　　　　　　　　(b) 手を検知．LEDは点灯

図1-22 人検知システムの動作のようす
完成した人検知システムの動作を検証している．図(a)はセンサの検知範囲に動きがないため，内蔵LEDはどれも点灯していない．一方図(b)は，センサの検知範囲に手を置いたところ，その手を検知して内蔵LEDが点灯している．人検知システムでは内蔵LEDのLED$_1$〜LED$_3$使用している．一番手前のLED$_1$はセンサが安定稼働するための初期化時間(平均7秒．仕様では最大30秒だが，30秒だと時間が長いため平均の7秒にしている)の間点滅する．LED$_2$はセンサが人を検知すると点灯する．LED$_3$は時々センサが誤検知するため，一度検知した後で数秒後に再度センサの値を調べ再び検知したら，本当に人が居ると判断してLED$_3$を点灯する．図ではLED$_2$とLED$_3$が点灯している．

これまでいろいろなマイコンを使った経験がある方も，従来のマイコンに比べて作りたいものが素早くしかも簡単に作成できることがわかっていただけたでしょう．

特に，ほかのマイコンを使った経験のある方には，この手軽さに驚かれたのではないかと思います．次章以降では，ライブラリを活用して複雑なデバイスも簡単に利用する例を説明するので，さらにその有用性を認識できるはずです．たとえばカラー LCD を使用する実例では，ライブラリを使用することで簡単に文字や画像を表示できます．

最後に，mbed 初心者の方が参考になる Web ページをいくつか紹介します．本書では紹介しきれなかった有用な情報や mbed を使った製作事例が紹介されているので，ぜひのぞいてみてください．

▶ NXP 社 mbed ページ
  `http://www.nxp-lpc.com/lpc_boards/mbed/`
▶ これから mbed をはじめる人向けリンク集
  `http://mbed.org/users/nxpfan/notebook/links_4_mbed_primer/`
▶ mbed.org 内の日本語フォーラム・ページ
  `http://mbed.org/forum/ja`

Column…1-3　プログラムが増えて「Program Workspace」が見づらい

プログラムを作り始めたうちはよいのですが，作成したプログラムが増えてくると，Program Workspace のエリアに大量のプログラムが表示されるようになります．このため，目的のプログラムが見つかりにくくなります．

このようなときは，図 1-A のように，Program Workspace の My Program をクリックすると，真ん中のウィンドウに Workspace Management が表示さ

れ，作成したプログラムの一覧が表示されます．

そこで，プログラム名の左横についているチェック・ボックスのチェックを外すと，Program Workspace からプログラムが消えます．今開発に必要なプログラムだけにチェックを付けておけば，Program Workspace が見やすくなり，開発の効率が上がります．

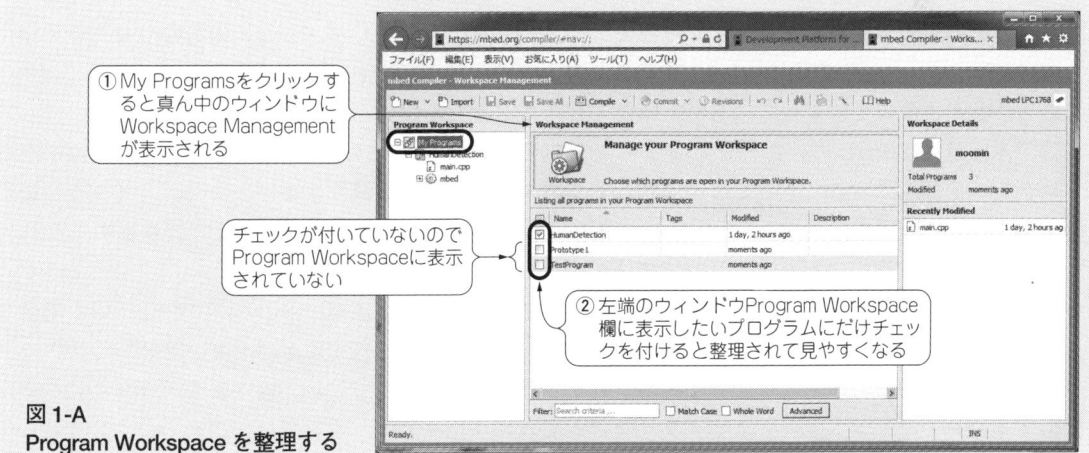

図 1-A
Program Workspace を整理する

①My Programs をクリックすると真ん中のウィンドウに Workspace Management が表示される

チェックが付いていないので Program Workspace に表示されていない

②左端のウィンドウ Program Workspace 欄に表示したいプログラムにだけチェックを付けると整理されて見やすくなる

[第2章] 液晶表示とネットワーク対応のメール送信プログラミング

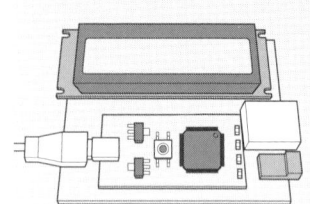

ライブラリを使って
作りたいものを素早く簡単に作る

　本章では，mbed の Web ページで公開されているライブラリの利用方法を紹介します．mbed は世界中のユーザが多くの有用なライブラリやプログラムを開発しており，それらの多くは mbed の Web ページで公開されていて，自分のプログラムに再利用できます．
　mbed でのプログラムの作成が早くしかも簡単にできる理由が，このライブラリの活用にあります．この章を読み終えるころには，ライブラリを自由に利用できるようになります．

2-1　ライブラリってよく聞くけどなに？

　ライブラリとは，ある処理をするために必要な機能を集めて，別のプログラムからも再利用できるようにしたものです．ちょっと抽象的でわかりにくいので，もう少し具体的に説明します．
　例えば，キャラクタ LCD（液晶表示パネルのモジュール）を使用する場合を考えてみると，以下のような処理が必要になります．

- ▶ ハードウェアの初期化（初期設定）
- ▶ 文字（文字列）の表示
- ▶ 表示位置の指定（行，列）
- ▶ 画面クリア

　本来であれば，これらの処理を行うためにはキャラクタ LCD の仕様を確認し，ハードウェアを制御するプログラムを作成する必要があります．しかし，誰もが製品の仕様書（マニュアル）からこのようなハードウェアの制御をするようなプログラムを作成できるわけではありません．もし，優秀なプログラマが作成したキャラクタ LCD のプログラムを，あなたのプログラムに利用できるとしたらどうですか？　しかも，多くの人が利用することによって，バグもほとんどなく安定した動作が期待できます．
　自分でキャラクタ LCD の仕様書を見ながらフルスクラッチ（すべてのプログラムを最初から作成する）でプログラムを作成することを考えると，時間的なコストも大幅に削減できます．また，ライブラリに自分の利用したい機能がなければ，その機能だけを追加するプログラムを作成するだけで済みます．まさに，ライブラリの利用は良いことづくめなのです（**図 2-1**）．
　mbed のライブラリは大きく2種類に分けることができます．一つはハードウェア（デバイス）を制御するためのライブラリで，これは Windows のデバイス・ドライバに相当するものです．もう一つは，ソフトウェアを使ってある機能を実現するためのプログラムを集めたもので，例えばメール・サーバにメールを送信するための `SMTPClient` ライブラリなどがこれに当たります．本書では，これらについて特に区別せず，すべてライブラリとしています．

図 2-1
ライブラリを活用するとこんなに良いことがある
ライブラリを使う利点として以下のようなものがある．
① 高品質（多くの人が使うためバグが発見されやすい）
② 高性能・高機能（一般的に良く使われているライブラリは多くの人の要望が取り入れられているため高性能・高機能である）
③ ライブラリで提供されている機能は自分でプログラムを作成する必要がないのでコードの量が減り，開発期間を短縮できる
④ 自分では能力が不足していて実装できない機能も，ライブラリを使えば自分のプログラムにその機能を導入できる
⑤ ライブラリに自分の必要な機能がなければ，その部分だけを追加・修正できる

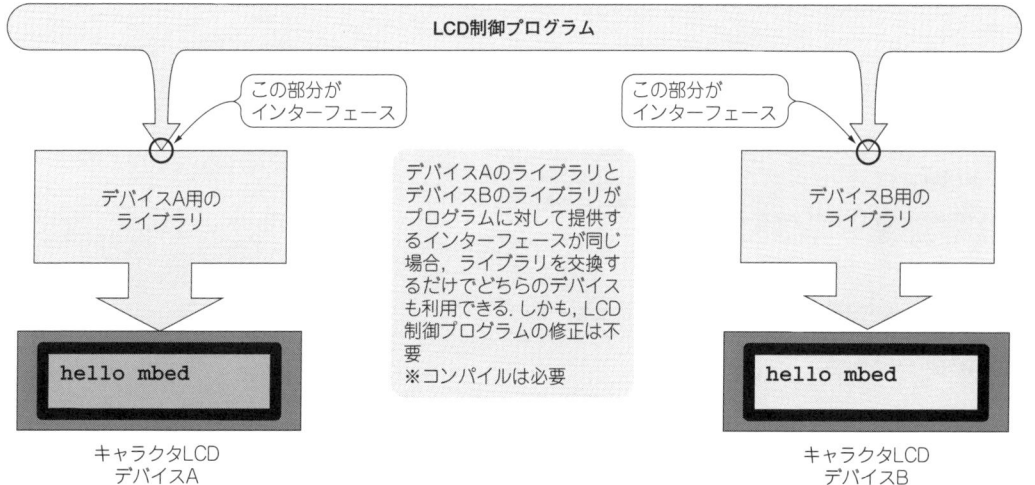

図 2-2　ライブラリでハードウェアの違いを吸収する
図のように制御コントローラが違う2種類のキャラクタLCDがあったとすると，当然ハードウェアを制御するプログラムはそれぞれのライブラリで違う．しかし，プログラムとライブラリとのインターフェース（API）が双方のライブラリで同じであれば，LCDを違う種類のものに変更しても，ライブラリを変更するだけで利用できる．このときLCDを制御する上位のプログラムは修正する必要がない．

● ライブラリを使うもう一つの利点

　ライブラリにはハードウェアを抽象化する利点があります．例えばキャラクタLCDを例にすると，**図 2-2** のように制御コントローラが違う二つのキャラクタLCDがあるとします．本来，ハードウェアを制御するプログラムはそれぞれのハードウェアに対応したものが必要になります．しかし，ライブラリを使えばLCD制御プログラムは，ライブラリが提供する機能を呼び出すことでLCDを制御できます．この二つのライブラリが提供するインターフェース（機能が同じでかつ関数名や引数の型や数）が同じであれば，利用するハードウェアによってインポート[*1]するライブラリを変更して再度コンパイルさえすれば，ライブラリを利用する側のプログラムは変更の必要はありません．

(*1) プログラムを作るとき，ソース・コードの最初で使用するライブラリを記述して，コンパイラに知らせる行為．

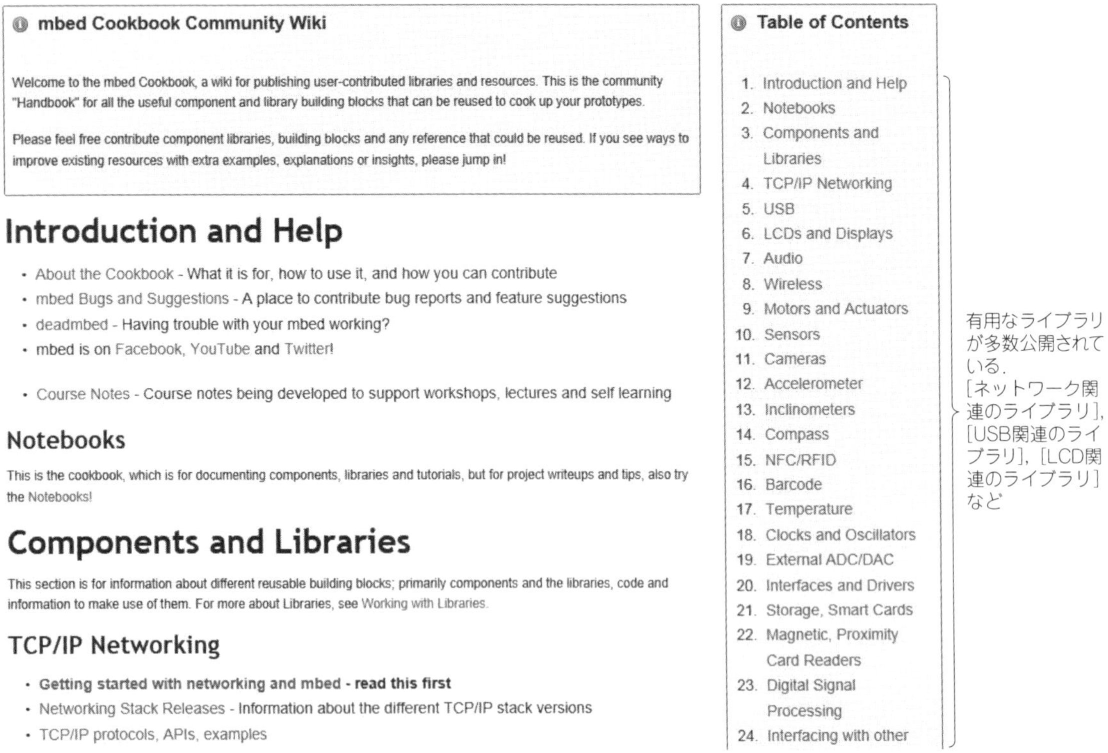

mbed Cookbook Community Wiki

Welcome to the mbed Cookbook, a wiki for publishing user-contributed libraries and resources. This is the community "Handbook" for all the useful component and library building blocks that can be reused to cook up your prototypes.

Please feel free contribute component libraries, building blocks and any reference that could be reused. If you see ways to improve existing resources with extra examples, explanations or insights, please jump in!

Introduction and Help

- About the Cookbook - What it is for, how to use it, and how you can contribute
- mbed Bugs and Suggestions - A place to contribute bug reports and feature suggestions
- deadmbed - Having trouble with your mbed working?
- mbed is on Facebook, YouTube and Twitter!

- Course Notes - Course notes being developed to support workshops, lectures and self learning

Notebooks

This is the cookbook, which is for documenting components, libraries and tutorials, but for project writeups and tips, also try the Notebooks!

Components and Libraries

This section is for information about different reusable building blocks; primarily components and the libraries, code and information to make use of them. For more about Libraries, see Working with Libraries.

TCP/IP Networking

- Getting started with networking and mbed - read this first
- Networking Stack Releases - Information about the different TCP/IP stack versions
- TCP/IP protocols, APIs, examples

Table of Contents

1. Introduction and Help
2. Notebooks
3. Components and Libraries
4. TCP/IP Networking
5. USB
6. LCDs and Displays
7. Audio
8. Wireless
9. Motors and Actuators
10. Sensors
11. Cameras
12. Accelerometer
13. Inclinometers
14. Compass
15. NFC/RFID
16. Barcode
17. Temperature
18. Clocks and Oscillators
19. External ADC/DAC
20. Interfaces and Drivers
21. Storage, Smart Cards
22. Magnetic, Proximity Card Readers
23. Digital Signal Processing
24. Interfacing with other

有用なライブラリが多数公開されている．[ネットワーク関連のライブラリ]，[USB関連のライブラリ]，[LCD関連のライブラリ]など

図 2-3 Cookbook で紹介されているライブラリの一例
mbed の Web ページにある[Cookbook]のリンクをクリックすると表示される．ここにはユーザや mbed のスタッフが開発した有用なライブラリが多数公開されている．

2-2 mbed でのライブラリの利用方法…とても簡単にプログラムが作れる！

　それでは，mbed にはどのようなライブラリがあるか確認してみましょう．mbed の Web ページにある Cookbook（図 2-3）にアクセスしてください．ここには世界中で開発された有用なライブラリが多数公開されており，これらを利用することで簡単に効率よくプログラムが作成できます．

　Cookbook に掲載されている以外にも多くのライブラリがあるので，プログラムを作成する際には，自分の用途にあったライブラリが既に開発されていないか調べてみましょう

● TextLCD を使って実際にライブラリを利用する手順

　それでは，キャラクタ LCD を使ったプログラムを作成してみます．mbed のキャラクタ LCD ライブラリである TextLCD は，LCD を制御するコントローラが日立製の HD44780 を制御するためのライブラリです．したがって，このコントローラ以外のキャラクタ LCD には TextLCD ライブラリは利用できません[*2]．

　しかし，幸いなことに，現在市販されているキャラクタ LCD のほとんどが，このコントローラ（もし

(*2) Cookbook には TextLCD より多くのコントローラやインターフェースに対応した TextLCD Enhanced ライブラリも公開されている．

図 2-4　TextLCD ライブラリのインポート
自分で作成するプログラムにライブラリをインポートする手順．mbed の Web ページから [Cookbook]→[TextLCD] のリンクをクリックすると，この図のような TextLCD のページが表示される．ここで，枠内の [Import library] をクリックすると，自分の作成したプログラムに TextLCD ライブラリをインポートできる．

くはその互換品）を利用しているため，多くの場合は TextLCD ライブラリが利用できます．また，キャラクタ LCD を選ぶ際には，このコントローラ（もしくは互換品）を使ったものを利用するのがよいでしょう．本書で使用するベース・ボードの StarBoardOrange もこのコントローラを使ったキャラクタ LCD を利用しており，TextLCD ライブラリが利用できます．

◆ 新しいプログラム InformEmail を作成

　第 1 章と同様に，新しいプログラムを作成します．今回のプログラム名を InformEmail にします．
　まず，InformEmail プログラムに TextLCD ライブラリをインポートします．mbed の Web ページから [Cookbook]→[TextLCD] のリンクをクリックすると，TextLCD のページが表示されます．ここで，枠内の [Import library]（図 2-4）をクリックします．すると，図 2-5 のようにライブラリを読み込むダイアログが表示されるので，リスト・ボックスからライブラリを追加したいプログラム（今回は InformEmail）を選択します．
　正しくライブラリがインポートされると，コンパイラの左側にある Program Workspace の InformEmail の下に TextLCD が追加されます．この TextLCD のフォルダ・アイコンをダブルクリックすると，ライブラリが図 2-6 のように展開され，下の階層に [Class Reference] が表示されます．すべてのライブラリで Class Reference が表示されるわけではありませんが，これらの操作を覚えておくと，インポートした Class のメンバ関数や関数の仕様を調べることができて便利です．
　これで TextLCD ライブラリのインポートが完了したので，次にプログラムを作成します．なお，本書で使用したライブラリのリファレンスが巻末にあるので活用してください．

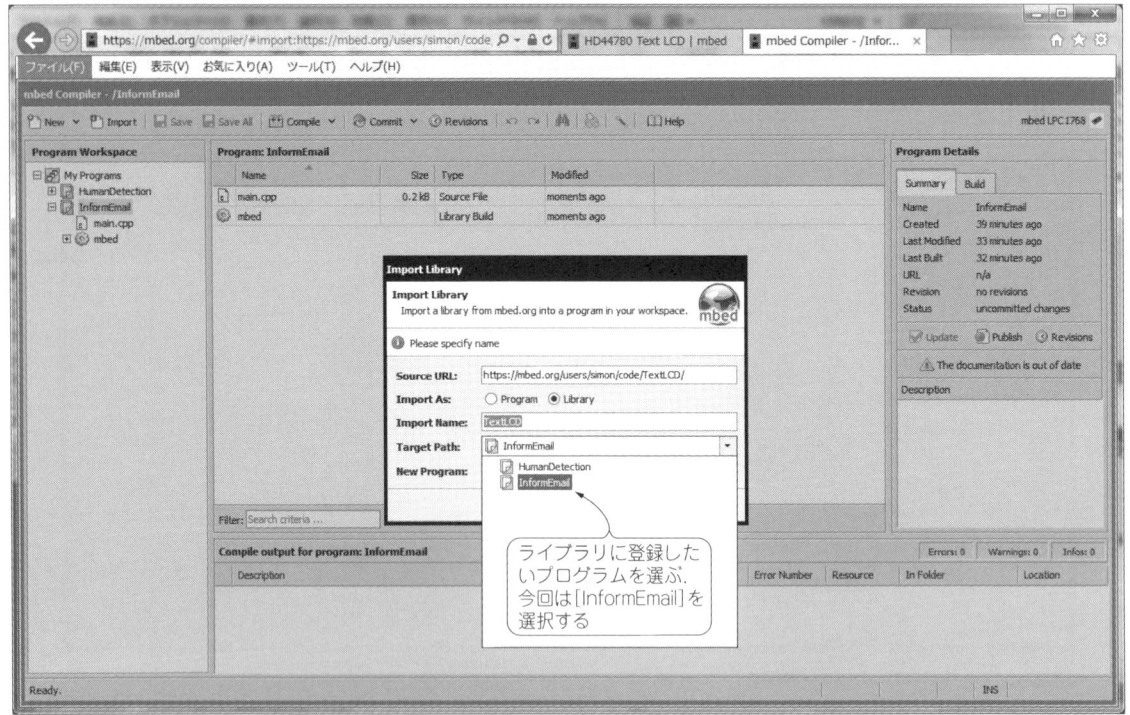

図2-5 ライブラリをインポートするプログラムの選択
ライブラリをどのプログラムにインポートするかをリスト・ボックスから選択している．リスト・ボックスにはWorkspaceでチェックの付いたプログラムだけが表示される．ここでは，HumanDetectionとInformEmailという二つのプログラムが選択できるが，今回はInformEmailにTextLCDライブラリをインポートする．

◆ コンパイルと実行

リスト2-1にTextLCDを使って文字を表示するプログラムを示します．図2-6のように自動で作られたmain.cppを開いて，リスト2-1から第1章で説明したのと同じ手順で必要な部分をコピーしてください．なお，リスト2-1の"//"より右側はコメントです．本書では，プログラムを説明するため便宜上使用していますが，コメントを日本語で記述すると文字化けするので使用しないでください．次に，[Compile]をクリックしてバイナリ・ファイルを作成します．

それをmbedのストレージに保存して実行したものが図2-7です．

いかがでしたか？ 簡単にLCDに文字が表示できたと思います．もしライブラリが使えないと，ここまで簡単にプログラムは作成できませんでした．ライブラリを活用すると素早く正確に動作するプログラムが作成できることがわかっていただけたと思います．

続いてネットワーク関連のライブラリを活用してメールを送信するプログラムを作成します．

2-3　ライブラリをフル活用してネットワーク・プログラムを作成する

ネットワークを使ったプログラムの作成は難しいイメージがあります．しかも，それがマイコンでのプログラム作成となると，「もう何から手を付けてよいのかわからない！」となってしまうのではないでしょ

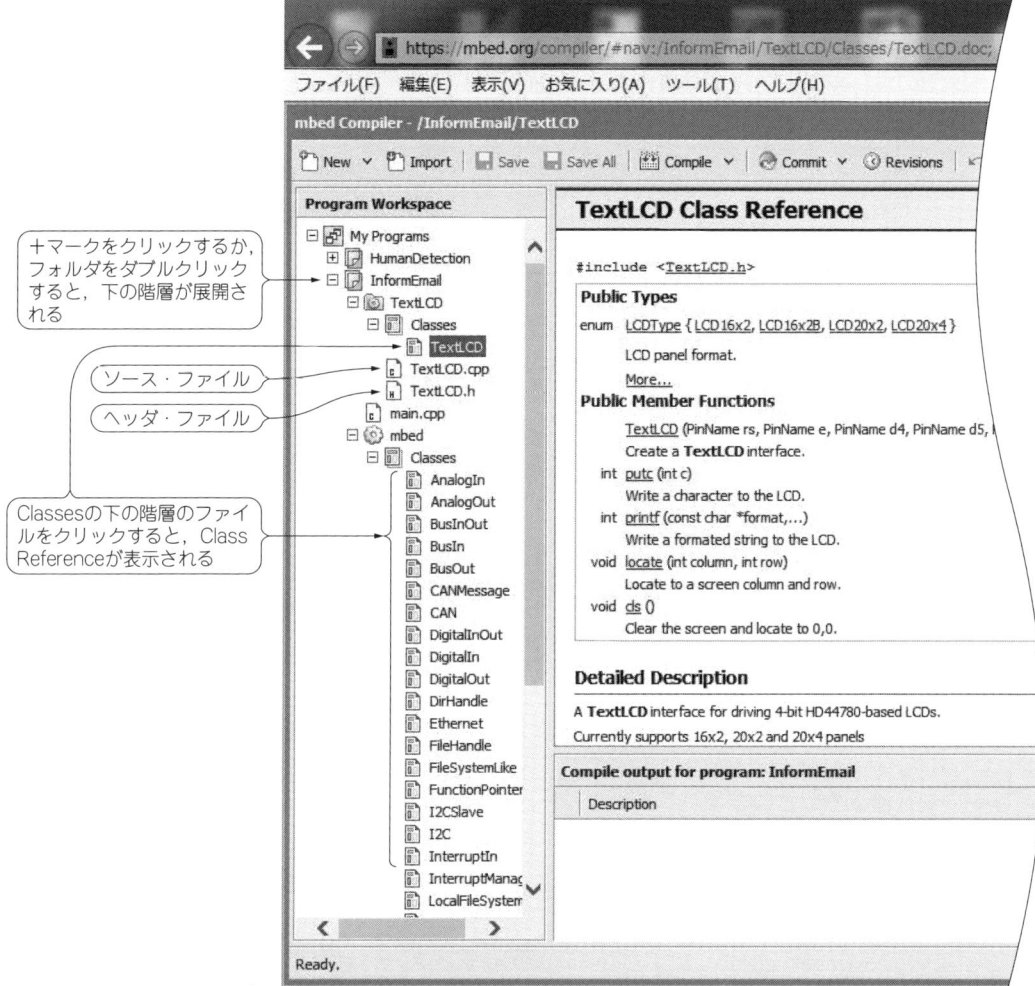

図 2-6 TextLCD ライブラリの Class Reference の表示
mbed のコンパイラ・ウィンドウの左側［Program Workspace］欄にある［InformEmail］→［TextLCD］→［Classes］→［TextLCD］と順番に＋の記号をクリックしていく（ファイル・アイコンやファイル名だとダブルクリックになる）と，ライブラリのソースやリファレンスが表示される．このように，ライブラリによっては，リファレンスが表示されるものもあるが，すべてのライブラリで表示されるわけではない．

リスト 2-1 キャラクタ LCD に文字を表示するプログラム

```
#include "mbed.h"
#include "TextLCD.h"  // TextLCD ヘッダをインクルード

// TextLCD オブジェクトの宣言．引数は mbed のピン番号
// ほかのベース・ボードや自作回路を使う場合は、利用するピン番号を確認する
TextLCD lcd(p24, p26, p27, p28, p29, p30);

int main() {
    lcd.cls();  // 表示のクリア 表示位置を(0,0)(左端,上段)にセットする
    lcd.printf("mbed STAR BOARD");  // "" で囲まれた文字列を表示する
    lcd.locate(5,1);  // 表示位置を(5,1)(左端から6番目,下段)にセットする
                      // 位置の指定は 0 から始まる
    lcd.printf("ORANGE");
}
```

2-3 ライブラリをフル活用してネットワーク・プログラムを作成する | 33

図2-7　キャラクタLCD表示プログラムの実行結果
TextLCDライブラリをプログラムにインポートし，実際に**リスト2-1**のプログラムを実行した結果．プログラムでは上段に「mbed STAR BOARD」，下段の中央に「ORANGE」と表示している．

うか．確かに少し前までは，初心者が手を出すにはかなりハードルが高かったのですが，mbedであればライブラリを活用することで簡単にネットワークを利用したプログラムを作成できます．

ここでは，第1章で作成した「人検知システム」をさらに発展させ，人を検知した情報をメールで送信する「帰宅お知らせシステム」を作成します．

● 帰宅お知らせシステムの作成

回路は**図2-8**のように第1章で作成した「人検知システム」の回路（**図1-13**）をそのまま流用していますが，新しくmbedを単体で動作させるための電源としてニッケル水素電池のeneloop 4本と，ネットワークを利用するための有線LANを追加しています．**図2-9**は「帰宅お知らせシステム」の全体イメージでメールの流れを説明しました．

例えば，玄関や廊下にこのシステムを設置し，センサが人を検知するとその日付と時刻を記録し一定時刻ごとにその情報をメールで送信します．プログラムでは，メール・サーバにYahooのSMTP[*3]サーバ（smtp.mail.yahoo.co.jp）を利用しましたが，通常は読者の方が加入しているプロバイダのメール・サーバを利用するのがよいでしょう．メール・システムの連携のイメージを**図2-10**に示します．私たちが普段何気なく使っているメールはたくさんのシステムが連携して動作しています．これにより，GmailやHotmail，スマートホンやプロバイダのメールはそれぞれ違うシステムで動作していますが，互いにメールの送受信を行うことができます．

製作したシステムを玄関や廊下に設置する場合は，有線LANが利用できないことも多いと思います．

（*3）SMTP：Simple Mail Transfer Protocol．インターネットのメール・サーバが使うプロトコル．基本，テキスト・ベースでやり取りする．

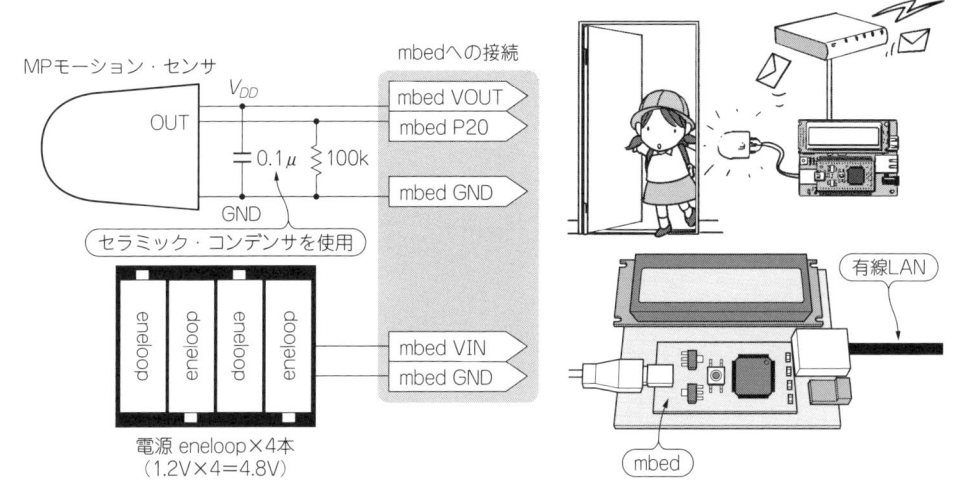

図2-8 帰宅お知らせシステムの回路図
人検知システムで使用した回路をそのまま流用している．帰宅お知らせシステムは，StarBoardOrange単体で動作するため電源をパソコンのUSB給電からeneloop 4本に変更したところが異なる．また，検知した結果をEmailを使って知らせるので，StarBoardOrangeに有線LANを接続した．
eneloop 4本だと約8時間動作するが，それ以上安定して動作させたい場合は，StarBoardOrangeにAC-DCアダプタを利用するとよい．MPモーション・センサのV_{DD}とGNDを間違えると壊れてしまうので，配線はしっかり確認する．

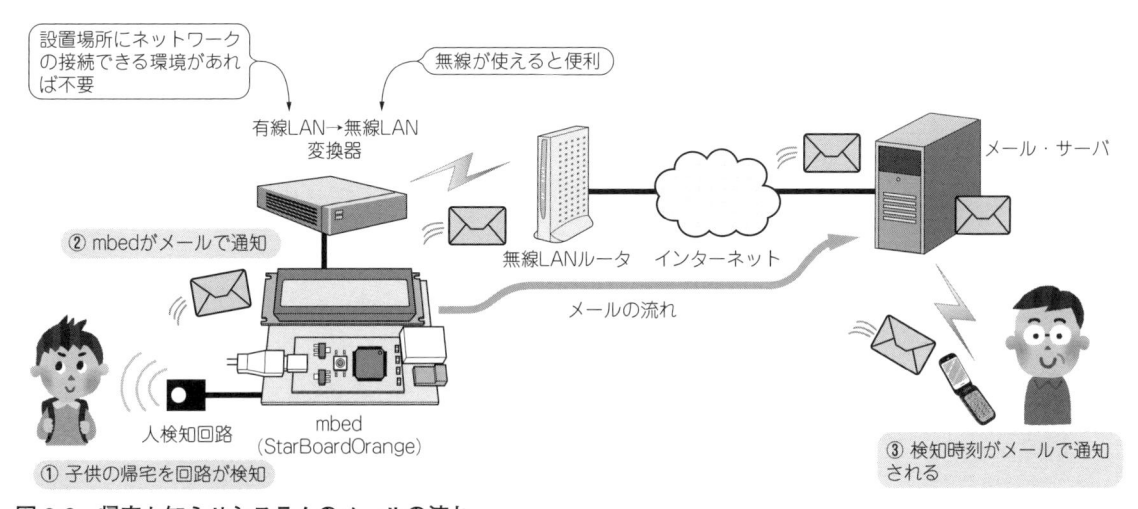

図2-9 帰宅お知らせシステムのメールの流れ
図では人検知回路が男の子を検知し，mbedがメール・サーバに検知した結果を送信する．そして，男性の携帯電話に帰宅お知らせシステムからの通知メールが送付されている．帰宅お知らせシステムを設置する玄関や廊下には有線LANのポートがないと思われる．そこで，有線LANと無線LANの変換器を利用して自宅の無線LANルータに接続している．

そんなときは，無線LAN⇄有線LANのコンバータ（例えばWLAE-AG300N Buffalo製など）を使ってmbedをネットワークに接続することができます．その機器の本来の用途は，液晶テレビやビデオ・レコーダに付いている有線LANを無線化するためのものです．**図2-11**は，筆者の自宅の廊下に「帰宅お知らせシステム」を設置して動作させたものです．

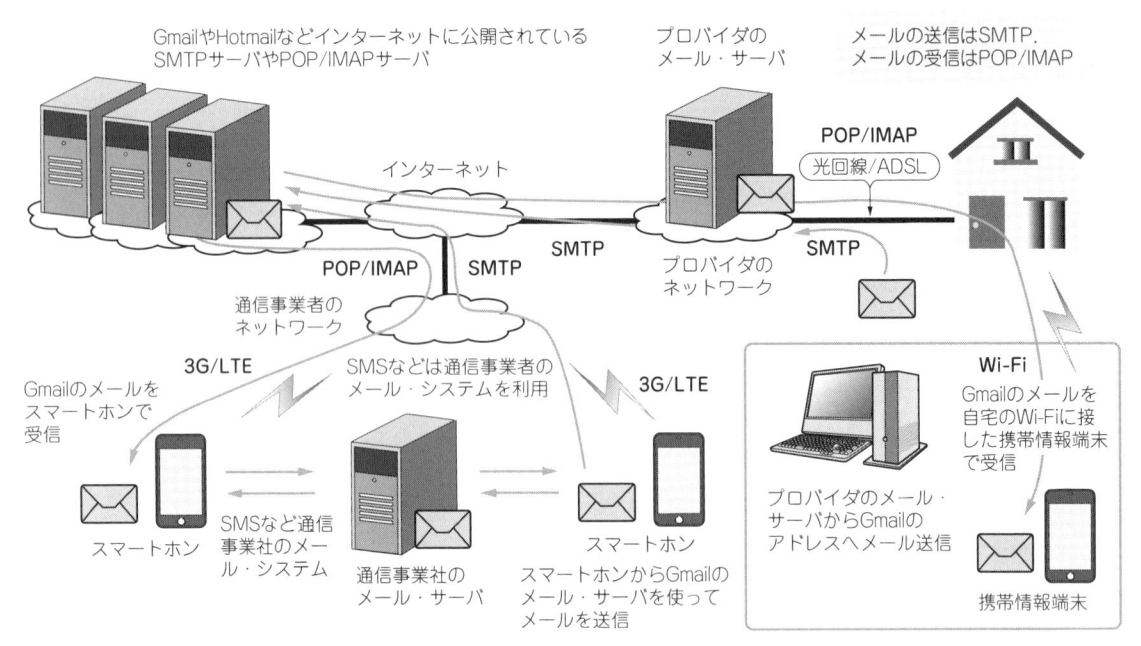

図2-10 メール・システムが連携してメールが配信される

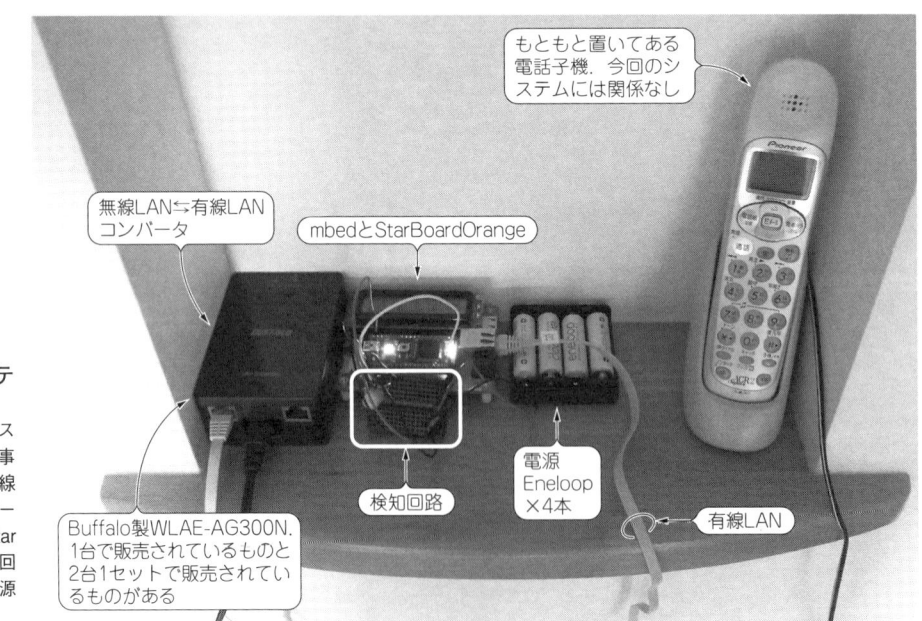

図2-11
帰宅お知らせシステムの設置例
実際に帰宅お知らせシステムを廊下に設置した事例．向かって左端が有線LAN⇄無線LANコンバータで，真ん中がmbed（StarBoardOrange）と人検知回路，そして右端が電源（Eneloop×4本）．

● ネットワーク・ライブラリのインポート

　mbedでネットワークを利用する場合は，ネットワーク・ライブラリを使用してプログラムを作成します．ネットワーク・ライブラリは，2012年8月に，これまで使われていた`EthernetNetIf`ライブラリに代わり，新しく`EthernetInterface`ライブラリが公開されました．しかし，残念なことに新しいラ

図 2-12　SimpleSMTPClient ライブラリのインポート
インポートする手順の説明．先ほど説明した TextLCD ライブラリとは少し手順が違うので再度説明している．ほかにも NTPClient, mbed-rtos のライブラリも同様の手順でインポートする．

イブラリと古いライブラリには互換性がありません．これまで，EthernetNetIf ライブラリを使って開発されたライブラリは，順次新しいライブラリに置き換わっていくと思いますが，当面は2種類が併用される時期が続くと思われます．

そこで，ライブラリを利用する際は，どのライブラリをベースに開発されているかよく確認して使用します．なお，本書では新しいネットワーク・ライブラリを使って，プログラムを作成していきます．

それでは，先ほどの**リスト 2-1** で作成したプログラムに，同じ手順で以下のネットワーク・ライブラリを追加してください．

```
EthernetInterface(http://mbed.org/handbook/Ethernet-Interface)
```

続いて，以下のライブラリもインポートしてください．
NTPClient と mbed-rtos, SimpleSMTPClient の各ライブラリは，以下のリンクからライブラリの公開ページにアクセスし，**図 2-12** のように画面右上にある[Import this Library]をクリックしてライブラリをプログラムにインポートします．すべてのライブラリのインポートが終了すると，**図 2-13** のようになります．

```
NTPClient(http://mbed.org/users/donatien/code/NTPClient/)
mbed-rtos(http://mbed.org/users/mbed_official/code/mbed-rtos/)
SimpleSMTPClient(https://mbed.org/users/sunifu/code/SimpleSMTPClient/)
```

2-3　ライブラリをフル活用してネットワーク・プログラムを作成する　**37**

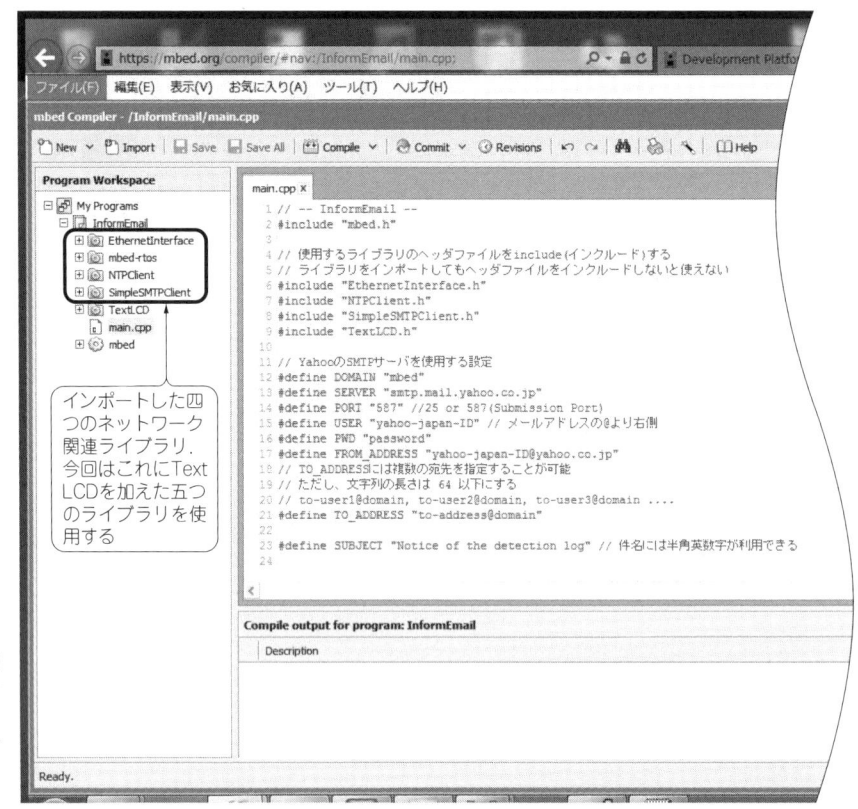

図 2-13
インポートした四つのネットワーク関連ライブラリ
InformEmail のプログラムで使用するネットワーク関連ライブラリをすべてインポートすると，図のように InformEmail フォルダ・アイコンの下に四つのライブラリが表示される．

● ネットワーク関連プログラムの作成をスタート

　それでは，プログラムを作成していきます．先ほど作成したキャラクタ LCD に表示する main.cpp 内の main プログラムの部分だけを削除し，新しくプログラム InformEmail を作成していきます（**リスト2-2**）．

　今回のプログラムでは，ネットワーク時刻同期ライブラリ（NTPClient）やメール送信クライアント・ライブラリ（SimpleSMTPClient）を使用しています．時刻同期で使用する NTP は Network Time Protocol の略で，インターネットに公開されている時刻同期サーバに接続し，機器の時刻を設定するための手順が決められています．

　mbed には RTC（Real Time Clock）が内蔵されて，NTPClient を使ってこの RTC の時刻を合わせます．RTC とはコンピュータで使用される時計機能のことで，mbed にはこの機能が内蔵されていますが，初期状態では 1970 年 1 月 1 日の日時から動作を開始するため，NTPClient などで時刻を合わせる必要があります．

　NTPClient を使った時刻同期処理は，setTime 関数で接続する NTP サーバを指定する必要があり，プログラムでは ntp.nict.jp に接続しています．setTime 関数には，ほかにも NTP サーバに接続するポート番号やタイムアウトの時間を指定できますが，標準の値をそのまま使用するのがよいでしょう．

　時刻は time 関数で取得しています．しかし，取得した時刻は UTC[*4]（協定世界時）なので，9 時間

（*4）UTC：Coordinated Universal Time．古くはグリニッジ標準時 GMT（Greenwich Mean Time）が使われていた．

リスト 2-2　帰宅を知らせる InformEmail のプログラム

```c
// -- InformEmail --
#include "mbed.h"

// 使用するライブラリのヘッダ・ファイルを include (インクルード) する
// ライブラリをインポートしてもヘッダ・ファイルをインクルードしないと使えない
#include "EthernetInterface.h"
#include "NTPClient.h"
#include "SimpleSMTPClient.h"
#include "TextLCD.h"

// Yahoo の SMTP サーバを使用する設定
#define DOMAIN "mbed"
#define SERVER "smtp.mail.yahoo.co.jp"
#define PORT "587" //25 or 587(Submission Port)
#define USER "yahoo-japan-ID" // メール・アドレスの @ より左側
#define PWD "password"
#define FROM_ADDRESS "yahoo-japan-ID@yahoo.co.jp"
// TO_ADDRESS には複数の宛先を指定することが可能
// ただし，文字列の長さは 64 以下にする
// to-user1@domain, to-user2@domain, to-user3@domain ....
#define TO_ADDRESS "to-address@domain"

#define SUBJECT "Notice of the detection log" // 件名には半角英数字が利用できる

#define INIT 5.0
#define NOISE 3.0
#define DELAY 10.0
// メール送信間隔 3600[秒] -> 1 時間
#define INTERVAL 3600

TextLCD lcd(p24, p26, p27, p28, p29, p30);
DigitalOut led1(LED1);
DigitalOut led2(LED2);
DigitalOut led3(LED3);
DigitalIn msensor(p20);
int cnt,flag,flag1;

// メールを送信する間隔を計る関数
void emailsendInterval(void const *args)
{
    while (true) {
        // 正常に動作している間は LED1 が 1 秒間隔で点滅する
        led1 = !led1;
        Thread::wait(1000);
        cnt++; // 秒をカウントしている
        if ( cnt == INTERVAL ){ // 10[分]：600 1[時間]：3600 24[時間]：864000
            // INTERVAL の時刻が経過したら cnt を初期化して flag を立てる (flag 変数に 1 を代入する)
            // flag 変数にフラグが立つとメールを送信する処理を実行する
            cnt = 0;
            flag = 1;
        }
    }
}

// キャラクタ LCD の時刻表示を更新する関数
void lcdUpdate(void const *args)
{
    char lcdMsg[16];
    while(true){
        // 30[秒] ごとに LCD の表示を更新する 30000[ms] -> 30[秒]
        Thread::wait(30000);
        // 現在時刻を取得 UTC なので 9 時間 (32400[秒] 足して JST に変換している)
        time_t ctTime = time(NULL)+32400;
        // キャラクタ LCD 用に表示を整形している 年の下 2 桁 / 月 / 日　時：分
        strftime(lcdMsg,16,"%y/%m/%d %H:%M",localtime(&ctTime));
        // キャラクタ LCD の上段に時刻を表示する
        lcd.locate(0,0);
        lcd.printf("[%s]",lcdMsg);
    }
}

// LED1 を 0.2 秒ごとに点滅させる関数
void flip(void const *args) {
    while (true) {
        led1 = !led1;
        Thread::wait(200);
    }
}
```

リスト 2-2　帰宅を知らせる InformEmail のプログラム（つづき）

```cpp
}
int main()
{
    SimpleSMTPClient smtp;
    EthernetInterface eth;

    char sendMsg[512]="";
    char strTimeMsg[16];
    int ret;
    flag1 = 0;

    lcd.cls();
    printf("\n\n/* Inform Email System */\n");

    printf("Setting up ...\n");
    // ネットワークの初期化 DHCP を使用
    eth.init();

    // ネットワークが利用できるなら DHCP で IP を取得
    eth.connect();

    printf("Connected OK\n");

    // IP アドレスの表示
    printf("IP Address is %s\n", eth.getIPAddress());
    lcd.locate(0,1);
    lcd.printf("%s", eth.getIPAddress());

    // NTP で時刻サーバ(ntp.nict.jp)と同期
    printf("NTP setTime...\n");
    NTPClient ntp;
    ntp.setTime("ntp.nict.jp");


    // 現在時刻を取得 UTC なので 9 時間(32400[秒]足して JST にしている)
    time_t ctTime = time(NULL)+32400;
    printf("\nTime is now (JST):%s\n", ctime(&ctTime));
    strftime(strTimeMsg,16,"%y/%m/%d %H:%M",localtime(&ctTime));
    lcd.locate(0,0);
    lcd.printf("[%s]",strTimeMsg);

    // センサが安定するまで INIT[秒]待機
    led1 = 1;

    // 別プロセスで flip 関数を起動する
    Thread thread0(flip);
    wait(INIT);
    thread0.terminate();
    led1=0;


    // 別プロセスで emailsend_interval 関数を起動する
    Thread thread(emailsendInterval);
    Thread thread1(lcdUpdate);

    // 送信元アドレスをセット
    smtp.setFromAddress(FROM_ADDRESS);
    // 宛先アドレスをセット
    smtp.setToAddress(TO_ADDRESS);
    // 件名と本文をセット
    smtp.setMessage(SUBJECT,sendMsg);

    // 人を検知する処理は第 1 章のプログラムを参照
    while(1)
    {
        led2 = msensor;
        if ( led2 == 1 ){
            wait( NOISE );
            led2 = msensor;

            while ( led2 == 1 ){
                led3 = 1;
                wait( DELAY ) ;
                led2 = msensor;
                // flag1 変数のフラグが立っていなければ検知した時刻を記録する
```

```
                if ( flag1 == 0 ){
                    ctTime = time(NULL)+32400; // JST
                    strftime(strTimeMsg,16,"%m/%d %H:%M\r\n",localtime(&ctTime));
                    // 本文に人を検出した日時を記録する
                    smtp.addMessage(strTimeMsg);
                    printf("[%s]",strTimeMsg);
                }
                // 一度人を検知したら続けて検知しないようにflag1変数のフラグを立てる
                flag1 = 1;
            }
            // flag1変数のフラグを倒す
            flag1 = 0;
            led3 = 0;
        }
        // INTERVALの時刻が経過するとflagが立ち，メールを送信する処理を実行する
        if ( flag == 1 ) {
            // メッセージの長さが0ならメールを送信しない
            if ( smtp.msgLength() != 0 ){
                // メールを送信する
                ret = smtp.sendmail(SERVER, USER, PWD, DOMAIN, PORT, SMTP_AUTH_LOGIN);
                // メッセージを初期化
                smtp.clearMessage();
                if (ret) {
                    printf("E-mail Transmission Error\r\n");
                } else {
                    printf("E-mail Transmission OK\r\n");
                }
            }
            // フラグ変数のフラグを倒す
            flag = 0;
        }
    }
}
```

(32400[秒])を加えてJST(日本標準時)に変換しています．

```
time_t ctTime = time(NULL)+32400;
```

● メール送信はSMTPを使う

SMTPとはSimple Mail Transfer Protocolの略で，電子メールを送信(サーバとサーバ，サーバとクライアント間)する手順が決められています．

`SimpleSMTPClient`ライブラリでは，送信元アドレス，宛先アドレス，件名と本文をそれぞれ`set`関数を使って設定した後，`sendmail`関数を呼び出し，メールを送信できます．

```
// 送信元アドレスをセット
setFromAddress(送信元アドレス);
// 宛先アドレスをセット
setToAddress(宛先アドレス);
// setMessage関数で件名と本文をセット
setMessage(件名,メールの本文);
// sendmail関数でメールを送信
sendmail(SMTPサーバ，SMTPサーバのユーザ名，SMTPサーバのパスワード，ドメイン，ポート番号，認証の種類);
```

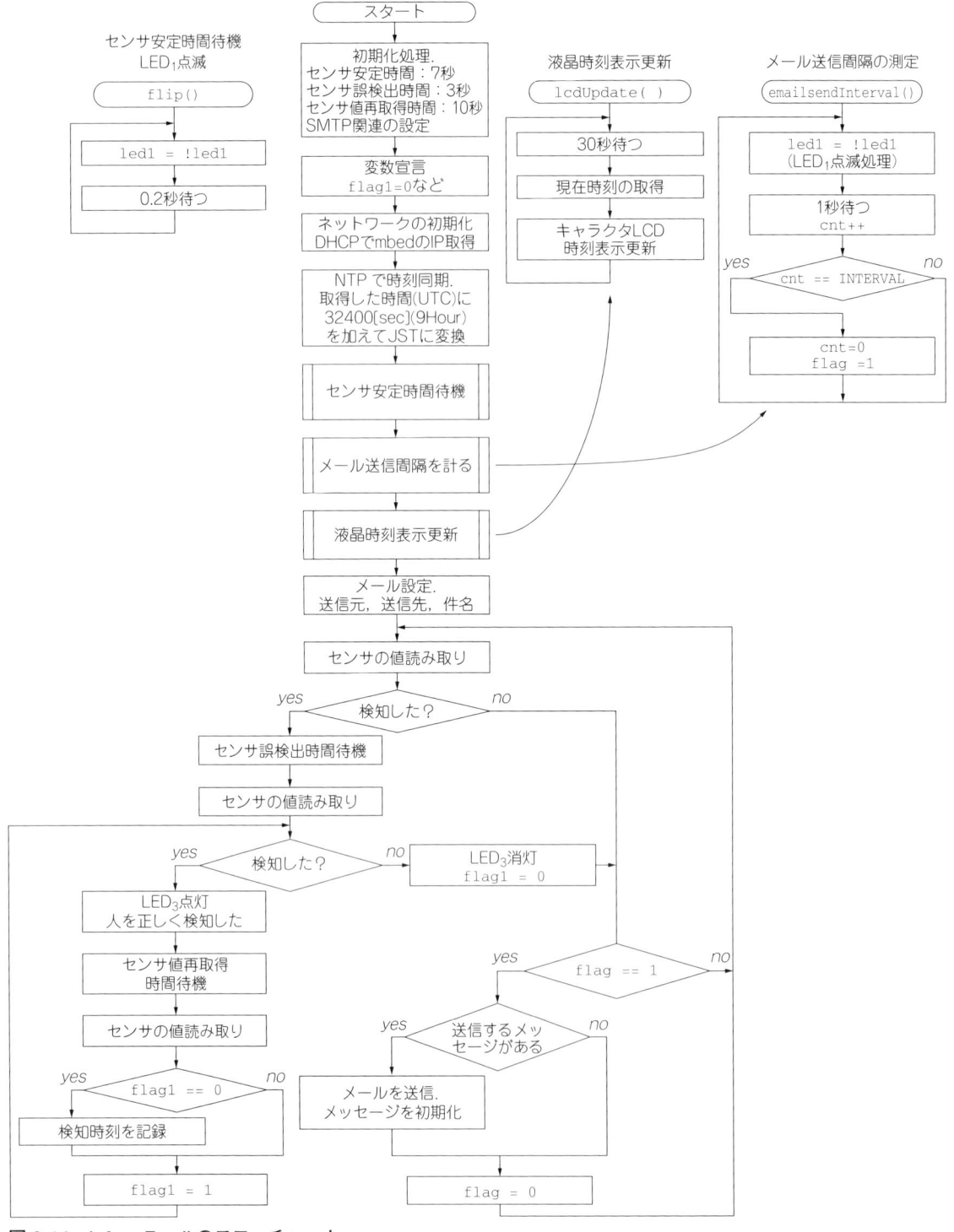

図 2-14 InformEmail のフローチャート
帰宅お知らせシステムのプログラムの流れ．第1章の人検知システムのプログラムにメール通知関連の処理を追加している．プログラムは**リスト 2-2**．

図2-14は，`InformEmail`の処理の流れを説明したフローチャートです．

● 迷惑メール対策（OP25B）について

OP25B（Outbound Port 25 Blocking）は，プロバイダが実施している迷惑メール対策の一つで，利用しているプロバイダがOP25B対策を実施していると，図2-15のように加入しているプロバイダ以外のメール・サーバの25番ポート（通常SMTPは25番ポートを使って通信を行う）への接続が制限されるというものです．

スパム・メールなどの迷惑メール対策として2005年ごろから導入されています．

この場合は，利用したい外部のメール・サーバがサブミッション・ポートに対応していれば，SMTPが利用する25番ポートではなく587番ポートを使って外部のメール・サーバに接続することができます．ただし，サブミッション・ポートで接続する際は，ユーザ認証（SMTP-AUTH）が必須になります．本書ではYahooのメール・サーバを利用した事例を紹介しますので，プロバイダがYahooBB以外の方はOP25Bの影響を受ける可能性があります．

YahooBBのサブミッション・ポートに接続する場合は，ポートを「587」へ，

```
#define PORT "587"
```

また，プログラムの`sendmail`関数の最後の認証の種類を指定する引数は「PLAIN認証」か「LOGIN認証」

```
SMTP_AUTH_PLAIN    または  SMTP_AUTH_LOGIN
```

を使用します．

2-4 帰宅お知らせシステムの実行と動作確認

それでは，動作を確認してみましょう．

プログラムを起動すると，焦電MPモーション・センサが安定するまでの7秒間LED_1が少し早い間隔で点滅します．次にシステムが動作していることがわかるように，LED_1が1秒ごとに点滅します．LED_2はセンサの値をそのまま表していてセンサが人を検知すると点灯します．LED_3はLED_2が一定期間後も人を検知することで始めてシステムが人を検知するようになっており，システムが人を検知するとLED_3が点灯します．

メールは，1時間ごとに登録してある宛先アドレスに送信されます．今回はYahooからHotmailにメールを送信しました．図2-16は，帰宅お知らせシステムから送られてきたメールです．このシステムを利用する際には注意が必要で，電源をeneloop 4本で動作させたところ8時間ほどしか動作しませんでした．より長い時間安定してシステムを動作させるためには，StarBoardOrangeをAC-DCアダプタで動作させることを検討してください．

※インターネットの環境は使用するプロバイダや利用するネットワークの構成によって大きく異なるので，プログラムが正しく動作しない場合は環境に合わせてプログラムを修正する必要があります．

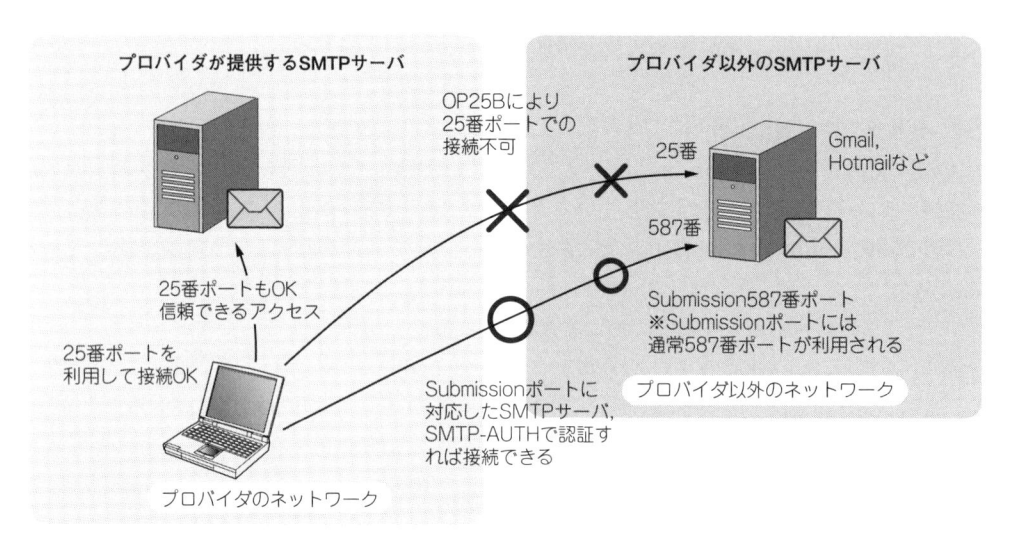

図 2-15　迷惑メール対策 OP25B のメールの流れ
OP25B（Outbound Port 25 Blocking）とは，プロバイダが実施している迷惑メール対策の一つで，利用しているプロバイダが OP25B 対策を実施していると，図のように利用しているプロバイダ以外のメール・サーバの 25 番ポート（通常 SMTP は 25 番ポートを使って通信を行う）への接続が制限される．この場合は，利用したい外部のメール・サーバがサブミッション・ポートに対応していれば，通常 587 番ポートを利用することで外部のメール・サーバに接続することができる．ただし，サブミッション・ポートで接続する際は，ユーザ認証（SMTP-AUTH）が必須になる．本書では Yahoo のメール・サーバを利用した事例を紹介しているので，プロバイダが YahooBB 以外の方は OP25B の影響を受ける可能性がある．

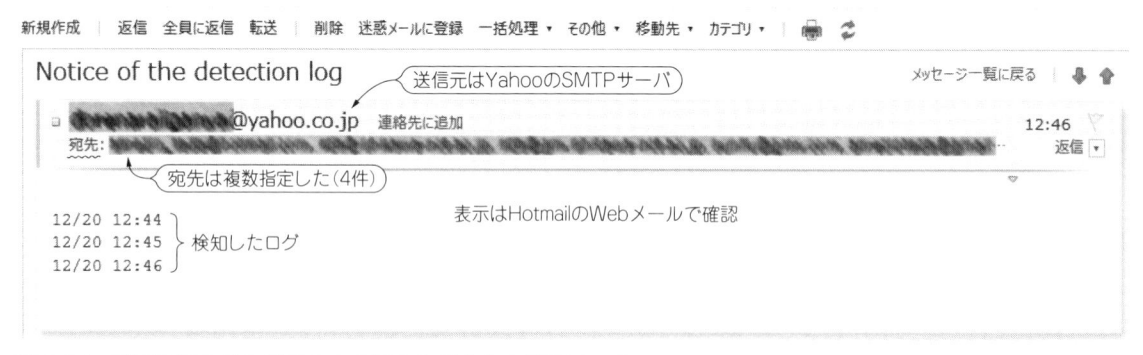

図 2-16　帰宅お知らせシステムから送られてきた人検知メール
このメールは Yahoo のメール・サーバから複数の宛先に送信されている．検知ログでは 12/20 の 12:44，12:45，12:46 の 3 回検知したことをメールで通知している．もし検知しなければメールは送信されない．

※XAMPP のバージョンを 1.8.2 で動作検証を行ったところ，ユーザ認証が正しく終了したのち，エラー・コード 421 が表示され，正しく動作しませんでした．
原因は，`C:¥XAMPP¥MercuryMail` フォルダに `QUEUE` フォルダがないためでした．もし，最新の XAMPP を使って正しく動作しない場合は，フォルダがあるかを確認してください．

Column…2-1　mbedのSMTPClientからGmailやHotmailのSMTPサーバに接続したい

　本文ではYahooのSMTPサーバに接続する事例を紹介しましたが，GmailやHotmailのSMTPサーバに接続したい場合もあると思います．GmailやHotmailのSMTPサーバに接続するためには，サーバとの通信を暗号化するための機能であるSSL/TLSやSTARTTLSを利用します．SMTPではメールを送信する際の通信の暗号化は，RFC[*A]では何も決められていません．だからといって，平文（暗号化されていないテキスト）のままでメールの送受信をすると，ネットワークの途中でメールの内容を盗み見される危険性があります．そこで，通信を暗号化するための機能が追加されたのがSSL/TLSやSTARTTLSです（**図2-A**）．

　当然これらに対応していないSMTPサーバでは暗号化の機能は利用できませんが，このご時世なのでほとんどのサーバで対応しています（むしろこれらの機能を実装していないと接続できないことが多い）．本書ではSSL/TLSやSTARTTLSの暗号化についての詳しい説明は割愛しますが，今回プログラム内で使用している`SimpleSMTPClient`ライブラリはSSL/TLSやSTARTTLSに未対応であるため，GmailやHotmailのSMTPサーバとは直接通信できません．

　そこで，Windowsで動作するSMTPサーバMercuryを使った事例を紹介します（**図2-B**）．Mercuryは暗号化の機能を実装しているWindowsで動作するSMTPサーバで，mbedからのメールをいったんMercuryに送信し，Mercuryの転送先をGmailやHotmailにしておけば，MercuryとGmailやHotmailのSMTPサーバとは暗号化された通信を使って宛先アドレスまでメールを送信してくれます．

　もし，`SimpleSMTPClient`ライブラリが将来SSL/TLSもしくはSTARTTLSに対応すれば，直接GmailやHotmailのSMTPサーバに接続できるようになります．

◆ **Mercuryの設定**

　それでは，Mercuryの設定をしていきましょう．

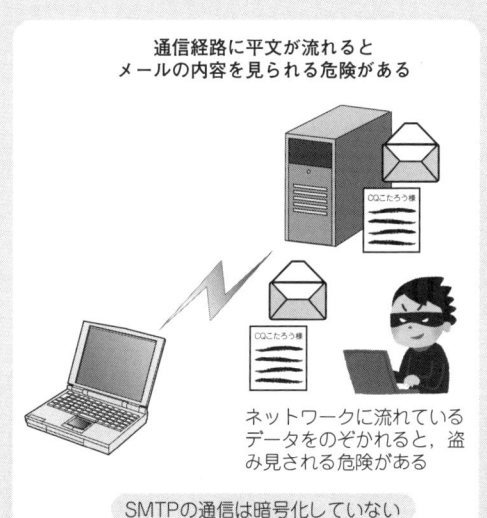

図2-A　メールの暗号化で使われるSSL/TLSもしくはSTARTTLS
SMTPの仕様には暗号化については特に取り決めがない．そのため，SMTPでメールのやり取りをするとネットワークの途中で内容を盗み見される危険がある．そこで，SSL/TLSやSTARTTLSといった通信を暗号化する機能を使って，SMTP通信を暗号化する．これにより，データが途中で盗み見されることはない．最近ではほとんどのSMTPサーバが暗号化の機能を使ってセキュアな通信を実現している．SimpleSMTPClientは暗号化の機能を実装していないので，SSL/TLSやSTARTTLSでの通信を要求されるSMTPサーバには接続できない．

（＊A）RFC：Request for Comments．インターネットで使われるプロトコルが記述された技術資料．

以下のURLから，インストーラ版のXAMPPをダウンロードします．

`http://www.apachefriends.org/jp/xampp-windows.html`

なお，本書ではXAMPP-win32-1.8.1-VC9-installer.exeを使って動作検証を行っています．

今回はXAMPPに構築されたMercuryを使います．XAMPPはWebアプリケーションを使用する際に必要なフリーソフトをまとめたもので，メール・サーバのMercuryもこのパッケージに含まれています．ただし，個人や家庭以外での使用にはライセンスが必要になる場合もあるので，利用する際にはライセンスの使用条件を確認してください．

ダウンロードが完了したら，インストールします．インストールが完了したら[XAMPP Control Panel]を起動すると，図2-Cのようなコントロール・パネルが起動します．XAMPP起動後図2-C枠①内の[Start]ボタンを押すとMercuryが起動し，[Stop]ボタンを押すと停止します．

Mercuryを起動すると図2-C枠②内の[Admin]ボタンが活性化されるので，[Admin]ボタンを押してメール・サーバの設定を行います．まずメニューから[Configuration]→[Protocol modules...]を選び，図2-D枠内の[MercuryS SMTP serverとMercuryC SMTP relaying client]にチェックを付け[OK]ボタンを押します．ここでMercuryをいったん再起動してください．

次に，[Admin]ボタンを押してメニューから[Configuration]→[MercuryS SMTP Server]を選び[General]タブをクリックします．そこで，図2-Eのようにアンダーラインの3か所を以下のように設定します．

Alternate port : 587
IP Interface to use : パソコンのIPアドレス
Display session progress and debugging information のチェック・ボックスを外す．

続けて[Connection control]タブの[Add restriction]ボタンを押して，図2-FのようにMercuryにアクセス可能なIPアドレスの範囲を入力します．この際mbedが使用しているIPアドレスがこの範囲内にあ

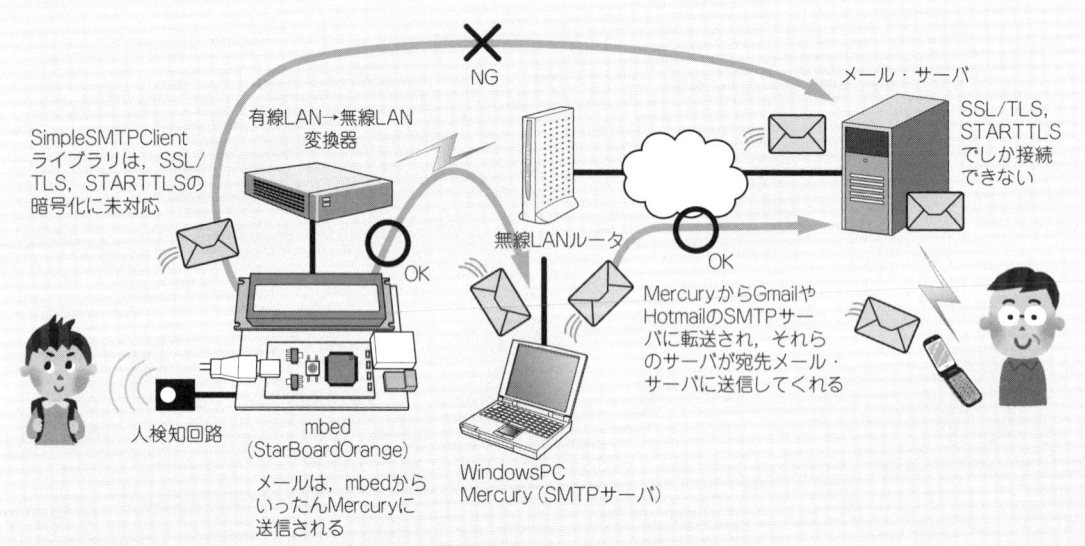

図2-B　Mercuryを使ったメール送信の流れ

MercuryはWindowsで動作するSMTPサーバであり，XAMPPをインストールすると利用できる．XAMPPはWebアプリケーションを使用する際に必要なフリーソフトをまとめたもので，メール・サーバのMercuryもこのパッケージに含まれている．ただし，個人や家庭以外での使用にはライセンスが必要になる場合もあるので，利用する際にはライセンスの使用条件を確認のこと．SimpleSMTPClientにはSSL/TLSやSTARTTLSなどの暗号化機能は実装されていない．そこで，いったんメールをMercuryに送信する．Mercuryは暗号化の機能を実装しているので，mbedからのメールをMercury宛てに送信すると，Mecuryがいったん GmailやHotmailにメールを転送し，それらのメール・サーバが宛先まで送信してくれる．Mercuryを使えばGmailやHotmailに間接的に接続してメールを送信できる．ただし，Mercuryを使う場合はパソコンが起動している必要があるので，smtpを使ったプログラムを試したい場合などにお勧め．

ることを確認してください．

そして，Relaying control 欄の［Do not permit SMTP relaying of non-local mail］のチェックを外し，［Authenticated SMTP connections may relay mail］にチェックを付けます．すると［Auth Passward file］が入力できるようになるので，`C:¥XAMPP¥pwd.txt`を作成し，図のように Mercury 用のユーザ名とパスワードを入力し［OK］ボタンを押します．これで，SMTP サーバの設定は完了です

◆ クライアントの設定

続いてクライアントの設定を行います．

［Configuration］→［MercuryC SMTP Client］を選び，図2-Gのように Smart host name 欄に Mercury がメールを転送する SMTP サーバのホスト名を記入します．例えば Gmail であれば，`smtp.gmail.com` です．

Connection port/type 欄は［587］とプルダウン・メニューから［SSL encryption via STARTTLS command］を選びます．

Login username は転送先のメール・アドレス，

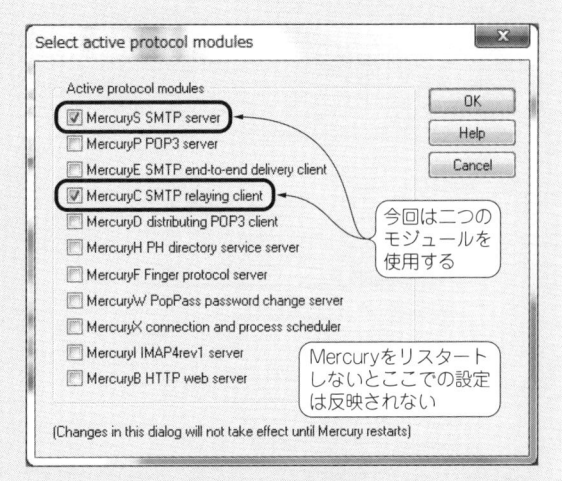

図 2-D　Protocolmodules で起動するプロセスを選んで mbed のメールをサーバへ転送
mbed から送られてきたメールを所定のサーバに転送する設定を行う．ここでは，いくつかある Mercury のプログラムの中から，［MercuryS SMTP server と MercuryC SMTP relaying client］の二つにチェックを付けプロセスが起動するように設定している．

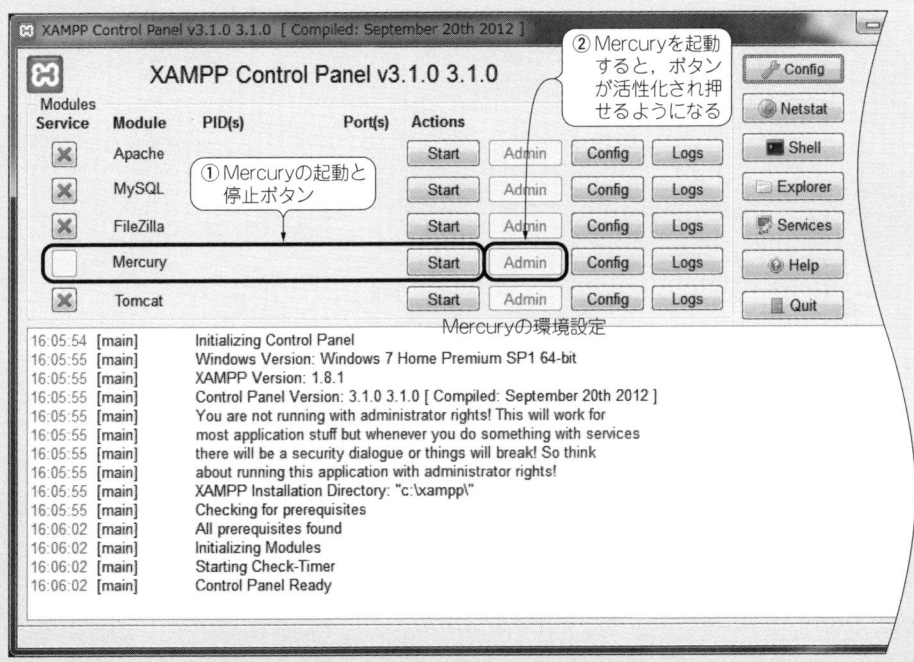

図 2-C　Mercury のプロセスを制御する XAMPP のコントロール・パネル
XAMPP のコントロール・パネルを使って Mercury のプロセスを起動したり停止できる．赤枠内の［Start］ボタンを押すと Mercury が起動する．Mercury が起動すると［Admin］ボタンが活性化される．［Admin］ボタンを押すと，Mercury のプロセス・ウィンドウが表示される．

2-4　帰宅お知らせシステムの実行と動作確認　47

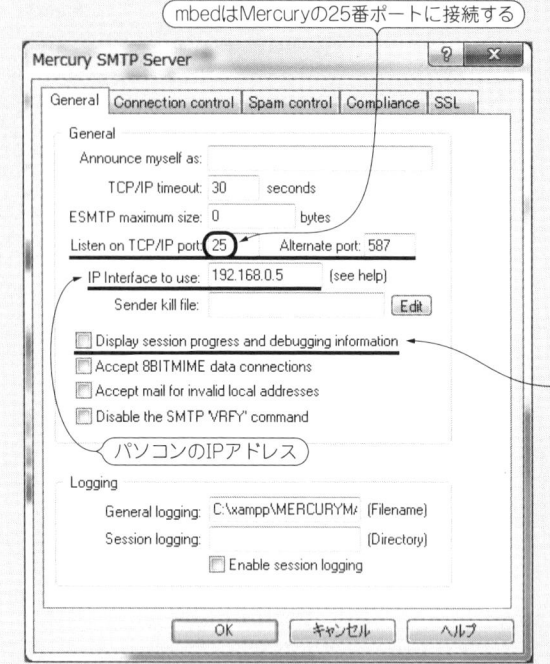

Password 欄にはメールのパスワードを入力します．

次に「Do not use CRAM-MD5 authentication even if the smart host advertises it」にチェックを付け[OK]ボタンを押してください．

最後に[Configuration]→[Manage local users...]を選び，[Add]ボタンを押して図 2-H のように Mercury にアクセスするためのユーザを登録します．

図 2-E　SMTPServer の General タブの設定で PC の IP アドレスを入れる
図の下線の部分の設定を変更している．IP Interface to use のテキスト・ボックスには，Mercury が起動している PC の IP アドレスを記述する．パソコンの IP アドレスを調べる方法は[スタートメニュー]の[アクセサリ]からコマンドプロンプトを選び[ipconfig]と入力すると表示される．

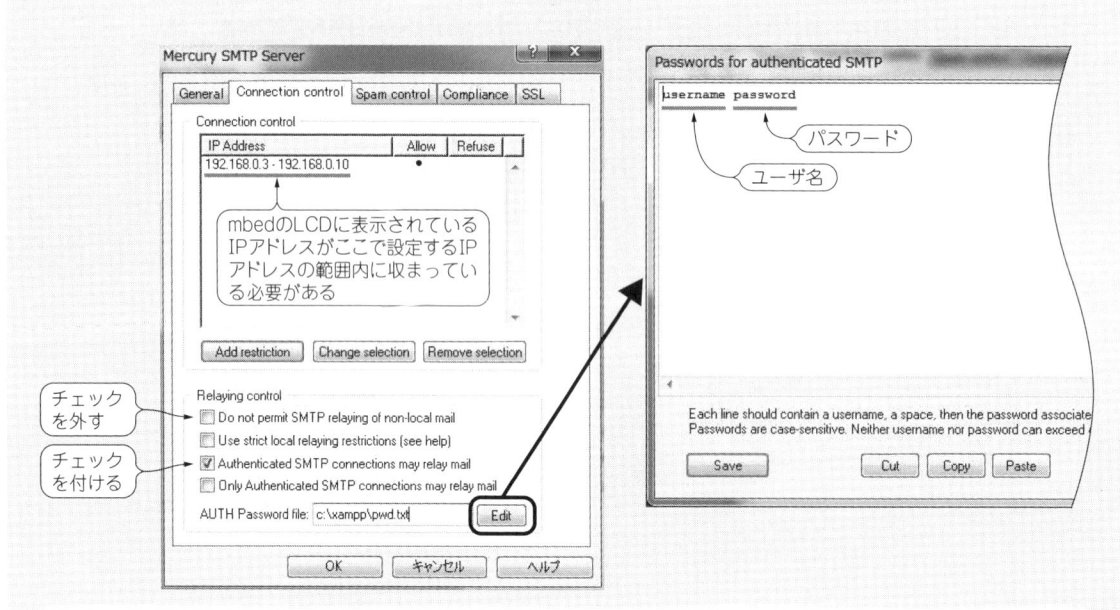

[Authenticated SMTP connections may relay mail]にチェックを付けると，Auth Password file テキスト・ボックスが入力できるようになる．
適当な場所（例えば C:¥xampp）にpwd.txtを作成し，Mercury のユーザ名とパスワードを右図のように入力する．
AUTH Password ファイルがないと，[Edit]ボタンを押しても動作しないので，事前にメモ帳などで作成しておく必要がある．

図 2-F　SMTPServer の Connection control タブの設定
ここでは，Mercury に接続可能な IP アドレスのレンジ（範囲）設定をしたり，認証用のファイルを作成する必要がある．

Username : TestUser
Personal name : userid
Mail password : パスワード
Copy default mail messagesのチェックを外して[OK]ボタンを押す．

設定がすべて完了したら，一度Mercuryの設定ウィンドウを閉じます．Mercuryが起動しているようであれば，一度[Stop]し再び[Start]ボタンで再起動します．

◆ mbedの設定変更

これで，Mercury側の設定はすべて完了しました．次にmbedのプログラムは，YahooのSMTPサーバに接続する設定になっています．ここでは，mbedはMercuryにメールを送信するので，mbedのプログラムを以下の値に変更します．

```
DOMAIN "localhost"
    // Mercuryが起動しているパソコンのIPアド
    // レス
```

```
SERVER "***.***.***.***"
PORT "25"
USER "userid"
            // Mercuryで登録したユーザ名
PWD "******"
    // ******ではなく，登録したパスワード
FROM_ADDRESS "Mercuryに登録したユーザ名
@localhost"
TO_ADDRESS "To-userid@domain"
                // 宛先のメール・アドレス
```

これで，mbedから直接ではなくMercuryを経由はしますが，GmailのSMTPサーバからメールを送信することができるようになりました．ただ，この方法だとパソコン（Mercury）が起動中のときにしかメールを送信できないので，SMTPClientのプログラムを作成する際のテスト用と割り切って使用したほうがよいでしょう．もし，YahooのSMTPサーバを使ってメールを送信できない場合はこちらも試してください．

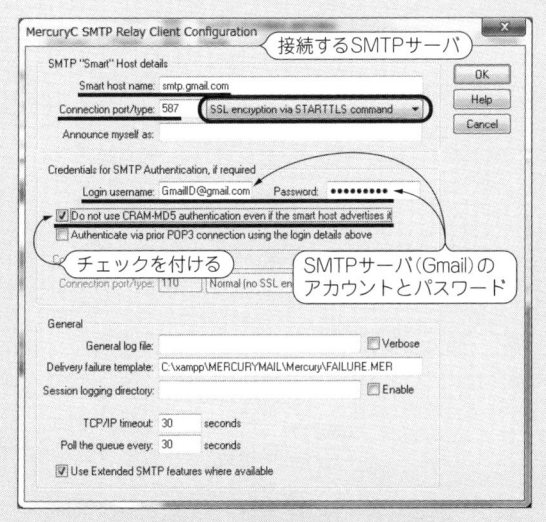

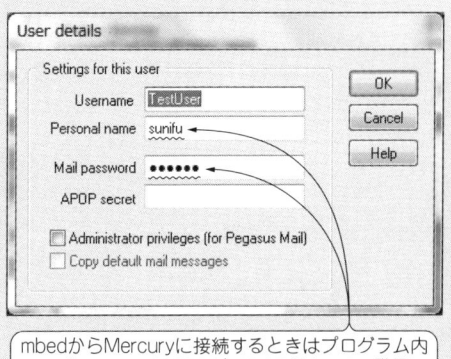

図2-G　SMTPClientの接続先サーバの設定
Mercuryが転送するSMTPサーバへの接続設定をしている．Smart host nameには接続先のSMTPサーバ名を記述する．ここでは，転送先をGoogleのSMTPに設定している．Connection port 接続先が加入しているプロバイダ以外のSMTPサーバであれば，Submissionportを指定する．今回はGoogleのSMTPサーバなのでOP25Bの影響を受ける可能性が高い．そこで，ポート番号は587を指定する．また，Gmailの587はTLSでの暗号化処理が必要なのでリスト・ボックスから[SSL encryption via STARTTLS command]を選択する．Login user nameはGmailのアドレス username@gmail.com，パスワードはGmailのパスワードを入力する．

図2-H　Mercuryのアカウント登録
mbedはSMTPサーバMercuryに接続してメールを送信するため，mbedのプログラムはMercuryに接続するように設定を以下のように変更する．

```
DOMAIN "localhost"
SERVER "192.168.0.***"
        // Mecuryが起動しているパソコンのIPアドレス
        // PORT "25"
USER "userid" // Mercuryで登録したユーザ名
PWD "******"   // ******ではなく，登録したパスワード
FROM_ADDRESS "username@localhost"
TO_ADDRESS "To-userid@domain"
```

2-4　帰宅お知らせシステムの実行と動作確認 | 49

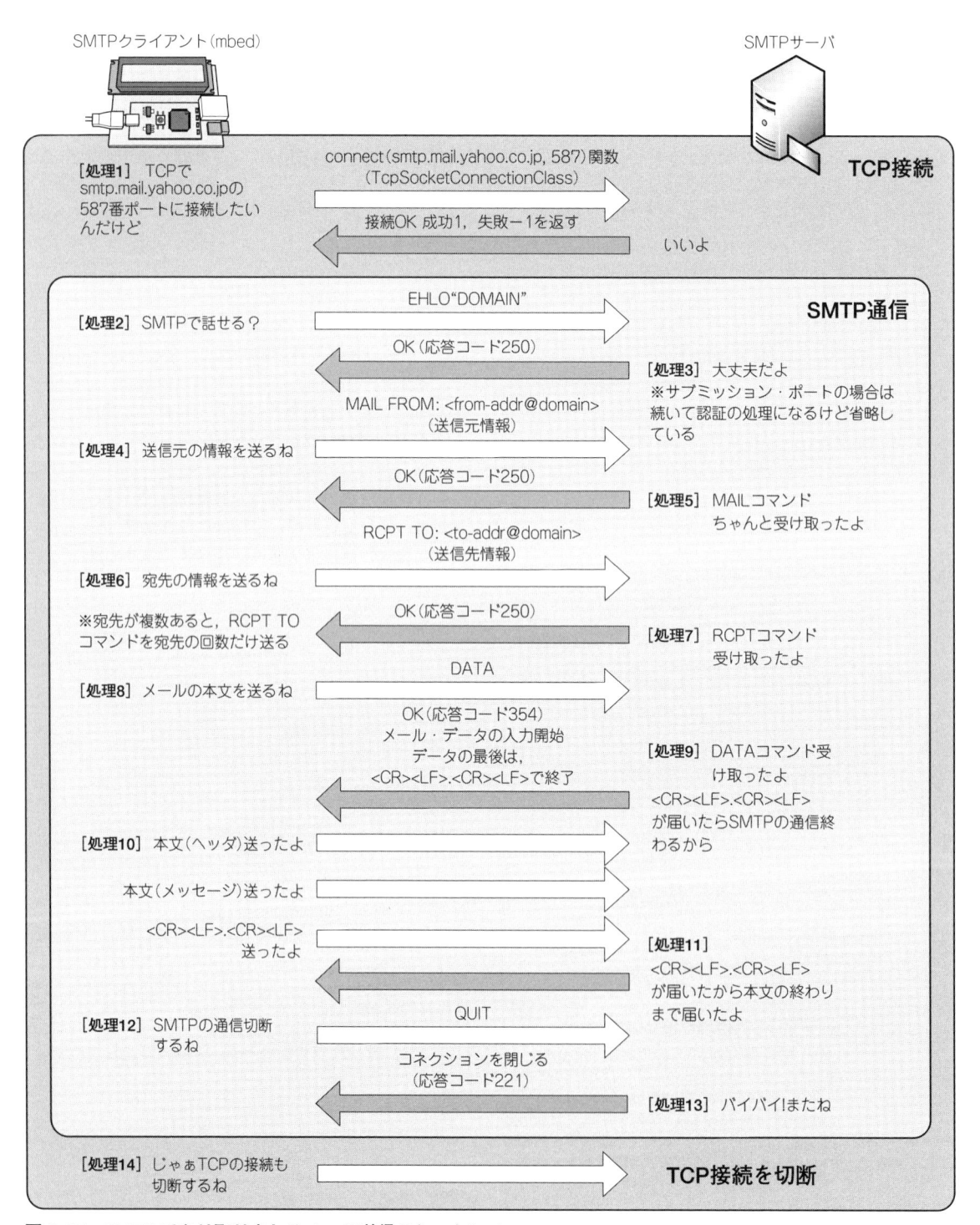

図 2-17　SMTP でやり取りされるメール送信のシーケンス

SimpleSMTPClient のライブラリの中で，メール送信関数(sendmail)での mbed と SMTP サーバとの SMTP に則ったやり取りを図にしたもの．**リスト 2-3** のプログラムと一緒に見ると，実際のプログラムが SMTP のどの部分のやり取りをしているかをイメージしやすい．

2-5 SimpleSMTPClient ライブラリをちょっと覗いてみる～あれ，意外と簡単かも～

最後に，InformEmail で使用した SimpleSMTPClient ライブラリのプログラムを少しだけ覗いてみます．このライブラリは本書のために作成したプログラムなのですが，SMTP のプロトコルに従って…なんて説明すると，何だかすごく難しいことをしている印象があります．

しかし，プログラムを見るとわかるのですが，プログラムでは TCP 通信を利用して mbed とサーバとの間で決められた文字列をやり取りしているだけなのです．皆さんが想像しているよりは，ずっと簡単なプログラムです．

それでは，まず最初にメールを送信するための手順について紹介します．**図 2-17** は SMTP の規約に則ってメールを送信するための手順を示したもので，**リスト 2-3** は `SimpleSMTPClient` ライブラリの送信手順の部分(`sendmail` 関数)だけを抜き出して，さらにその中の主な処理だけを残したプログラムです．必要最小限のプログラムになっているので，**図 2-17** のシーケンスと見比べてみると，プログラムの内容が理解できるのではないかと思います．

まず最初に，mbed と SMTP サーバ間で TCP のコネクションを確立[処理1]します．SMTP は TCP のコネクションを利用して SMTP コマンドをやり取り[処理2から処理13]しているため，始めに通信経路の確立が必要です．

次に，先ほどの TCP コネクションを使って，mbed(クライアント)から SMTP サーバに対して SMTP の `EHLO` コマンドを送信し SMTP での接続を確立[処理2]します．コマンドの送信は `TCPSocket` の `send` 関数を使って送信します．

次からは，送信元(`MAIL` コマンド[処理4])や送信先(`RCPT` コマンド[処理6])のデータを SMTP サーバに送信します．そして `DATA` コマンドを送り[処理10]本文を送信することを，SMTP サーバに通知して本文のデータを送ります．本文の最後は行に．(ピリオド)だけのデータを送信します．

SMTP での通信がすべて完了したら，SMTP サーバに対して `QUIT` コマンドで SMTP 通信の終了を通知します．そして，最後に TCP での通信を終了してメール送信処理が終了します．

いかがでしたか？ ライブラリの中のプログラムを覗いて見ると，意外と簡単なプログラムで実現されていると思いませんか？ mbed には，ほかにも多くのライブラリが公開されています．これらのライブラリを見るだけでもかなり勉強になります．ぜひ，興味のあるライブラリがあったら，プログラムがどのように実装されているか調べてみましょう．

リスト 2-3 メール送信関数を簡単にしたもの

```
int SimpleSMTPClient::sendmail (char *host, char *user, char *pwd, char *domain,char *port,SMTPAuth auth) {
    // [処理1] mbed から SMTP サーバに対して connect 関数で TCP 通信の接続を依頼する
    //         このときの引数は SMTP サーバのホスト名と接続するポート番号
    smtp.connect(host, atoi(port)) ;

    if ( !smtp.is_connected() ){
        printf("Connection Error!\r\n");
        smtp.close();
        return -1;
    }
```

リスト 2-3 メール送信関数を簡単にしたもの(つづき)

```c
    wait_ms(100);

    // [処理2] TCP で SMTP サーバと接続できたら，SMTP の EHLO コマンド(だたの文字列)
    //         を SMTP サーバに送信し，SMTP 通信の開始を依頼する
    sprintf(ehlo,"EHLO %s\r\n",domain); // 送信する文字列"EHLO DOMAIN"を作成
    smtp.send(ehlo, strlen(ehlo));      // SMTP コマンドを送信

    // [処理3] SMTP の接続が OK であれば SMTP サーバから応答コード 250 が返ってくる
    if (receiveMessage(250)){
        smtp.close();
        return -1;
    }

    // [処理4] SMTP の MAIL コマンドで送信元のアドレスを SMTP サーバに送信する
    smtp.send("MAIL FROM: <", 12);
    smtp.send(getFromAddress(), strlen(getFromAddress()));
    smtp.send(">\r\n", 3); // 文字列"MAIL FROM: <送信元アドレス> <CR><LF>"を SMTP サーバに送信

    // [処理5] MAIL コマンドが正常に受信できたら SMTP サーバから応答コード 250 が返ってくる
    if (receiveMessage(250)) {
        smtp.close();
        return -1;
    }

    // [処理6] SMTP の RCPT コマンドで宛先のアドレスを SMTP サーバに送信する
    smtp.send("RCPT TO: <", 10);
    smtp.send(addr, strlen(addr));
    smtp.send(">\r\n", 3); // 文字列"RCPT TO: <宛先アドレス> <CR><LF>"を SMTP サーバに送信

    // [処理7] RCPT コマンドが正常に受信できたら SMTP サーバから応答コード 250 が返ってくる
    if (receiveMessage(250)) {
        smtp.close();
        return -1;
    }

    // [処理8] 本文の送信を開始する DATA コマンドを送信
    smtp.send("DATA\r\n", 6); // 文字列"DATA<CR><LF>"を SMTP サーバに送信

    // [処理9] DATA コマンドが正常に受信されたら SMTP サーバから応答コード 354 が返ってくる
    if (receiveMessage(354)) goto exit;

    // [処理10] メールの本文を送信 本文の最後は <CR><LF>.<CR><LF>
    smtp.send(getHeader(), strlen(getHeader()));     // ヘッダ部を送信
    smtp.send(getMessage(), strlen(getMessage()));   // 本文を送信
    smtp.send("\r\n.\r\n", 5); // 本文の最後を表す <CR><LF>.<CR><LF> を送信

    // [処理11] 本文が正常に受信されたら SMTP サーバから応答コード 250 が返ってくる
    if (receiveMessage(250)) goto exit;

    // [処理12] QUIT コマンドを送信し，SMTP サーバに対して SMTP 通信の終了を通知する
    smtp.send("QUIT\r\n", 6);

    // [処理13] QUIT コマンドが正常に受信されたら SMTP サーバから応答コード 221 が返ってきて SMTP を終了する
    if (receiveMessage(221)) goto exit;

exit:
    // [処理14] close 関数で TCP の通信を切断してメール送信シーケンスがすべて完了
    smtp.close();

    // 正常に処理が完了したらリターン・コード 1 を返す
    return ret;
}
```

[第3章] 組み込みマイコンでも簡単にインターネット通信が利用できる

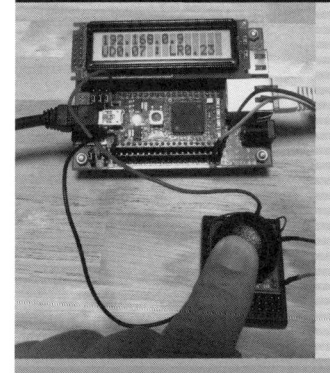

Socket通信を使ってmbedとWindowsのコラボレーションを実現しよう

第2章では，mbedをネットワークに接続し，`SimpleSMTPClient`ライブラリを使ってメールを送信するプログラムを作成しました．これまでのマイコンでは作成が難しかったネットワークを利用したプログラムが，mbedであればライブラリを活用することで簡単に実現できることがわかりました．そこで本章では，もう少し自由度の高いネットワーク・プログラムが作成できるように`Socket`を使ったプログラムを作成します．

`Socket`クラスを使うことで，ネットワークに接続している機器と自由に通信するプログラムを作成できるため，例えばパソコンからmbedのI/Oを制御したり，mbedで取得したデータをパソコンに送信できるようになります．

本章では実際に，Windowsとmbedでデータを送受信するプログラムを作成しますが，これまでのmbedのプログラムに加えて，C#を使ったWindowsプログラムも作成します．本章を読み終えると，mbedとWindowsがネットワークを介して通信するプログラムを作成するための基本を学ぶことができます．

3-1 プログラムの作成に必要なネットワークの知識

ネットワークのプログラムを作成するために必要な知識は多岐に渡りますが，ここでは，Socketクラスを使ったプログラムを作成する上で知っておきたいネットワークの基礎を説明します．

● IPアドレス

IPアドレスは皆さんも一度は耳にしたことがあると思いますが，インターネットの世界で機器に割り当てられる住所のようなものです．インターネットの世界では図3-1のようにIPアドレスの値から，データをどのような経路で宛先まで届けるかを決めていて，この経路を決める機器がルータと呼ばれ，次の宛先を決める処理をルーティング（経路制御）といいます．

IPアドレスはネットワークのインターフェースごとに1個割り当てられるので，例えばノート・パソコンで有線LANと無線LANを同時に使用している場合は，2個のIPアドレスが割り当てられます．このような状態になっていると，どちらのネットワークを使用して通信しているかわかりません．そこで，本書でのプログラム実行時はどちらのネットワークを使用しているかを明確にするため，両方のネットワークが利用可能なときにはどちらか一方のネットワークを無効にしてください．

インターネットに接続されている機器にはすべてIPアドレスが必要なため，利用者の拡大に伴ってグローバル・アドレスが不足する事態に陥りました．そこで，会社や家庭のように閉じたネットワークで使用するプライベート・アドレスが利用されることが多くなりました．プライベート・アドレスには，数万

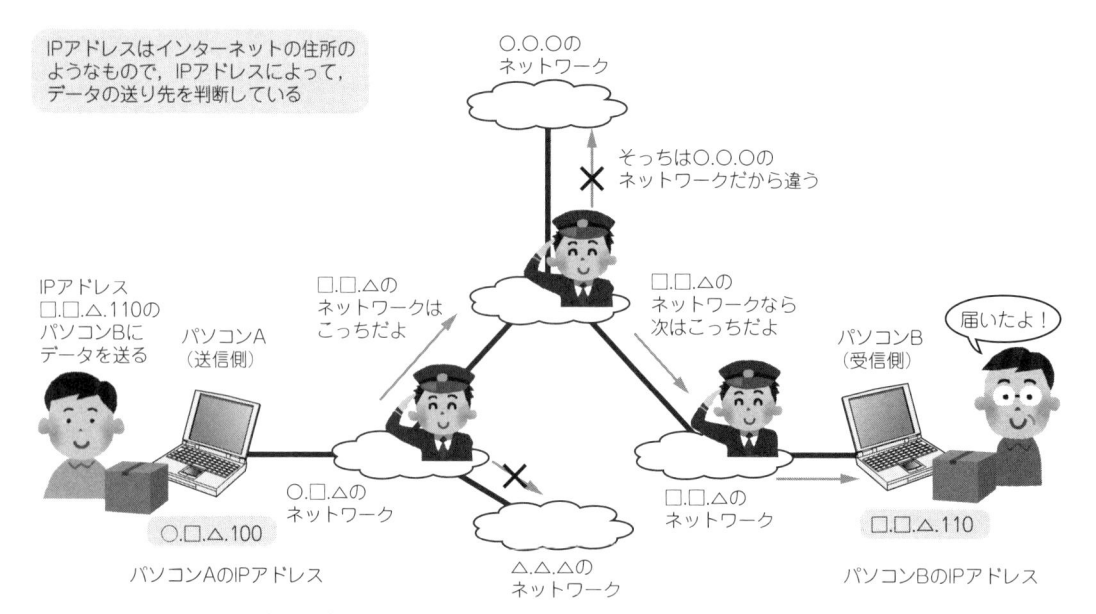

図3-1 IPアドレスを使った通信
データを送信して宛先に届くまでのイメージ．IPアドレスの値によって，データを送信する経路が決まる．図の警察官はデータの経路を制御するルータに見立てている．

台クラスのネットワークから家庭で利用するような小規模用のネットワークで利用するものまであり，普段私たちが自宅で利用するような小規模のネットワークには，クラスCと呼ばれる`192.168.0.0`～`192.168.255.255(192.168.0.0/16)`のアドレス空間が使用されます．

◆ プライベート・アドレスとグローバル・アドレスの関係

プライベート・アドレスでは直接インターネットに接続されている機器と通信することはできませんが，図3-2のようにルータのNAT(Network Address Translation)機能を使うことで，家庭内の複数のプライベート・アドレスを1個のグローバル・アドレスに自動で変換して通信できます．一方，グローバル・アドレスからプライベート・アドレスに対して直接接続することはできません．しかし，これにより自宅内の機器は外部から直接攻撃されることがないため，セキュリティは高くなるという利点があります．

● ポート番号

IPアドレスにより宛先の「機器を特定」することはできますが，図3-3のように機器に複数のプログラムが動作していた場合，IPアドレスだけではどのプログラムにデータを渡せばよいかまでは特定できません．データをどのプログラム（アプリケーション）に渡すかを特定するのがポート番号です．

ポート番号の1023番より小さな値には，既にFTPやSMTP，HTTPといった一般的によく使用されているプログラムに割り当てられており，これらのポートはWell Known Port（よく知られたポート）と呼ばれ予約済みになっています．また，1024番以降でも値が小さな番号は既にほかのプログラムで利用されている可能性があります．

そこで，自分で作成するプログラムのポート番号が，これらのプログラムのポート番号と重複しないように割り当てる必要があり，自作のプログラムなどはプライベート・ポートの49152～65535番を使用するのがよいでしょう．本書では55555番ポートを使用してプログラムを作成しています．

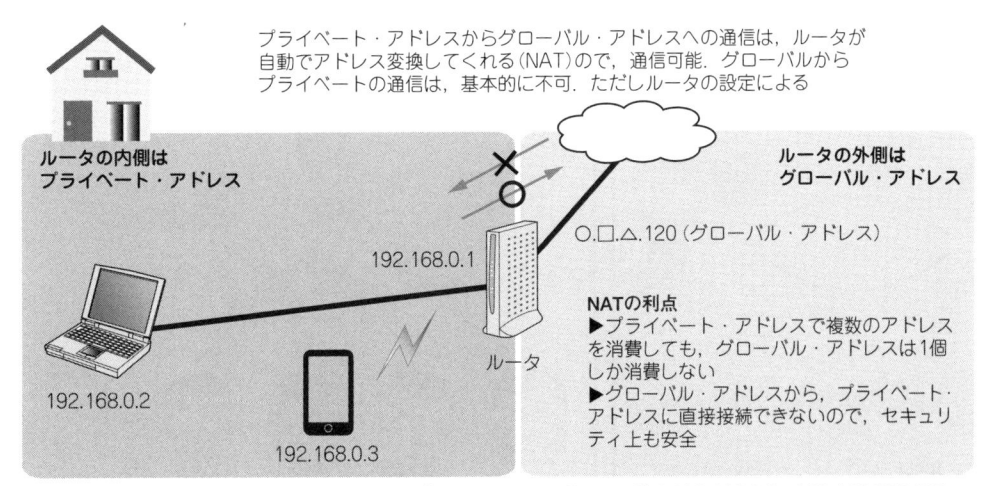

プライベート・アドレスからグローバル・アドレスへの通信は，ルータが自動でアドレス変換してくれる（NAT）ので，通信可能．グローバルからプライベートの通信は，基本的に不可．ただしルータの設定による

ルータの内側はプライベート・アドレス

ルータの外側はグローバル・アドレス

○.□.△.120（グローバル・アドレス）

192.168.0.1

192.168.0.2

192.168.0.3

ルータ

NATの利点
▶プライベート・アドレスで複数のアドレスを消費しても，グローバル・アドレスは1個しか消費しない
▶グローバル・アドレスから，プライベート・アドレスに直接接続できないので，セキュリティ上も安全

家庭などの小規模ネットワークで利用されるプライベート・アドレスの範囲192.168.0.0〜192.168.255.255（192.168.0.0/16）

図3-2　グローバル・アドレスとプライベート・アドレス
IPアドレスは，グローバル・アドレスとプライベート・アドレスの2種類ある．通常自宅などではプライベート・アドレスを使用していることが多い．自宅のネットワークがプライベート・アドレスの場合，直接インターネットに接続できない．そこで，プライベート・アドレスからグローバル・アドレスに接続するためにルータのNAT機能を使う．この機能はプライベート・アドレスをグローバル・アドレスへ自動で変換してくれるので，利用者はほとんど意識する必要はない．

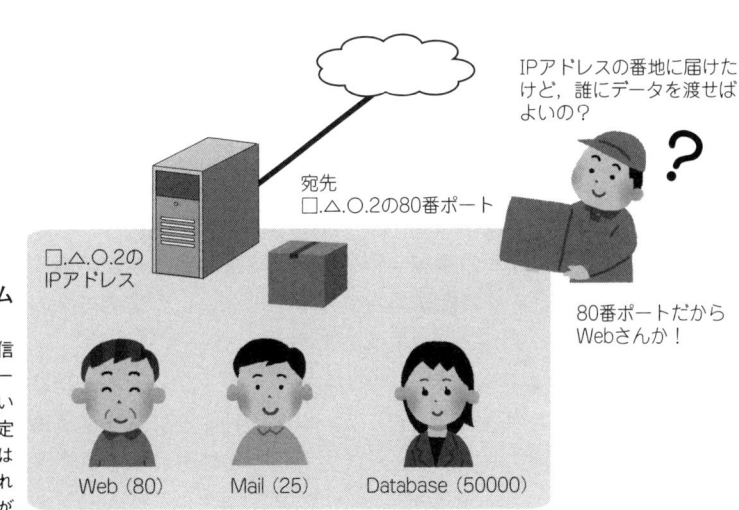

IPアドレスの番地に届けたけど，誰にデータを渡せばよいの？

宛先
□.△.○.2の80番ポート

□.△.○.2の
IPアドレス

80番ポートだからWebさんか！

図3-3
ポート番号でデータを渡すプログラムを特定している
データを送受信する際に，IPアドレスで送受信する機器（正確にはネットワーク・インターフェース）を特定できるが，機器で動作しているどのプログラムにデータを渡すかまでは特定できない．どのプログラムにデータを渡すかはポート番号で判断する．例えばメールで使われるSMTPのプログラムなら25番ポートなどがある．

Web（80）　　Mail（25）　　Database（50000）
ポート番号

● TCPとUDPについて

Socketを使って通信を行うには，TCPSocketとUDPSocketの二つの方法があります（図3-4）．それぞれ次のような利点があり，プログラムを作成する際に，利用するネットワークの環境やどのようなデータをやり取りするかによって，これらを使い分ける必要があります．

◆ TCPの特徴

途中でデータが紛失したり，データの届く順番が違ったり，通信途中でデータが壊れたとしても，TCP

図 3-4　TCP と UDP の特徴
作成するプログラムによって TCP と UDP を使い分けることで，パフォーマンスのよい通信が実現できる．

が送信元に対してデータの再送を要求することで，信頼性の高い通信をサポートしています．ネットワークを利用したプログラムのほとんどが TCP を使っていますが，UDP に比べるとヘッダ・サイズが大きく通信制御も複雑なためデータを送信する効率は UDP に比べると劣ります．また，これらの理由からデータの到着に遅延が生じる場合があります．

◆ UDP の特徴

TCP とは逆で，途中でデータが紛失したりデータの届く順番が違っても UDP は何もしないため，プログラム側で対応する必要があります．ただし，TCP に比べヘッダ・サイズが小さく，データを一方的に相手側に送信するだけなので，TCP に比べると効率的にデータを送受信することができます．また，フロー制御や再送要求などの複雑な制御をしないため，信頼性は高くありませんが，その代わりデータの遅延は発生しにくいという特徴があり，音声データのようにデータの遅延や多少データをロストしても影響が小さいアプリケーションに利用されます．

ほかにも，TCP は 1 対 1 の通信（ユニキャスト）ですが，UDP は 1 対多の通信にも対応しており，ネットワーク内のすべての機器に一斉にデータを送付するブロードキャストや，ネットワーク内の一部の機器にだけデータを送付するマルチキャスト通信などにも利用されます．

3-2　TCPSocket を使ったデータ受信プログラムの作成

最初に TCP を使ったプログラムを作成します．このプログラムは図 3-5 のように，パソコンで動作するプログラムから文字列を入力し送信すると，データがネットワーク経由で mbed に送信され，キャラクタ LCD にその文字列が表示されます．

通常 TCP を使った通信プログラムはどれも似たような処理の流れになり，これから作成するプログラムも図 3-6 に示す流れで処理が行われます．

それでは，プログラムについて説明します．

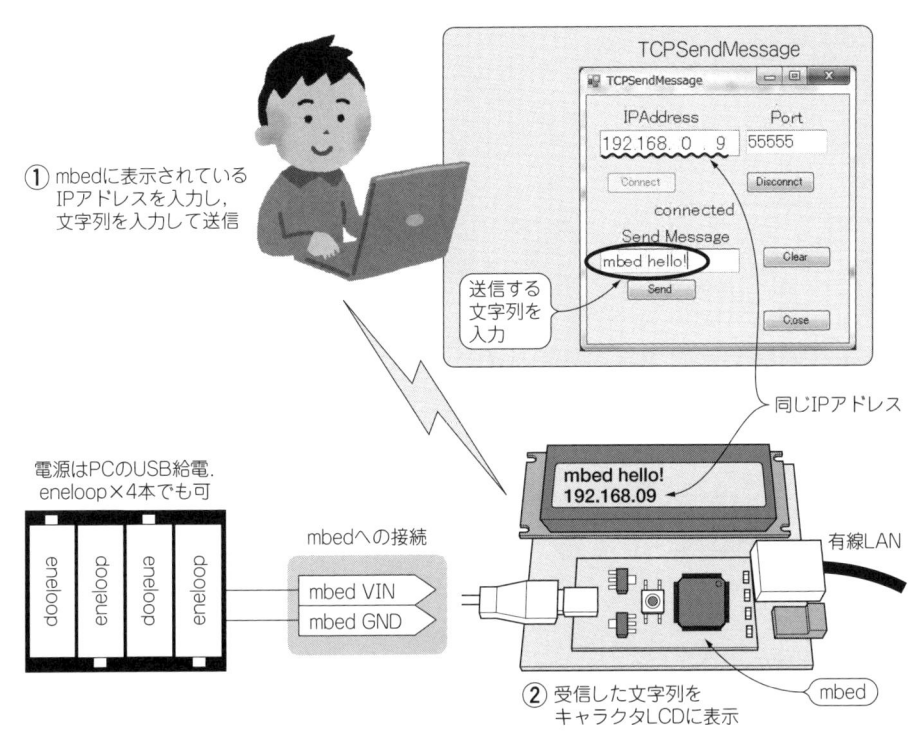

図 3-5 メッセージ送信プログラムのイメージ

TCPSocket を使って作成するメッセージを送信する．パソコンで動作するプログラム TCPSendMessage に mbed の IP アドレスとポート番号（55555）を設定し，[Connect]ボタンを押す．接続が完了したら，テキスト・ボックスに文字列を入力して，[Send]ボタンを押すと，mbed のキャラクタ LCD に送信した文字列が表示される．

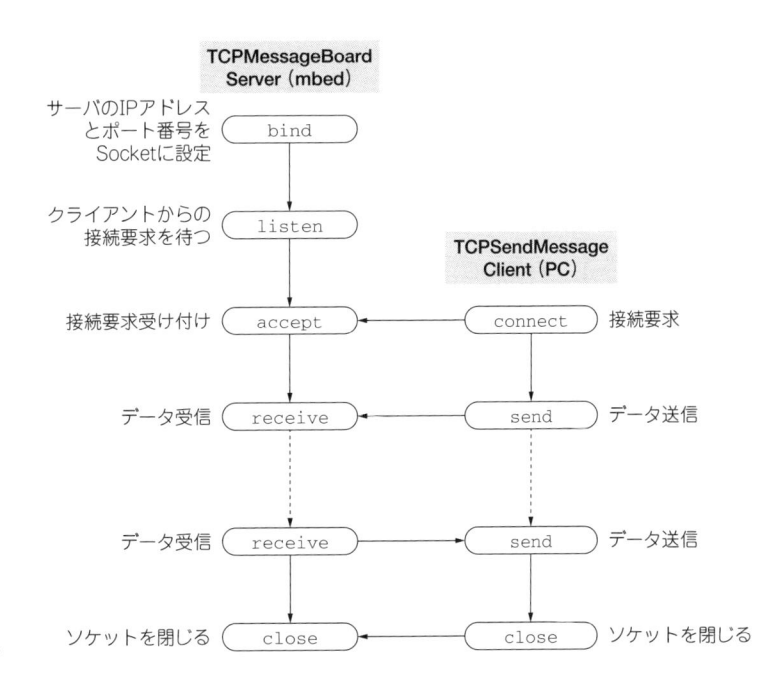

図 3-6 TCP プログラムの処理の流れ

3-2 TCPSocket を使ったデータ受信プログラムの作成

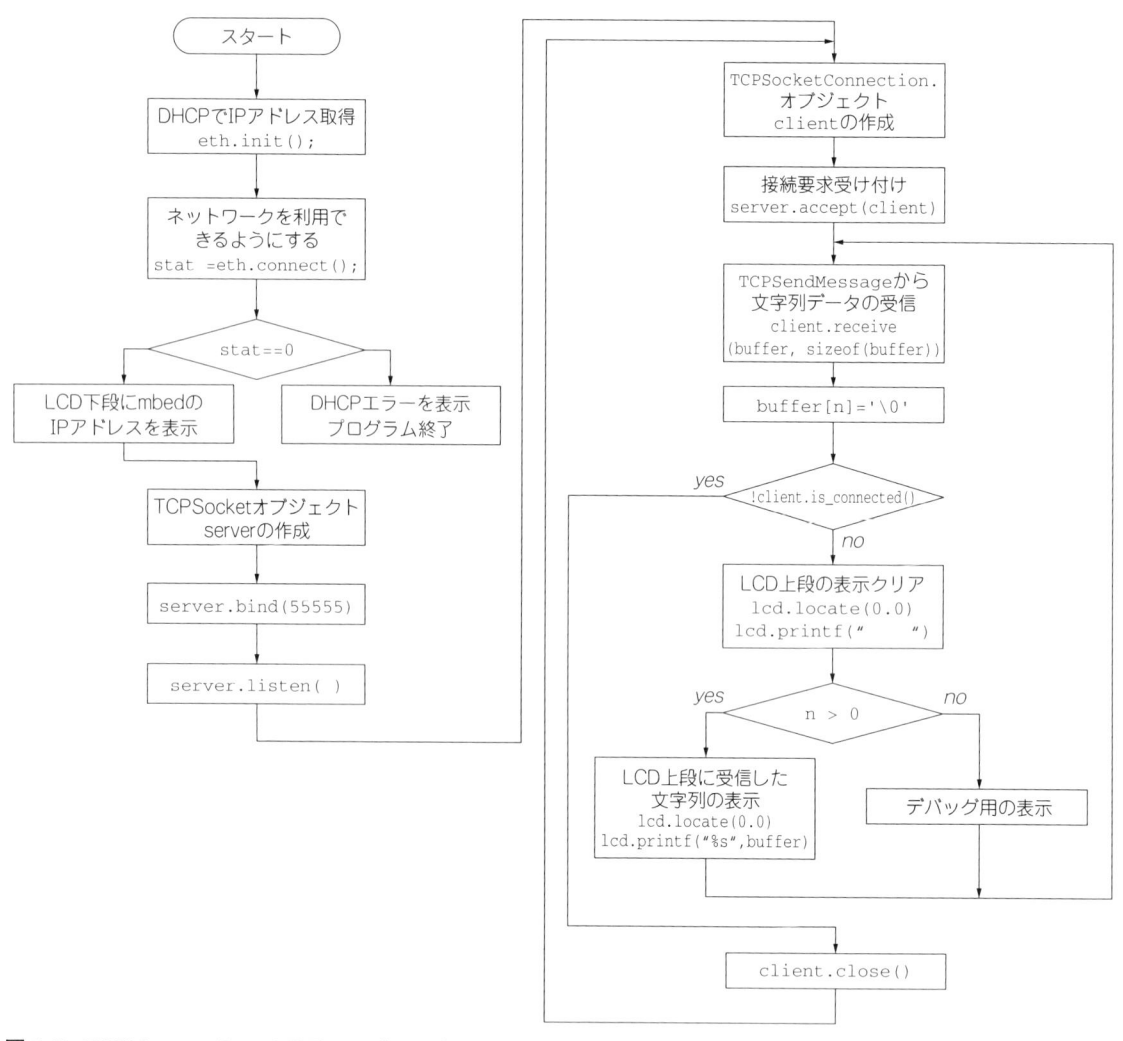

図 3-7　TCPMessageBoard のフローチャート

3-2-1　mbed で TCP ソケットを使ったプログラムを作成する

mbed に新しいプログラム `TCPMessageBoard` を作成します．
最初に，以下の三つのライブラリを追加してください．

```
EthernetInterface
mbed-rtos
TextLCD
```

ライブラリをインポートしたら，プログラムを作成していきます．
図 3-7 は，`TCPMessageBoard` の処理の流れを説明したフローチャートです．**リスト 3-1** にプログラ

リスト 3-1　TCP ソケットを使ってデータを送る TCPMessageBoard のプログラム

```
#include "mbed.h"
#include "EthernetInterface.h"
#include "TextLCD.h"

// ポート番号を 55555 にセット
#define MESSAGEBOARD_SERVER_PORT    55555

TextLCD lcd(p24, p26, p27, p28, p29, p30);

int main() {
    int stat;
    EthernetInterface eth;

    lcd.cls();

    // DHCP で IP アドレスを取得
    eth.init();

    // 固定 IP アドレスを使う場合，eth.init() をコメントにして，
    // 下の行のコメントを外す
    //eth.init("192.168.0.9","255.255.255.0","192.168.0.1");

    // ネットワークをリンク・アップにする
    // ネットワークが利用できる状態になることをリンク・アップという
    stat = eth.connect();

    lcd.locate(0,1);
    printf("\r\n");

    // stat の値が 0 なら正常
    if ( stat == 0 ){
        // 取得した mbed の IP アドレスを LCD に表示
        printf("IPAddress[%s]\r\n",eth.getIPAddress());
        lcd.printf("%s",eth.getIPAddress());
    }else{
        // ネットワークに正常に接続できなかったのでエラーを表示してプログラム終了
        printf("Error...\r\n");
        lcd.printf("Error!");
        exit(-1);
    }

    // TCPSocket オブジェクトの作成
    TCPSocketServer server;

    // 接続要求を 55555 番ポートで待つ
    server.bind(MESSAGEBOARD_SERVER_PORT);

    // クライアントからの接続要求を待つ
    server.listen();

    while (true) {

        printf("Wait for new connection...\r\n");

        TCPSocketConnection client;
        // クライアントからの接続要求を受け付ける
        server.accept(client);

        printf("Connection from: %s\r\n", client.get_address());
        char buffer[17];
        while (true) {
            // クライアントからのデータを受信する
            int n = client.receive(buffer, sizeof(buffer));

            buffer[n]='\0';
            if ( !client.is_connected() ){
                // クライアントから接続が切断されたら，内側のループを抜ける
                printf("Disconnection...\r\n");
                break;
            }
            // いったん mbed のキャラクタ LCD の上段の表示をクリアする
            lcd.locate(0,0);
            lcd.printf("                ");
            if ( n > 0 ){
                // 文字データを 1 個以上受信したら，キャラクタ LCD に受信データを表示する
                lcd.locate(0,0);
                lcd.printf("%s",buffer);
                printf("Send Character[%d:%s]\r\n",n,buffer);
```

リスト3-1　TCPソケットを使ってデータを送るTCPMessageBoardのプログラム(つづき)

```
            }
            else{
                printf("[0]-\r\n");
            }
        }
        // クライアントとの通信を切断する
        client.close();
    }
}
```

ムを示します．

● IPアドレスの設定には固定と動的の2種類がある

　mbedにIPアドレスを設定するには，2種類の方法があります．一つはある決まったIPアドレスを割り当てる固定IPアドレスを使う方法で，もう一つはDHCPサーバが自動で機器にIPアドレスを割り振る動的IPアドレスを使う方法です．

　通常は自宅に設置されているルータがDHCPサーバの機能をもっていて，機器にネットワーク・ケーブルを差し込むだけで，ネットワークが利用できるようになっています．このようにDHCPサーバが動作している場合は，動的IPアドレスを使用するのがよいでしょう．

◆ DHCPサーバを使ってmbedに動的IPアドレスを自動で割り振る場合の処理

```
    eth.init()
```

で動的にIPアドレスを取得します．

```
    eth.connect();
```

でネットワークをリンク・アップの状態にすると，mbedがネットワークとつながります．リンク・アップとはネットワークが利用できる状態のことです．

◆ 固定IPアドレスを使う場合の処理

　`eth.init("mbedに設定するIPアドレス","ネット・マスク","デフォルト・ゲートウェイ")`で，ネットワークの設定情報を`init`関数の引数として指定します．

　以下は，mbedに192.168.0.100の固定IPアドレスを設定する例です．

```
    eth.init("192.168.0.100","255.255.255.0","192.168.0.1");
```

　先ほどと同様に，

```
    eth.connect();
```

でネットワークをリンク・アップの状態にします．

固定IPアドレスを使う場合，既に利用済みのIPアドレスや一斉送信用のIPアドレス（ブロードキャスト・アドレス）をmbedに設定すると，ネットワークに接続されているほかの機器にも障害が出る場合があるので注意しましょう．

● Socket オブジェクトの作成手順

次のように，Socketオブジェクトを作成します．このオブジェクトがネットワークとプログラムとをつなぐ働きをします．

```
TCPSocketServer server;
```

bind関数で，ソケットにポート番号を結びつけます．サーバに接続する際には，クライアントはここで設定したポート番号を指定して接続要求をします．

例えば，HTTPサーバのプログラムであれば，HTTPを使った通信は通常80番ポートを使用するため，TCPsocket.bind(80)と記述します．ここではポートには55555を使うので，次のように記述します．

```
server.bind(55555);
```

listen関数は，クライアントからの接続要求を待ちます．例えばサーバAさんとクライアントBさんが通信中に，Aさんに対してクライアントCさんから接続要求があった場合，listen関数がAさんとBさんの通信が終了するまでCさんを待機させます．

```
server.listen();
```

accept関数で，クライアントからの接続要求を受け付けます．接続が正しく処理されると，新たにクライアントとの通信用のソケットが生成されます．もし，接続要求がない場合は，ここで接続要求を待ちます．

```
server.accept(client)
```

mbed側のプログラムが完成したら，続いてWindowsプログラムを作成します．

3-2-2　WindowsでTCPソケットを使ったプログラムを作成する

まず最初に，Windowsプログラムを作成するための開発環境を構築します．

Windowsでプログラムを作成する方法はいくつかありますが，最も一般的な方法はマイクロソフトが提供している開発環境VisualStudioを使う方法です．VisualStudioは提供されている機能によって，いくつかの製品に分かれており，この中のExpressは一部機能に制限がある代わりに無料で利用することができます．

以前のバージョン（2010）のExpressは，開発する言語によって製品が分かれていましたが，VisualStudio 2012からは，開発する対象（Web, Windows8, Windows Phone, Desktop）によって製品が分かれるように

図 3-8　Microsoft アカウントの新規登録
インストールした VisualStudio は 30 日間しか使用できない．これを，30 日を超えて使用するためには，VisualStudio
にサイン・インする必要がある．この時に，Microsoft アカウントが必要なため，アカウントを持っていない場合は
事前にアカウントを新規登録しておく．Microsoft アカウントは旧 Windows Live ID のことで hotmail のアカウント
なども Microsoft アカウントとして使用できる．

なりました．本書ではデスクトップ向けのプログラムを作成することから，VisualStuido Express for Windows Desktop を使用します．

もし読者が学生（高校生以上）の場合は，DreamSpark に登録することで機能に制限のない，Visual Studio Professional などが無料で使用できるので，こちらを検討するのも良いでしょう．それでは，さっそくパソコンにインストールしてみます．

> ※ VisualStudio 2012 以降は，Windows Vista 以前の OS にはインストールできません．もし，お使いのパソコンに最新版の VisualStudio がインストールできない場合は，Visual C# 2010 Express を使用してください．ただし，操作方法に若干の違いがあるので，適宜本書の内容を読み替えて作業する必要があります．

● Microsoft アカウントの作成

VisualStudio Express はインストール後 30 日間しか使用できません．30 日間以降も継続して使用する場合は，Microsoft アカウントで VisualStudio にサイン・インする必要があります．この際に，Microsoft

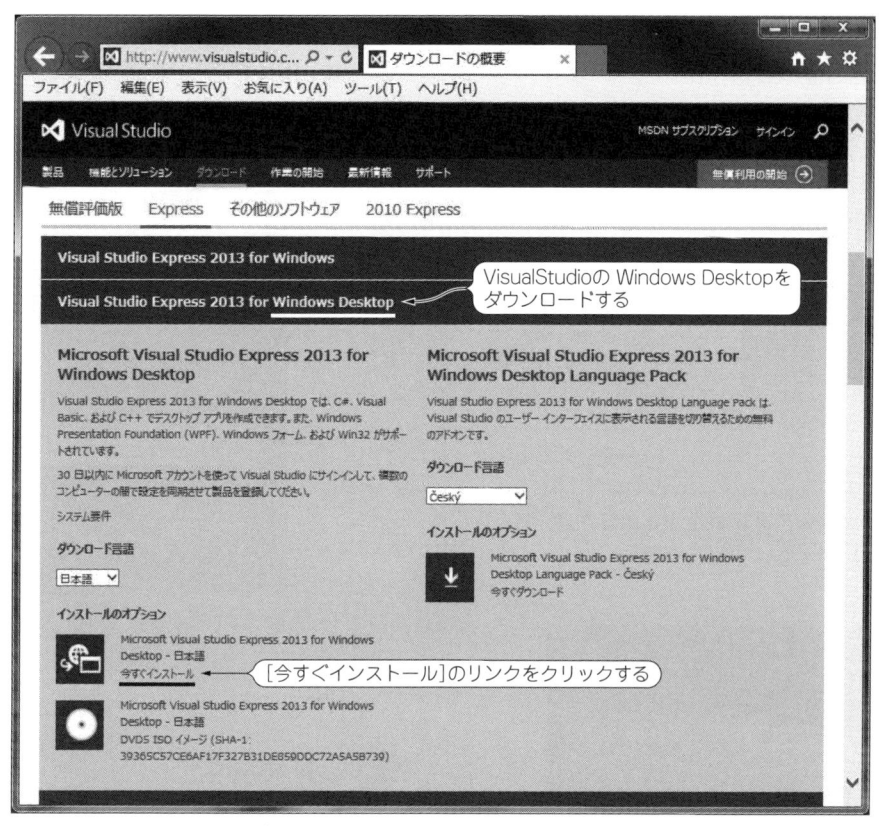

図3-9 VisualStudio のダウンロード
VisualStudio Express のダウンロード・ページ．VisualStudio のいろいろな製品をダウンロードできるが，今回は VisualStudio Express 2013 for Windows Desktop をインストールする．このページから直接インストーラを起動できる．インストーラ以外にも，iso イメージなどもダウンロードできるが，本書ではそのままインストーラを使ってインストールしている．

アカウントが必要になるので，アカウントを持っていなければ事前に登録します．
　アカウントの新規登録は，Microsoft アカウント・ページ（図3-8）の［Microsoft アカウントに登録しよう］のリンクから登録できます．

● VisualStudio Express のダウンロード

　検索サイトで「Visual Studio」というキーワードで検索すると，Visual Studio のサイトが表示されるので，VisualStudio のページを開きダウンロードのリンクをクリックします．もしくは，以下の URL を入力しても VisualStudio のページにアクセスすることができます．

```
http://www.visualstudio.com/
```

　いくつかある製品の中から［Visual Studio Express for Windows Desktop］を選択し，図3-9 枠内の［今すぐインストール］のリンクをクリックし，Microsoft アカウントでサイン・インし，Express for Windows Desktop（図3-10）をクリックすると［実行］［保存］［キャンセル］を選ぶダイアログが表示される

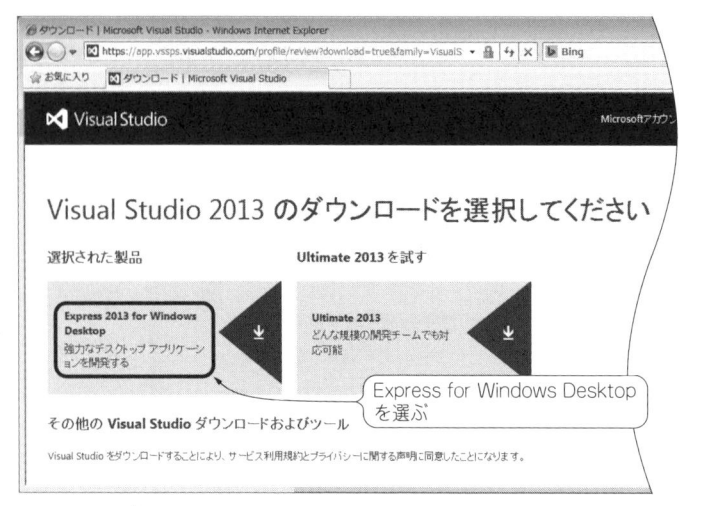

図3-10　ダウンロードするVisualStudioを選ぶ

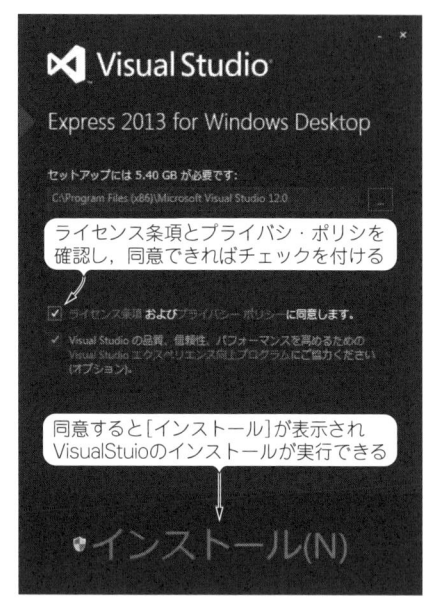

図3-11　インストールの開始

図3-12　インストールの完了
インストールが正常に完了した画面．PCをいったん再起動する．

図3-13　VisualStudioにサイン・インする
VisualStudioを30日以降も使用する場合は，VisualStudioにサイン・インしてライセンス認証を完了する必要がある．

ので，［実行］を選んでインストールを開始します．
　図3-11のようなインストーラが起動したら，［ライセンス条項に同意します．］にチェックを付け，［インストール(N)］をクリックします．すると，インストールが開始されるので，表示される指示に従いながらインストールを行います．しばらく待つと，図3-12のように［セットアップが完了しました．］と表示され，インストールが完了するので，PCを再起動します．

64　　第3章　Socket通信を使ってmbedとWindowsのコラボレーションを実現しよう

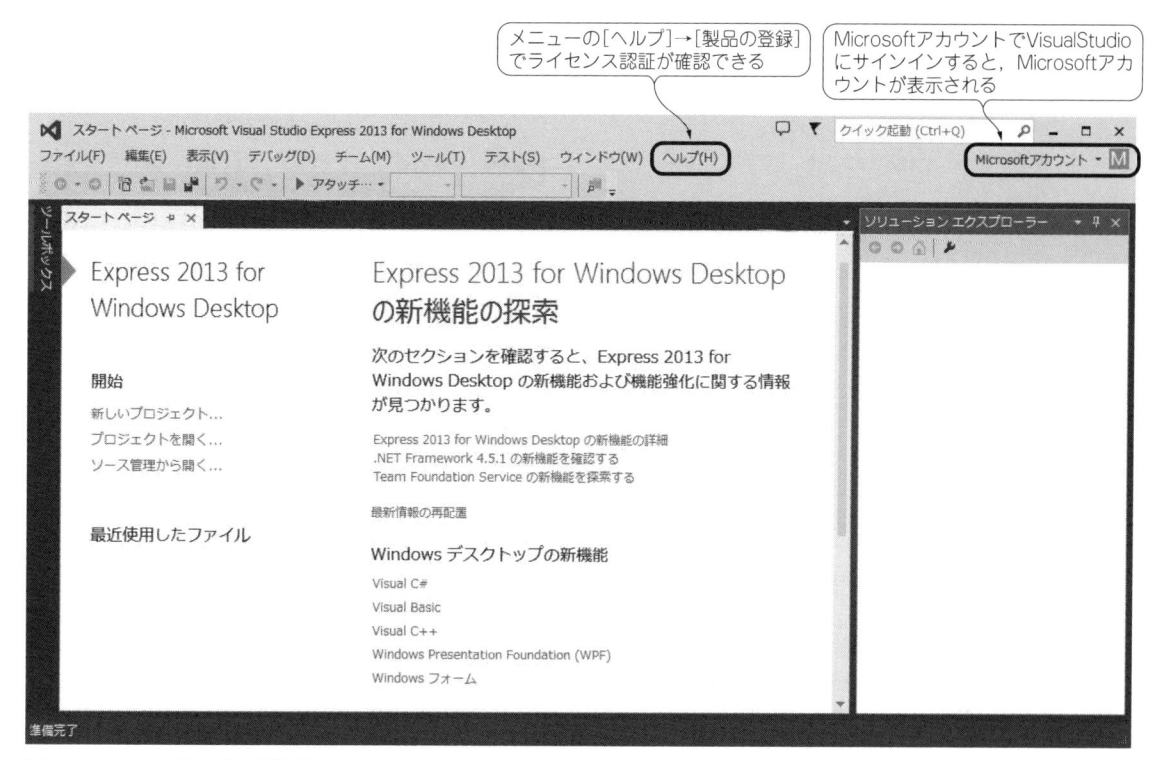

図 3-14　VisualStudio の起動
インストールが完了し，VisualStudio を起動した．VisualStudio にサイン・インした場合は，右上に Microsoft のアカウントが表示される．一方，サイン・インを［後で行う］を選択した場合は，右上の「サイン・イン」をクリックしサイン・インできる．

● VisualStudio のライセンス認証を行う

このままでも 30 日間は利用できますが，継続して利用できるように VisualStudio にサイン・インします．インストールが完了し，VisualStudio を起動すると図 3-13 のような画面が表示されるので，［サイン・イン］をクリックし Microsoft アカウントでサイン・インすると，図 3-14 のように VisualStudio が起動します．ここでメニューの［ヘルプ］から［製品の登録］を選択すると，正しく認証の手続きが完了している場合は，図 3-15 のように Microsoft アカウントが表示され，ライセンスされている旨が表示されます．一方，Microsoft アカウントの登録がまだ完了していないため VisualStudio にサイン・インできず，図 3-13 の画面で［後で行う］を選んだ場合は，30 日間は試用期間として VisualStudio を起動できます．

● VisualStudio でプログラムを作成する

それでは，Windows で動作するプログラムを C# で作成します．C# やネットワークのプログラムは慣れるまで，何をしているかよくわからないことも多いと思います．一度にすべてを理解することは難しいので，大体のイメージをつかんで今後の学習の参考としてください．

● 新規プロジェクトの作成

まず初めに新規のプロジェクトを作成します．

図3-15 ライセンス認証完了の確認
VisualStudio のメニュー[ヘルプ]→[製品の登録]からライセンス認証が正しく完了したか確認できる．

　VisualStudio のメニューから[ファイル(F)]→[新しいプロジェクト]を選び，[インストール済み]→[テンプレート]→[Visual C#]→[Windows]から，[Windows フォームアプリケーション]を選択し，[名前(N)]のテキスト・ボックス欄に新しいプロジェクト TCPSendMessage を入力し，[OK]ボタンを押します(図3-16)．

● VisualStudio で IPAddress コントロールを利用できるようにする
　VisualStudio の以前のバージョンでは，図3-17 のような IPAddress コントロールが標準で使用できていましたが，いつごろかわかりませんがサポートされなくなりました．IPAddress コントロールは IP アドレスを入力するようなプログラムを作成する際には，開発する側も利用者側も双方にとって便利なコントロールです．
　そこで，MIT ライセンスで提供されているオープン・ソースの IPAddress コントロールを VisualStudio で利用する設定を行います．
　まず最初に，IPAddress コントロールが提供されている次の URL にアクセスします．

```
http://code.google.com/p/ipaddresscontrollib/
```

　[Downloads]タブをクリックして，図3-18 枠内の VS10-TestIPAddressControl-Rev55.zip をクリックし，新規に作成した c:\mylib フォルダに保存します．続いて，保存したファイルを同フォルダ内に展開します．

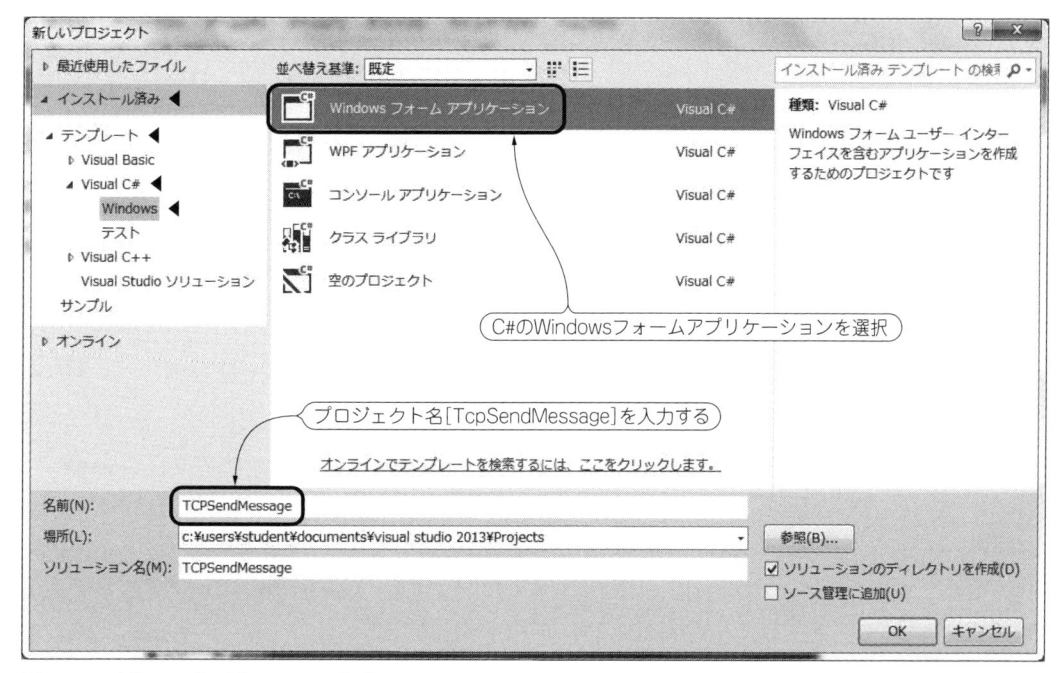

図 3-16 新しいプロジェクトの作成
［インストール済み］→［テンプレート］→［VisualC#］→［Windows］をから，［Windows フォーム アプリケーション］を選び，［名前］にプロジェクト名を入力する．今回は TCPSendMessage とする．

※展開の手順によっては mylib フォルダと TestControl の間に，VS10-TestIPAddressControl-Rev55 という名前のフォルダが作成されることがあるので，その場合は適宜パスを読み替えてください．

次に，VisualStudio のメニューから［プロジェクト］→［参照の追加］→［参照］ボタンを押して c:\mylib\TestControl\IPAddressControlLib.dll を選択し［追加］ボタンを押し，再度［OK］ボタンを押します．これで，IPAddress コントロールが VisualStudio に登録されました．起動しているダイアログの左メニューから，**図 3-19** のように［参照］→［最近使用したファイル］を選ぶと IPAddressControlLib.dll が追加されていることが確認できます．

続いて，［ツール］→［ツールボックスアイテムの選択］→［.NET Framework コンポーネント］タブ［参照］で，先ほどの IPAddressControlLib.dll を選択し，［開く］ボタンを押します．すると，ツール・ボックス内に IPAddressControl（**図 3-20** 左下枠）が表示されます．

もし，ツール・ボックスが毎回閉じられてしまう場合は，**図 3-20** 上側の枠内のピンをクリックすると，ツール・ボックスを開いた状態で固定することができます．

● プログラムの作成

それでは，次にツール・ボックスにあるボタン・コントロールやラベルを**図 3-21** のように配置してください．

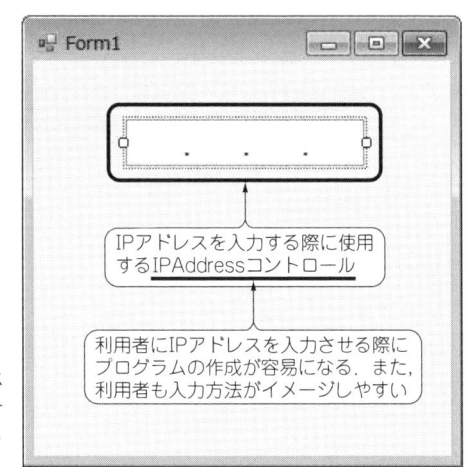

図 3-17
オープン・ソースの IPAddress コントロールを追加する
最近の VisualStudio には IPAddress コントロールがないため，IP アドレスを入力するようなプログラムを作成する際に，簡単に利用できるコントロールがない．そこで，フリーの IPAddress コントロールを利用できるように，VisualStudio に登録する．

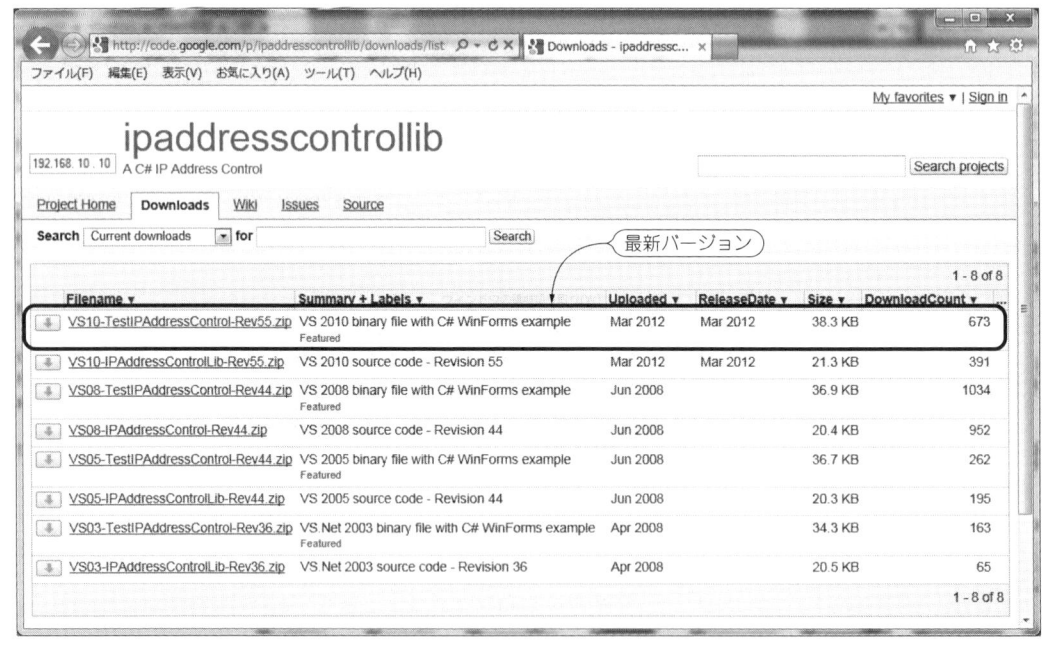

図 3-18 ipaddesscontrollib のダウンロード・ページ
IPAddress コントロールをここからダウンロードする．以前のバージョンやライブラリだけのプログラムもリストにあるが，今回は VS10-TestIPAddressControl-Rev55.zip に同梱されているライブラリを使用するため，リストの一番上に表示されている［VS10-TestIPAddressControl-Rev55.zip］をダウンロードした．

　ウィンドウ左のツール・ボックス内にある，各種コントロールを Form 内にドラッグするとコントロールを配置できます．フォームに配置したコントロールをクリックすると，ウィンドウ右下に，そのコントロールのプロパティが表示されるので，Name(コントロール名)と Text(表示される文字列)をそれぞれ**表 3-1** のように変更します．
　もし，文字を大きくしたければプロパティの Font 欄で文字の大きさを変更できます．

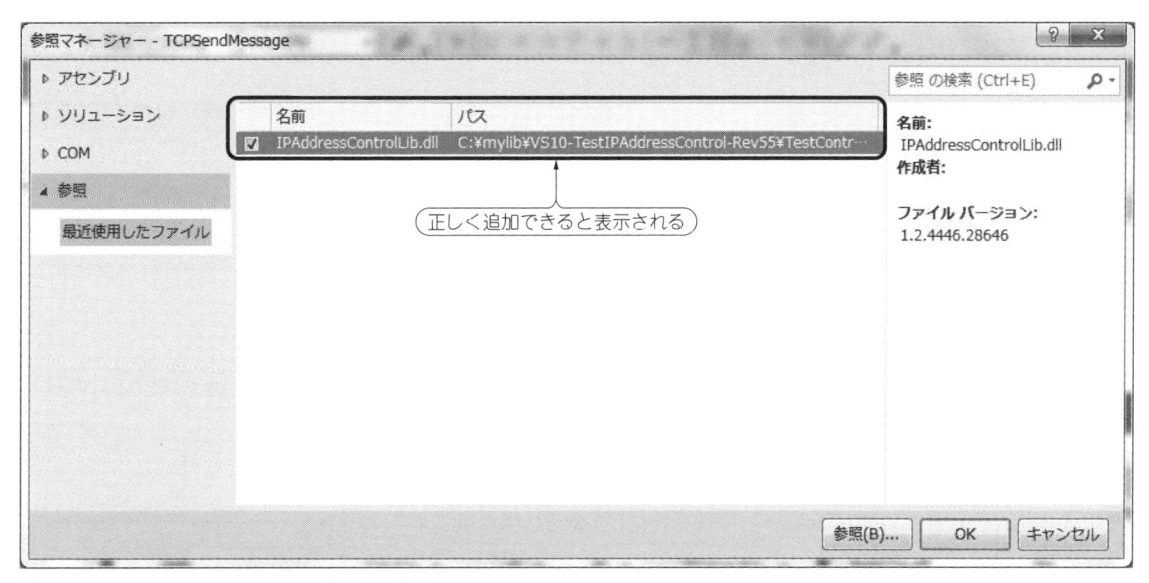

図 3-19　IPAddressControllib 追加の確認
IPAddress コントロールを VisualStudio で使用できるように設定を行うと，この参照マネージャから[参照]→[最近使用したファイル]に，IPAddressControlLib.dll が表示される．

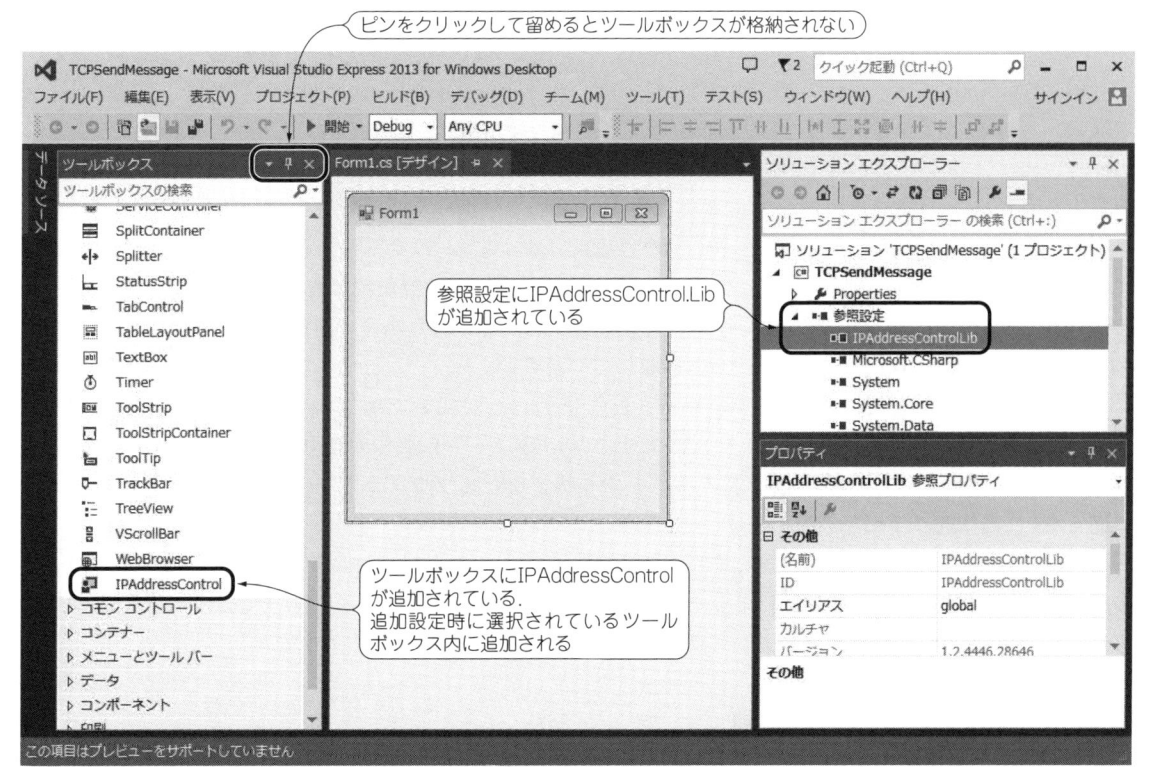

図 3-20　ツールボックスに IPAddressControl が追加された
IPAddress コントロールを登録すると，VisualStudio のツール・ボックス内に IPAddressControl が追加される．なお，IPAddressControl は，追加を行う際に選択されている「ツールボックス・アイテム」の位置に追加される．

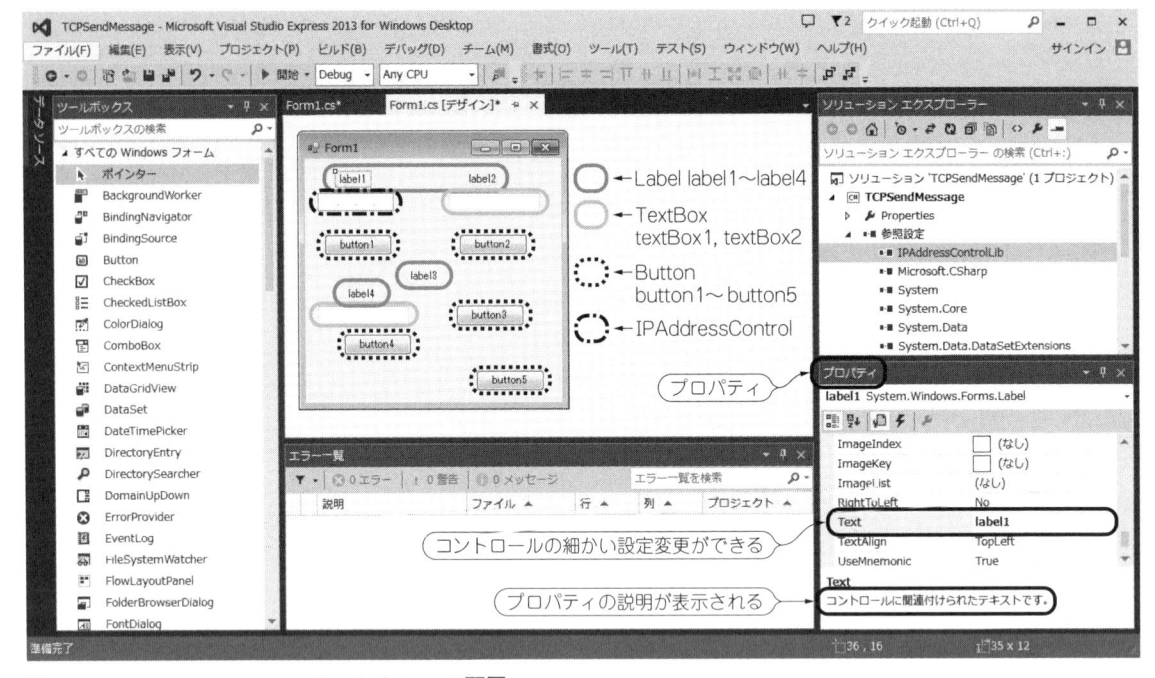

図 3-21　TCPSendMessage のコントロール配置
プログラムを作成するにあたり，フォームにラベルやボタン，テキスト・ボックス，IPAddress の各種コントロールを配置する．

　次に，二つあるテキスト・ボックスに入力できる文字数の制限を行います．まず，**図 3-22** のように `textBoxPort` をクリックして，プロパティ欄を確認すると `MaxLength` パラメータに 32767 という値が設定されているので，この値を 5 に変更します．これで，ポート番号は 5 文字以上は入力できないようになりました．同様に `textBoxSendMsg` の `MaxLength` も 16 に変更します．
　それではプログラムを記述します．作成するプログラムは処理内容が理解しやすいように，エラーの際の例外処理やテキスト・ボックスの入力に不適切な文字が入力された場合の対応はしませんでした．もし，必要な場合はそれらの処理を行うコードを追加してください．
　コントロールの配置とコントロールの `Name` および `Text` が変更できたら，メニューの［表示］→［コード］をクリックします．すると，フォームのデザインからコードに表示が切り替わります．次回からは，[Form1.cs]と[Form1.cs［デザイン］]のタブを切り替えながらプログラムを作成していきます．
　図 3-23 に具体的な手順を説明します．
　これで `TCPSendMessage` は完成しました．エラーが表示された場合はエラーの場所を特定して修正します．もし，エラーが表示されてしまった場合は，入力ミスや括弧の対応が取れていないことなどが考えられます．エラーがなくなったらプログラムを実行してみましょう．

● Windows プログラムの起動

　まず，最初に mbed をネットワークに接続して `TCPMessageBoard` のプログラムを動作させておきます．このとき，mbed のキャラクタ LCD 下段に IP アドレスが表示されていることを確認してください．
　続いて，Windows プログラムの `TCPSendMessage` を起動し，先ほど mbed に表示されていた IP アド

表 3-1 TCPSendMessage のコントロールの Name と Text
配置したコントロールの変数名(Name)とラベル名(Text)をこの表に従って変更する．

	Name	Text	プロパティ
Form1	−	TCPSendMessage	
Label1	−	IPAddress	
Label2	−	Port	
Label3	−	not Connected	
Label4	−	Send Message	
ipAddressControl1	ipAddressControl	−	
textBox1	textBoxPort	−	MaxLength[5]
textBox2	textBoxSendMsg	−	MaxLength[16]
button1	btnConnect	Connect	
button2	btnDisconnect	Disconnect	
button3	btnClear	Clear	
button4	btnSend	Send	
button5	btnClose	Close	

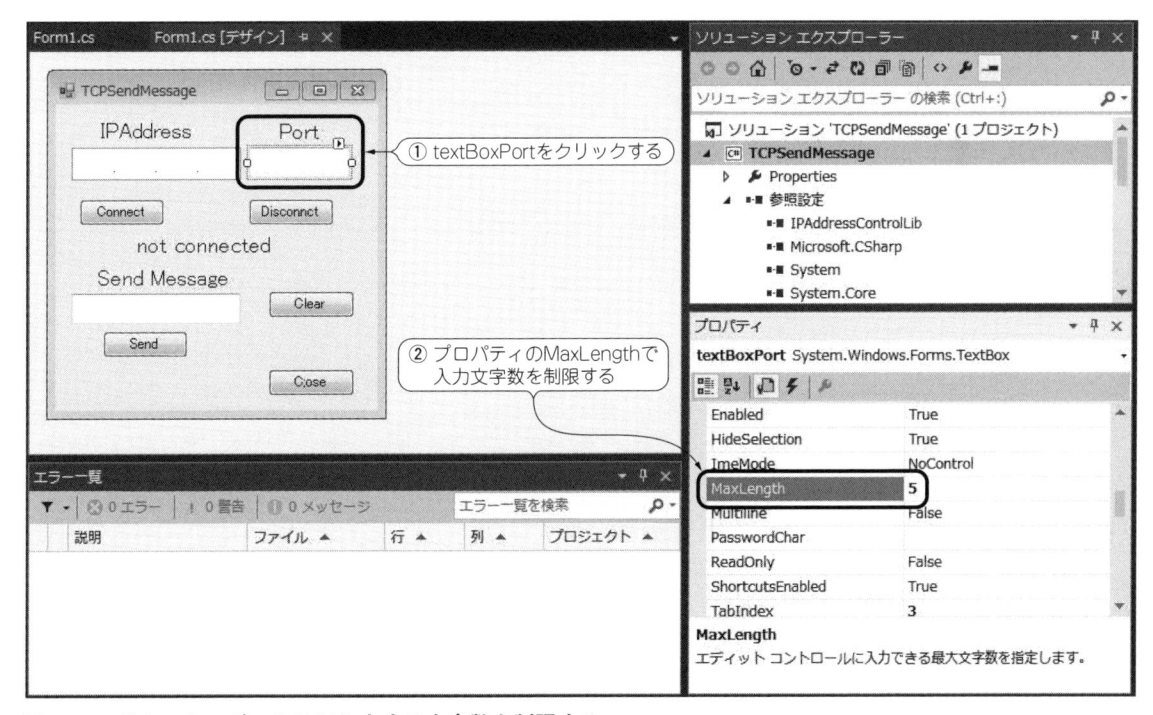

図 3-22 テキスト・ボックスに入力する文字数を制限する
テキスト・ボックスに入力する文字数を制限するため，textBox のプロパティ MaxLength の値を変更する．

レスとポート番号[55555]を入力し[Connect]ボタンを押します．次に，図 3-24 のようにテキスト・ボックスに 16 文字以内で文字列（ここでは，[mbed hello!]）を入力し，[Send]ボタンを押すと，図 3-25 のように mbed のキャラクタ LCD の上段に先ほど TCPSendMessage で入力した文字列が表示されます．送信できる文字は，半角英数字と記号です．

〈STEP1〉
　まず最初に，Form1.csの先頭行にあるusingの最後の行に以下の2行を追加する(①)．
　次に，class Form1で変数の宣言を行う．②が今回追加したコード．

プログラムで使用する変数の宣言

```
// usingの最後に追加する2行
using System.Net;            ← ①
using System.Net.Sockets;

    public partial class Form1 : Form
    {
        // 以下の変数を宣言してください．
        TcpClient tcpclient;
        IPAddress ipAddress;
        int port;                ← ②
        String message;
        NetworkStream stream;
```

〈STEP2〉
　次にForm1のデザインに戻って，Form1のフォーム内の適当な場所をクリックする．すると，タブがコード表示に切り替わり，新しく以下の3行(関数)がプログラムに追加されている．

```
        private void Form1_Load(object sender, EventArgs e)
        {

        }
```

このコード内に次の3行を追加する．

```
            // 追加する3行
            btnDisconnect.Enabled = false;
            btnClear.Enabled = false;
            btnSend.Enabled = false;
```

　ボタン・コントロールのメンバ変数Enabledにfalseを代入することで，コントロールが不活性になりボタンを押すことができなくなる．

〈STEP3〉
　それでは，プログラムを実行して確かめてみよう．
　VisualStudioのメニューの下に緑の三角を横にしたマークとその横に[開始]と書かれた部分がある．そこをクリックすると，プログラムが実行する．すると，図Aのように Disconnect と Clear, Send のボタンがそれぞれ不活性になっているプログラムが起動する．もし，エラーが出た場合はプログラムのコントロールの名前が間違っていないか確認する．プログラムの終了は，実行したTCPSendMessage の右上にある × ボタンを押すか，VisualStudio のメニューの下にある赤い■のマークをクリックするとプログラムが終了する．

図A

[×]を押すと，プログラムが終了する

枠内のボタンは不活性になり押せないようになっている

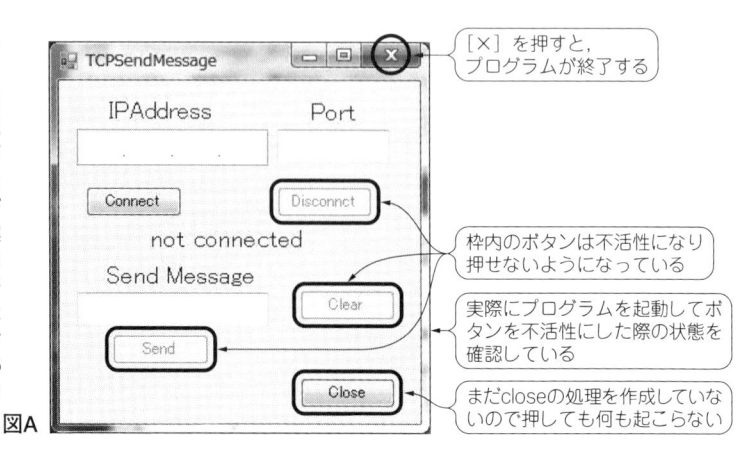

実際にプログラムを起動してボタンを不活性にした際の状態を確認している

まだcloseの処理を作成していないので押しても何も起こらない

図3-23　Windows用のTCPSendMessageプログラムの作成手順

〈STEP4〉
　次に，Connectボタンが押された場合の処理を記述する．Form1のデザイン・タブに切り替え，[Connect]ボタンをダブルクリックする．すると，プログラムに以下の関数が追加される．

```
private void btnConnect_Click(object sender, EventArgs e)
{

}
```

　この関数は[Connect]ボタンが押されると，処理がこの関数に移る．したがって，[Connect]ボタンが押された際に実行したい処理をこの関数内に記述する．この関数では，mbedに対してTCPSocketを使って接続する処理を行う．

```
private void btnConnect_Click(object sender, EventArgs e)
{
    // ipAddressコントロールからipAddressを取得
    ipAddress = new IPAddress(ipAddressControl.GetAddressBytes());

    // もし，ポートを入力するテキスト・ボックスに入力がなければ，デフォルトのポート55555を割り当てる
    if (textBoxPort.Text.Length == 0)
        port = 55555;
    else // textBoxPortに入力された値を整数型に変換する
        port = Convert.ToInt32(textBoxPort.Text);

    // IPアドレスとポート番号を使って，TcpClientオブジェクトを作成する
    tcpclient = new TcpClient(ipAddress.ToString(), port);

    // NetworkStreamを使ってデータを送信する
    stream = tcpclient.GetStream();

    // 起動時label3はnot connectと表示されている．[Connect]ボタンを押して接続処理が
    // 正常に動作したら，label3の表示をnot connectからconnectedに変更する
    label3.Text = "connected";

    // ボタン表示の切り替え（活性/非活性）
    // Enabledパラメータにtrueを指定するとボタンが押せる状態になり，
    // falseなら非活性の状態になり押せなくなる．
    btnSend.Enabled = true;
    btnConnect.Enabled = false;
    btnDisconnect.Enabled = true;
    btnClear.Enabled = true;
}
```

　同様にDisconnectボタンをダブルクリックして，次のコードを記述する．この関数内では，ボタンの活性/非活性の切り替えとストリームやTCPソケットの切断処理を行っている．

```
private void btnDisconnect_Click(object sender, EventArgs e)
{
    // ボタンの活性/非活性処理
    btnSend.Enabled = false;
    btnConnect.Enabled = true;
    btnDisconnect.Enabled = false;
    btnClear.Enabled = false;

    // ソケットを閉じる
    stream.Close();
    tcpclient.Close();
```

```csharp
            // label3の表示を"not connected"に変更する
            label3.Text = "not connected";
        }
```

引き続き，Sendボタンが押されたときの処理を記述する．ここでは，テキスト・ボックスに入力された文字列を取得し，mbedに送信している．

```csharp
        private void btnSend_Click(object sender, EventArgs e)
        {
            // TCPSocketが接続状態なら文字列を送信する処理を行う
            if (tcpclient.Connected == true)
            {
                // メッセージを入力するテキスト・ボックスから文字列をmessage変数に取得する
                message = textBoxSendMsg.Text;

                Byte[] data = System.Text.Encoding.ASCII.GetBytes(message);

                // mbedに文字列を送信する
                stream.Write(data, 0, data.Length);
            }
        }
```

Clearボタンが押されたときの処理を記述する．ここでは，文字を入力するテキスト・ボックスをクリアし，mbedのLCDの上段の表示をクリアするために，スペース16個分の文字列を送信している．

```csharp
        private void btnClear_Click(object sender, EventArgs e)
        {
            // テキスト・ボックスの表示を初期化する
            textBoxSendMsg.Clear();
            if (tcpclient.Connected == true)
            {
                // message変数にスペース16個の文字列を代入する
                message = "                ";

                Byte[] data = System.Text.Encoding.ASCII.GetBytes(message);

                // mbedに文字列を送信する
                stream.Write(data, 0, data.Length);
            }
        }
```

Closeボタンを押すと，プログラムが終了する．

```csharp
        private void btnClose_Click(object sender, EventArgs e)
        {
            if (tcpclient != null)
            {
                // ソケットを閉じる
                stream.Close();
                tcpclient.Close();
            }
            // プログラムの終了
            Application.Exit();
        }
```

図 3-23 Windows の TCPSendMessage プログラムの作成手順（つづき）

①mbedのキャラクタLCDに表示されているIPアドレスを入力する

②mbedのプログラムは，ポート番号55555番でデータを受信する

③IPアドレスとポート番号を入力し[Connect]ボタンを押すと，mbedとの接続処理を行う

not ConnectedからConnectedに表示が変わる

④接続したら，テキスト・ボックスにmbedに送る文字列を入力し，[Send]ボタンを押すと，文字列が送信される

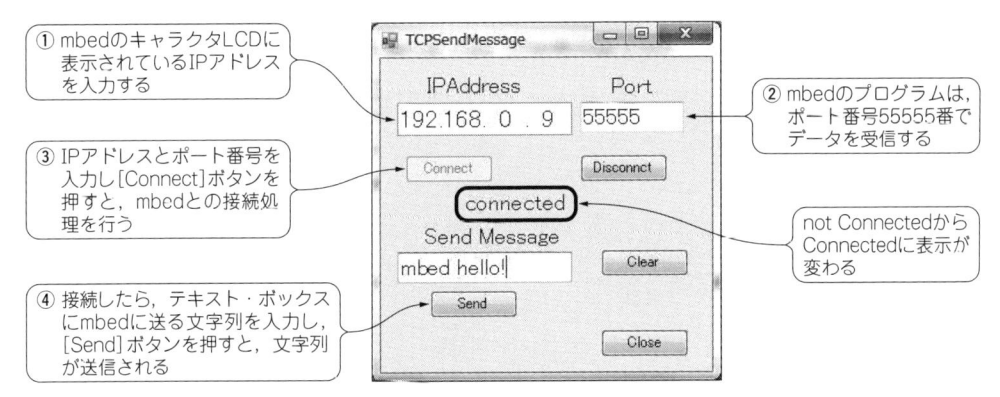

図 3-24 TCPSendMessage から[mbed hello!]を送信
①の IPAddress コントロールには，接続先である mbed の IP アドレスを入力する．
②のポート番号は，mbed のプログラムのポート番号を送付する．ただし，何も記述していない場合は，55555 番ポートにデータを送付する．ポート番号には 5 桁までの値しか入力できないようになっている．テキスト・ボックスには，mbed のキャラクタ LCD に表示する文字列を入力する．漢字や倍角のデータは送信しても表示できない．図では mbed に接続し[mbed hello!]の文字列を送信した．mbed との接続が完了すると，[Connect]が非活性になり，一方[Disconnect]，[Send]，[Clear]のボタンは活性化される．

もし，IP アドレスやポート番号を間違えて入力すると，**図 3-26** のようにダイアログが表示され実行が停止します．本来であれば，`TcpClient` のオブジェクトを作成したり，ストリームを取得する際には例外処理を入れる必要がありますが，本書では省略してあるためプログラムがエラーのため中断します．

◆ **動作の確認**

次に，`TCPSendMessage` と mbed で，[Connect]や[Disconnect]した際に，mbed での処理がどのようになるかを，`printf` デバッグとプログラム・リストから確認してみます．第 1 章で使用した Tera Term を起動します．

まず mbed のリセット・ボタンを押すと，**図 3-27** 枠①のように mbed の IP アドレスと[`Wait for new connection...`]のメッセージが表示されます．

これは，accept でクライアントからの接続要求を待っている状態です．

次に `TCPSendMessage` で，[Connect]ボタンを押すと，accept でクライアントからの接続を受け付け，枠②のクライアント側の IP アドレスを表示します．

次に `TCPSendMessage` で，[Disconnect]ボタンを押し，接続を閉じると枠③の[`Disconnection...`]と表示され，また，accept でクライアントからの接続要求を待ちになります．

ここで，再び[Connect]ボタンを押して，mbed と接続したのが枠④になります．

次に，テキスト・ボックスに[`abcdefghijklmnop`]の 16 文字を入力して，[送信]ボタンを押して，mbed に文字列を送信しています．

次に[Clear]ボタンを押して表示をすべて消しているのが枠⑤の動作です．

最後に[Close]ボタンで mbed との接続を切断してプログラムを終了しているのが，最後の枠⑥です．

このように，プログラムに `printf` とコメントを入力することで，Tera Term から処理の流れを追うことができます．もし，プログラムの動きを確認したい場合や思ったような動きをしないときは，`printf` でコメントや値を表示して動作を確認してみましょう．

VisualStudio で作成したプログラムを別のパソコンで動作させるためには，作成したプロジェクトの

図 3-25　mbed のキャラクタ LCD に [mbed hello!] が表示された
図 3-24 で TCPSendMessage から送信した，[mbed hello!]の文字列が mbed のキャラクタ LCD に表示されている．キャラクタ LCD は 2 段あり，上段は受信した文字列を表示し，下段は mbed の IP アドレスが表示される．

bin フォルダ配下に実行ファイル（プロジェクト名 .exe）があるので，そのファイルと同じフォルダ内にある IPAddressControlLib.dll を同じフォルダに配置した状態で実行します．加えて，プログラムを動作させるパソコンには[Microsoft .NET Framework 4.5]がインストールされている必要があります．

　　　　　　　　　　　　　　　*　　　*　　　*

　Socket を使った TCP のプログラムを作成しました．これにより，信頼性の高いデータ通信を行うプログラムが作成できます．また，TCP を使っている SMTP や POP などのアプリケーションや，これらと通信するプログラムなども作成できるようになります．それでは，次に UDP を使ったプログラムを作成します．

3-3　UDP を使ったデータ送受信プログラムの作成

　先ほどは TCPSocket を使って，パソコンから送信したデータを mbed で受信するプログラムを作成しました．そこで，今度は UDPSocket を使って先ほどと送受信を入れ替え，mbed から送信したデータをパソコンで受信するプログラムを作成します．

● mbed で UDPSocket を使ってデータを送信する

　作成するプログラムは，ジョイスティックを動かした際のアナログ・データを mbed で読み取り，

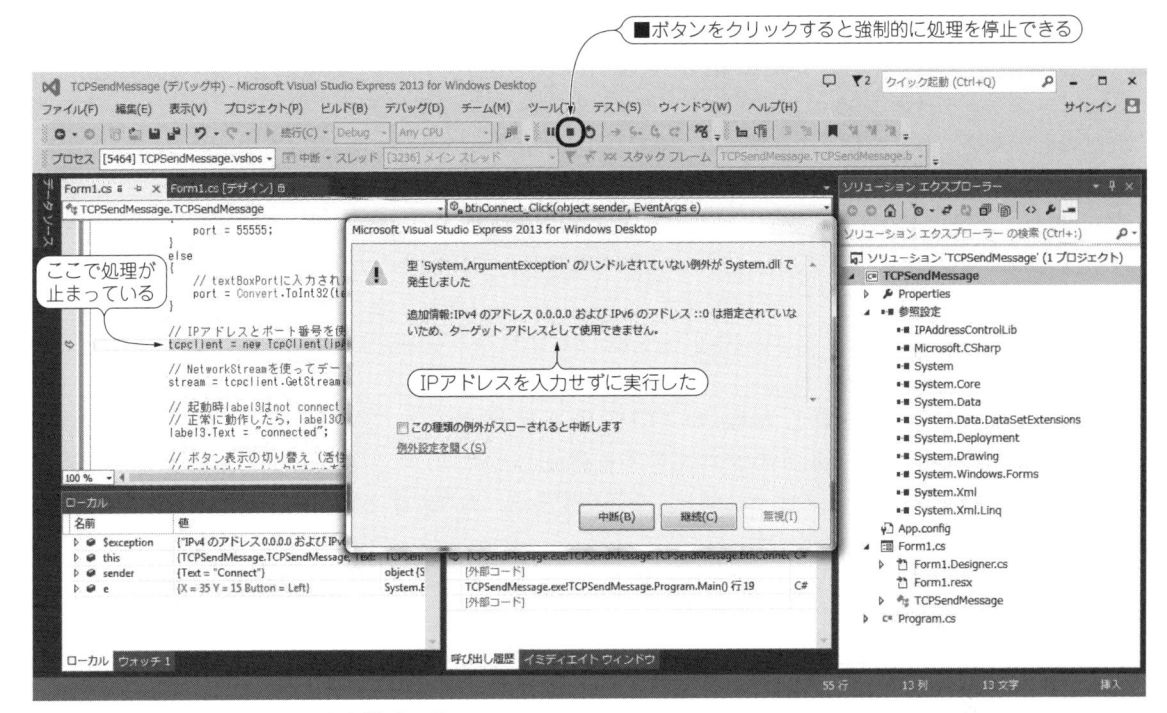

図 3-26　TCPSendMessage の実行時エラー
TCPSendMessage はプログラムにエラー処理を実装していないので，例えば IP アドレスを入力しないまま，[Connect]ボタンを押すと，エラーを表示してプログラムが一時停止してしまう．この場合は，VisualStudio のメニュー下にある赤い■ボタンを押して，プログラムを強制的に停止させる．

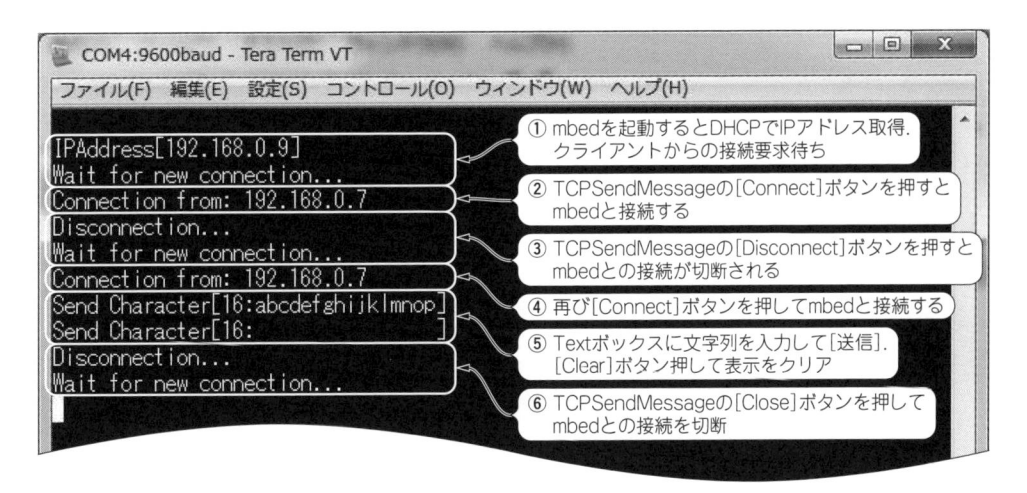

図 3-27　TCPSendMessage と mbed との通信の流れ

UDP を使って自分自身（mbed）の IP アドレスやデータの送信回数並びに，ジョイスティックの位置データをパソコンに送信します．パソコンで動作する Windows プログラムは，mbed からの受信データを表示します．

3-3　UDP を使ったデータ送受信プログラムの作成

● ジョイスティックを使った回路の作成

ジョイスティックは図3-28の2軸ジョイスティック AS-JS を使用します．このジョイスティックは浅草ギ研などで販売されており，浅草ギ研のページ(http://www.robotsfx.com/robot/AS-JS.html)には，この製品の概略が説明されているので参考にしてください．

図3-29 は mbed とジョイスティックを接続する回路図です．mbed の VOUT 端子から出力される 3.3V の電圧をジョイスティックの UD+，LR+ にそれぞれ接続します．また，上下の位置データを出力する UD 端子を mbed の P19 端子に，左右の位置データを出力する LR 端子を mbed の P20 端子にそれぞれ接続します．最後にジョイスティックの GND と mbed の GND 端子を接続すれば，回路は完成です．

● UDP パケットを送信する mbed プログラムの作成

回路ができあがったら，mbed のプログラムを作成します．`UDPSocket` での通信プログラムは `TCPSocket` の通信プログラムのようにデータを送信する前に論理的な通信路を確立せず，データを一方的に送信します．

したがって，TCP のプログラムに比べるとシンプルな処理手順になります．図3-30 は作成する UDP プログラムの処理の流れです．

それでは，mbed のプログラム `UDPJoystick` を作成していきます．

図 3-28 ジョイスティック AS-JS はアナログ出力タイプ
UDPJoystick で使用する浅草ギ研製のジョイスティック AS-JS の外観．mbed と接続して，ジョイスティックの位置情報を取得し，UDPSocket で PC へ送信するプログラムを作成する．

図 3-29 mbed とジョイスティックの接続図
UDPJoystick で使用する mbed とジョイスティックの接続回路である．ジョイスティックへの電源は mbed の VOUT から供給している．この回路は，ジョイスティックを上や右に倒すと値が大きくなる．

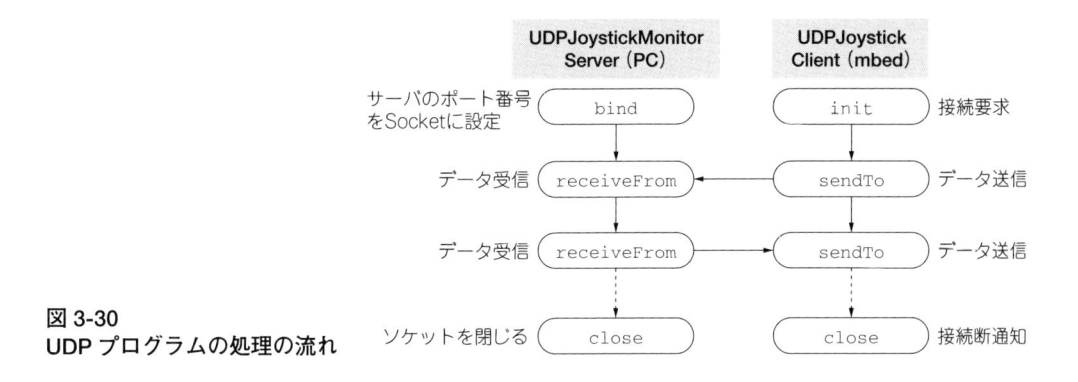

```
                            UDPJoystickMonitor    UDPJoystick
                              Server (PC)        Client (mbed)
サーバのポート番号                ┌──────┐          ┌──────┐
をSocketに設定     ───────→   │ bind │          │ init │   ←─────── 接続要求
                              └──────┘          └──────┘
                                 ↓                 ↓
データ受信         ───────→ │receiveFrom│ ←── │ sendTo │   ───────→ データ送信
                              └──────┘          └──────┘
                                 ↓                 ↓
データ受信         ───────→ │receiveFrom│ ←── │ sendTo │   ───────→ データ送信
                              └──────┘          └──────┘
                                 ┆                 ┆
ソケットを閉じる   ───────→   │ close │          │ close │  ───────→ 接続断通知
```

図 3-30
UDP プログラムの処理の流れ

TCP 通信のプログラムと同様に，次の三つのライブラリを追加します．

```
EthernetInterface
mbed-rtos
TextLCD
```

ライブラリをインポートしたら，プログラムを作成していきます．
図 3-31 は作成するプログラムのフローチャートで，**リスト 3-2** はプログラムです．
それでは，プログラムの処理を確認してみましょう．
`#define` の `SERVER_ADDRESS`, `SERVER_PORT` には接続するパソコンの IP アドレスとポート番号を記述します．パソコンの IP アドレスは，次項で作成する Windows プログラムの `UDPJoystickMonitor` に表示されるので，その値を使うようにしてください．

```
#define SERVER_ADDRESS "192.168.0.7"   // PCのIPアドレス
#define SERVER_PORT    55555           // PC側プログラムのポート番号

        // ネットワークをリンク・アップする
        eth.connect();

        // クライアントのUDPソケットを初期化する
        client.init();

    // データを送信する宛先のIPアドレスとポート番号を設定している
    DataServer.set_address(SERVER_ADDRESS, SERVER_PORT);

    // 別のプロセスでsendData関数を実行する．sendData関数は1秒ごとにサーバに対してデータを送信する
    Thread thread(sendData);
```

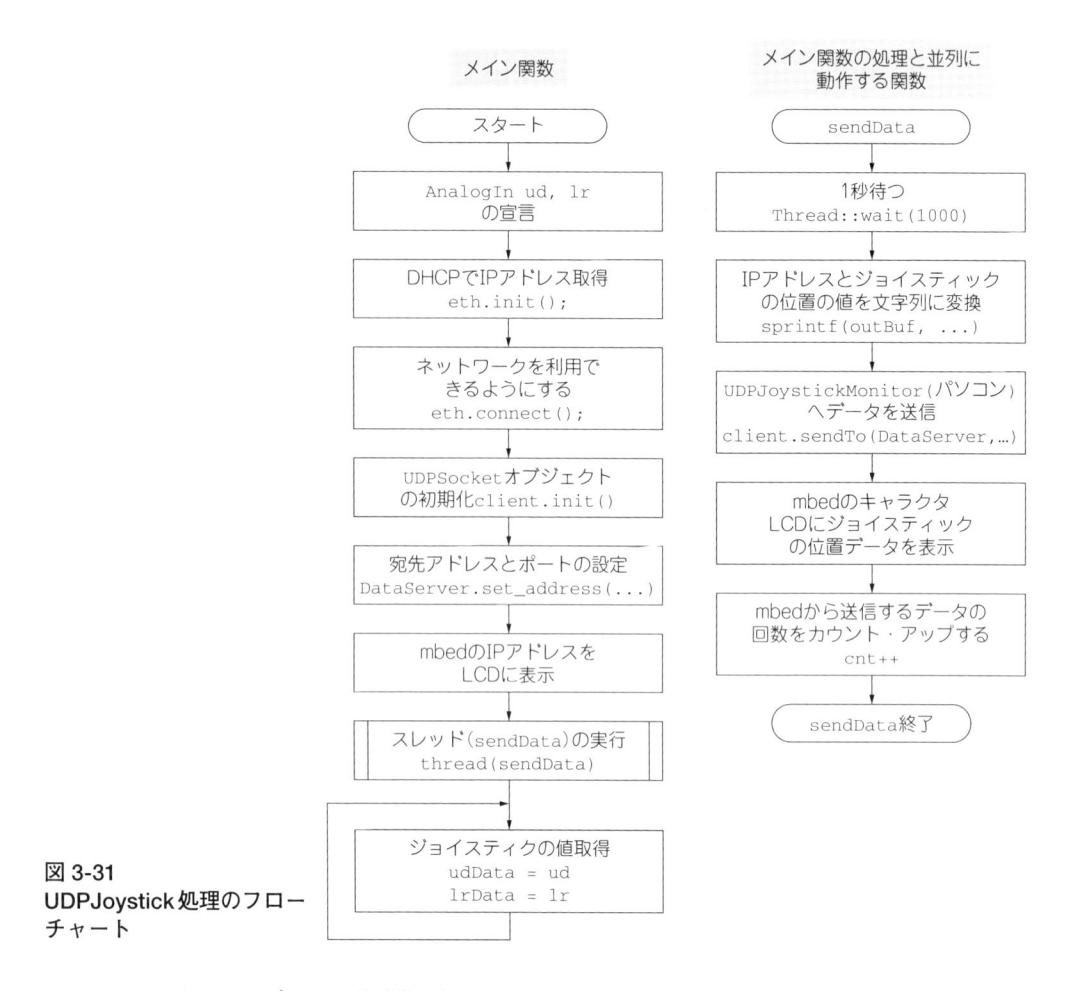

図 3-31
UDPJoystick 処理のフローチャート

リスト 3-2　UDP ソケットでデータの送受信を行う UDPJoystick のプログラム

```
#include "mbed.h"
#include "EthernetInterface.h"
#include "TextLCD.h"

// UDPJoystickMonitor が動作しているパソコンの IP アドレス
#define SERVER_ADDRESS "192.168.0.7"

// UDPJoystickMonitor のポート番号は 55555
#define SERVER_PORT    55555

TextLCD lcd(p24, p26, p27, p28, p29, p30);

// ジョイスティックから Up/Down のアナログ値を取得する
AnalogIn ud(p19);

// ジョイスティックから Left/Right のアナログ値を取得する
AnalogIn lr(p20);

UDPSocket client;
Endpoint DataServer;
float udData,lrData;
char ipaddr[15];

unsigned int cnt = 1 ;

// main 関数の処理と並列で動作し，UDPJoystickMonitor に対して
// 1 秒ごとにデータを送信する関数
```

```
    while(true){
        // ジョイスティックの値を取得し，それぞれudDataとlrDataに保存する
        udData = ud;
        lrData = lr;
    }
```

これは，Threadオブジェクトで実行したメイン関数の処理とは別プロセスで動作するsendData関

```
void sendData(void const *arg)
{
    // UDPJoystickMonitorへ送信する文字列を格納する変数
    char out_buffer[42];

    while(true){
        // 1秒間処理を待機
        Thread::wait(1000);

        // UDPJoystickMonitorへ送信する文字列をout_bufferへ格納する
        sprintf(out_buffer,"%s,%u,%.2f,%.2f,",ipaddr,cnt,udData,lrData);

        // 文字列をDataServer(UDPJoystickMonitor)宛てに送信する
        client.sendTo(DataServer, out_buffer, sizeof(out_buffer));

        // モニタ用  送信データを表示
        printf("Send Data[%s]¥r¥n,",out_buffer);

        // 取得したUp/DownデータおよびLeft/Rightデータを液晶LCDに表示
        lcd.locate(0,1);
        lcd.printf("UD%0.2f : LR%0.2f",udData, lrData);

        // 送信したデータ回数をカウント・アップする
        cnt++;
    }
}
int main() {
    EthernetInterface eth;

    // DHCPで動的にIPアドレスを取得する
    eth.init();

    // 固定IPアドレスを使う場合，eth.init()をコメントにして，
    // 下の行のコメントを外す
    //eth.init("192.168.0.9","255.255.255.0","192.168.0.1");
    eth.connect();

    client.init();

    // データを送信する宛先のIPアドレスとポート番号を設定する
    DataServer.set_address(SERVER_ADDRESS, SERVER_PORT);
    sprintf(ipaddr,"%s",eth.getIPAddress());

    // 液晶LCDにIPアドレスを表示する
    lcd.cls();
    lcd.locate(0,0);
    lcd.printf("%s",ipaddr);

    // モニタ用  IPアドレスを表示
    printf("IPAddress[%s]¥r¥n",ipaddr);

    // データを1秒間隔で送信する処理をメインの処理とは別のプロセスで実行する
    Thread thread(sendData);

    while(true){
        // ジョイスティックの値を取得する
        udData = ud;
        lrData = lr;
    }
}
```

数内の処理です．したがって，main関数のジョイスティックの値を取得する処理と，以下のデータをパソコンに送信する処理は，それぞれ同時に動作しています．

```
while(true){

    // 1秒間待機
    Thread::wait(1000);

    // 送信するデータを変数out_bufferに格納する
    sprintf(out_buffer,"%s,%.2f,%.2f,",ipaddr,udData,lrData);

    // データをDataServerに送信する
    client.sendTo(DataServer, out_buffer, sizeof(out_buffer));

    // 送信したデータ回数をカウントアップする
    // cntはunsigned intなので，4294967295までカウントできる
    // その値を超えると桁溢れのため0に戻る
    cnt++;
}
```

それでは，プログラムを実行してみましょう．

プログラムを実行すると，自動でIPアドレスを取得しキャラクタLCDに表示します．また，ジョイスティックが中央の位置にある場合，ともに0.5に近い値を表示し，上や右に倒すと値が大きくなり，下や左に倒すと値が小さくなります．図3-32はプログラムを実行し，ジョイスティックを左下に動かした状態です．

● UDPのデータを受信するWindowsプログラムの作成

それでは，次にWindows側のプログラムを作成する手順を図3-33に示します．先ほどと同様に新規プロジェクト名をUDPJoystickMonitorにして作成します．

● UDPJoystickの動作確認

それでは，プログラムを実行して動作を確認してみましょう．

まず，最初にWindowsプログラム（UDPJoyStickMonitor）を実行すると，図3-34に示すダイアログが表示されます．この際にWindowsからセキュリティの警告が出ることがありますが，そのまま許可します．UDPJoystickMonitorのダイアログに表示されているIPアドレスの値（図3-34枠①）がmbedのプログラムのSERVER_ADDRESSの値と一致していることを確認します．もし，違うようならmbedのプログラムを変更し，mbedのプログラムを更新する必要があります．この際に使用していないパソコンのネットワーク・デバイスを無効にしておかないと，使用していないIPアドレスがUDPJoystickMonitorに表示される場合があるので注意します．

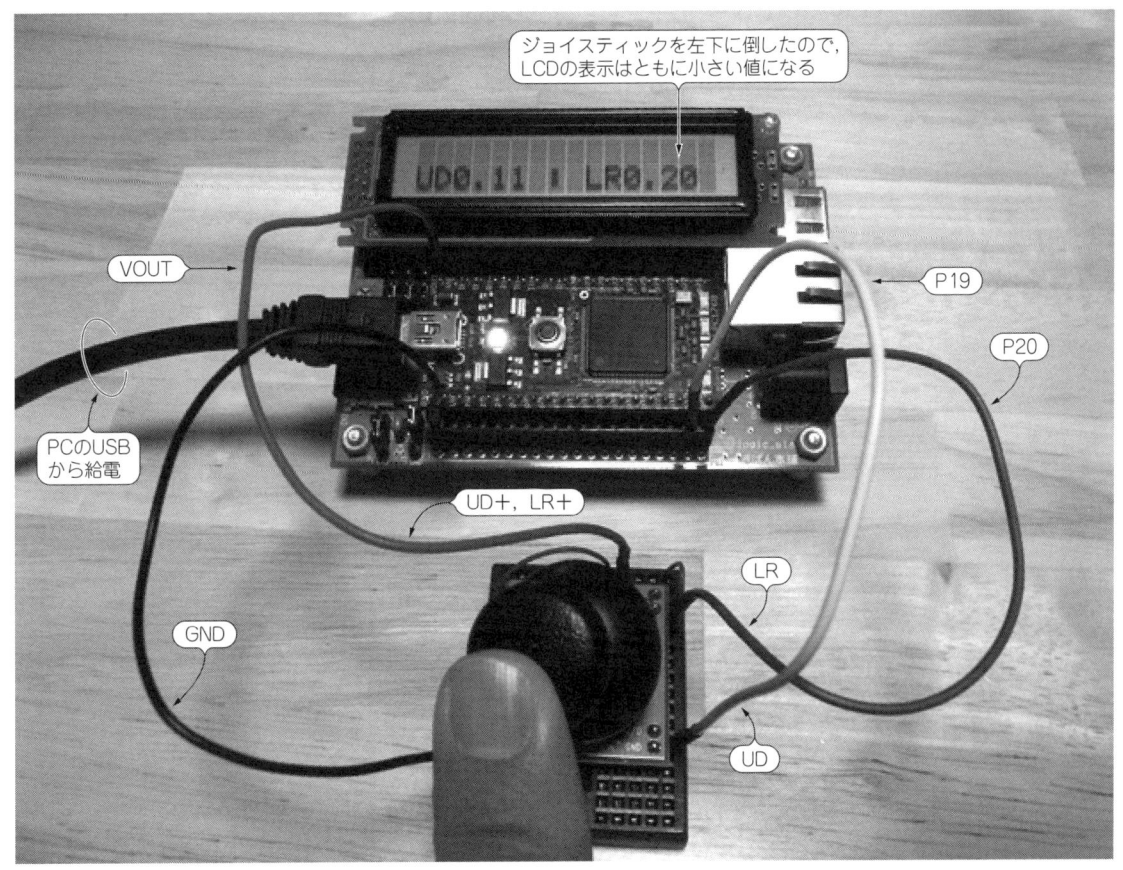

図 3-32　UDPJoystick の実行（ジョイスティックを左下に操作）
UDPJoystick を実行した．ネットワーク・ケーブルを接続していないので，DHCP で IP アドレスが取得できないため，IP アドレスは表示されていない．ジョイスティックを左下に倒しており，UD（Up/Down）の値が 0.11，LR（Left/Right）の値が 0.20 と表示されている．

続いて mbed が起動したことを確認し，UDPJoystickMonitor の[Start]ボタン（**図 3-34** 枠②）を押すと，[Count]と[ClientIPAddress]ならびに[UD]，[LR]の値が mbed から受信した値に更新されます．後はジョイスティックを上下左右に動かすと，mbed が 1 秒ごとに送信したデータを UDPJoystickMonitor が受信して，Up/Down，Left/Right の値を更新します．また，Count には mbed がデータを送信した回数が表示されます．**図 3-35** は実際に動作した実行結果で，それぞれ Joystick で取得した値が mbed のキャラクタ LCD の値と UDPJoystickMonitor の値で同じになっています．

次に，**図 3-36** のように UDPJoystickMonitor の[Stop]ボタンを押して，UDPSocket のソケットを閉じます．すると，UDP 通信は通信相手が正しくデータを受信できているか確認しないので，mbed は UDPJoystickMonitor に対して一方的にデータを送信し続けます．

UDP ソケットを閉じた UDPJoystickMonitor は，mbed からのデータを受信できなくなるため，Count 値は 286 で止まってしまいます．しばらく時間をおいて[Start]ボタンを押し再びデータを受信すると Count 値はいっきに 353 に増えています．ここで，ソケットを閉じていた間に mbed が送信した Count 値 287 から 352 のデータは破棄されてしまいました．

◆ブロッキング(同期)モードとノンブロッキング(非同期)モード

Socketプログラムでデータを送受信する際には，同期モードと非同期モードの2種類の方法がある．同期モードでは受信関数(Receive)はデータを受信するまで待ち続ける．そのため，それ以降に処理が移らないため，いったんプログラムを起動してしまうとデータを受信するまでウィンドウの移動も含めそのプログラムは一時停止状態になってしまう． 一方非同期モードはデータが送られてこない場合は，データを待つことなく次の処理に移るので，データを受信しなくても，ウィンドウの移動やボタン操作などは行える．ただし，プログラムは少し複雑になってしまう．

ここでは，少し複雑になるが，実用性を考えて非同期モードでプログラムを作成する．

〈STEP1〉

まず，最初に図BのようにForm1に各コントロールを配置する．次に，各コントロールのNameとTextのパラメータを表Aのように変更する．また，今回はパソコン側のプログラムはIPアドレスの値を変更しないので，IPAddressコントロールのパラメータ[ReadOnly]をFalseからtrueに変更する．

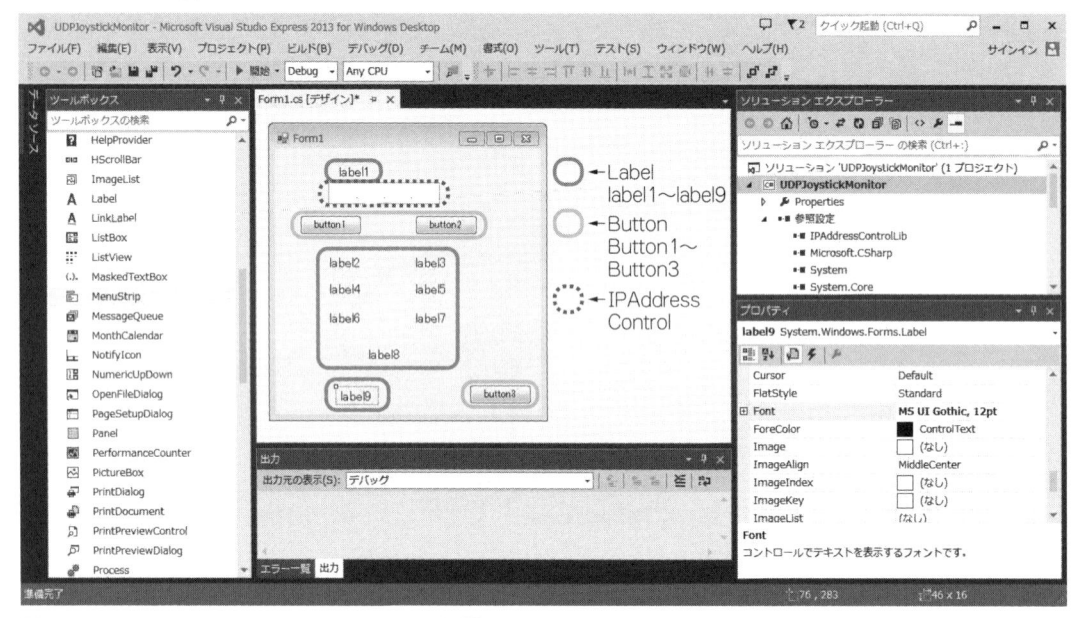

図B UDPJoystickMonitorのコントロール配置

表A UDPJoystickMonitorで使用するコントロールのNameとTextの変更

コントロール	Name	Text	パラメータ
Form1	-	UDP Joystick Monitor	
Label1	-	IPAddress	
Label2	-	Count	
Label3	labelCnt	0	
Label4	-	Up / Down	
Label5	labelUD	0	
Label6	-	Left / Right	
Label7	labelLR	0	
Label8	-	ClientIPAddress	
Label9	labelIPAddr	0.0.0.0	
ipAddressControl1	ipAddressControl	-	ReadOnly [True]
button1	btnStart	Start	
button2	btnStop	Stop	
button3	btnClose	Close	

図3-33 Windows側のプログラム UDPJoystickMonitor を作成する手順

次に，パソコンのIPアドレスをプログラムに表示するために，必要な設定を行う．プログラムでパソコンのIPアドレスを取得する方法はいくつかあるが，ここでは，WMI (Windows Management Instrumentation)から，IPアドレスの情報を取得している．この方法を利用すると，IPアドレス以外にもOSのバージョンなどシステムや各種デバイスの情報も取得することができる．

メニューから[プロジェクト(P)]→[参照の追加(R)...]を選択すると，参照マネージャ-{プロジェクト名}のダイアログが表示される．

左のメニューから，[アセンブリ]→[フレームワーク]を選択し，図CのようにSystem.Managementにチェックを付ける．最後に[OK]ボタンを押してダイアログを閉じる．

〈STEP2〉

次に，表示をデザインからコードに切り替えて以下の4行を追加する．

```
using System.Management;
using System.Net;
using System.Net.Sockets;
using System.Threading;
```

続いてForm1で使用する変数を宣言すると，次のようになる．

```
UDPJoystickMonitorプログラムでのusingの追加と変数の宣言
    public partial class Form1 : Form
    {
        // 変数の宣言
        ManagementObjectSearcher mos;
        ManagementObjectCollection moc;
        String strIPAddress;
        IPAddress ipaddress;
        Socket udpSocket = null;
        int x, y;
        public Thread udpThread;
        byte[] byteData = new byte[42];
```

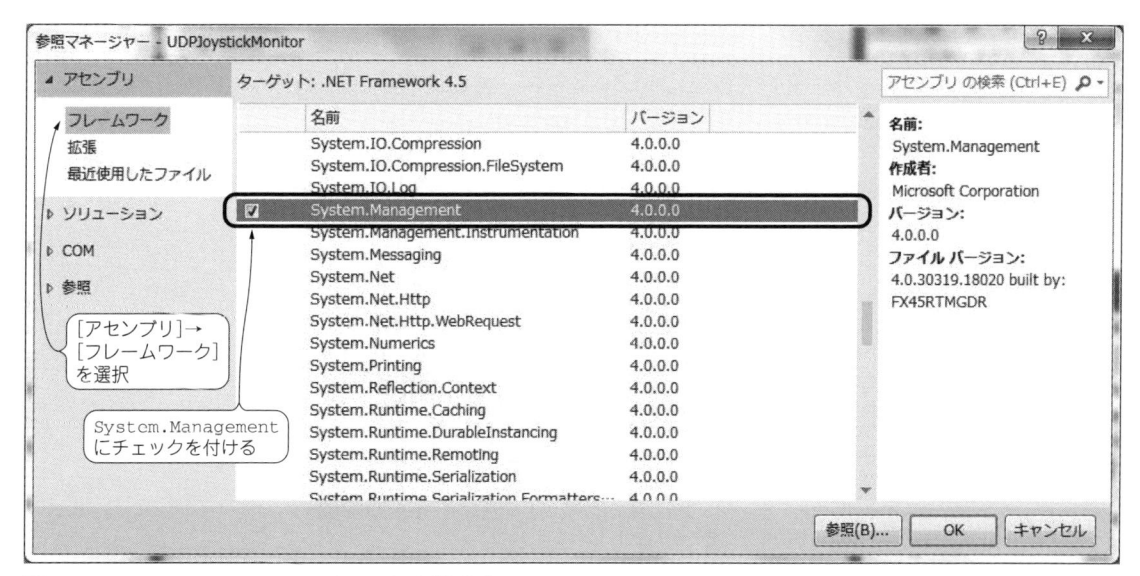

図C　System.Managementにチェックを付ける
パソコンのIPアドレスを取得するために，VisualStudioの設定を行っている．

〈STEP3〉
次にForm1のデザインに戻って，Form1の適当な場所をクリックする．すると，タブが切り替わり新しくForm1_Load(...)関数がプログラムに追加されるので，次のコードを入力する．

```csharp
private void Form1_Load(object sender, EventArgs e)
{
    // WMI自分自身のIPアドレスを取得するための処理
    // Win32_NetworkAdapterConfigurationクラスにアクセスしてIPアドレスの情報を取得する
    mos = new ManagementObjectSearcher("SELECT * FROM Win32_NetworkAdapterConfiguration WHERE IPEnabled=TRUE");
    moc = mos.Get();

    foreach (ManagementObject mo in moc)
    {
        if ((bool)mo.Properties["IPEnabled"].Value == true)
        {
            strIPAddress = ((string[])mo.Properties["IPAddress"].Value)[0];
        }
    }

    // 取得したIPアドレスの文字列をIPAddressオブジェクトに変換
    ipaddress = IPAddress.Parse(strIPAddress);

    // IPAddressコントロールに取得したIPアドレスの値をセット
    ipAddressControl.SetAddressBytes(ipaddress.GetAddressBytes());

    // [Stop]ボタンを非活性にする
    btnStop.Enabled = false;
}
```

〈STEP4〉
次に，Startボタンが押された場合の処理を記述する．Form1のデザイン・タブに切り替え，[Start]ボタンをダブルクリックする．すると，プログラムにbtnStart_Click(...)関数が追加されるので，次のコードを入力する．

```csharp
private void btnStart_Click(object sender, EventArgs e)
{
    CheckForIllegalCrossThreadCalls = false;

    // UDPSocketのオブジェクト作成
    udpSocket = new Socket(AddressFamily.InterNetwork,
        SocketType.Dgram, ProtocolType.Udp);

    // すべてのIPアドレス，55555番ポートのIPEndPointを作成
    // どのアドレスが割り当てられていてもかまわない場合は，IPAddress.Anyを使用する
    // IPEndPointは，IPアドレスとポート番号をセットにして扱えるオブジェクト
    IPEndPoint ipEndPoint = new IPEndPoint(IPAddress.Any, 55555);

    // 先ほど作成したIPEndpointをバインドする
    udpSocket.Bind(ipEndPoint);

    // 使用するローカル・ポートについて特に指定がない場合はポート番号0を指定すると，
    // 使用できるポート番号を自動で割り当ててくれる．
    IPEndPoint ipeRemote = new IPEndPoint(IPAddress.Any, 0);
    EndPoint epRemote = (EndPoint)ipeRemote;
```

図 3-33 Windows 側のプログラム UDPJoystickMonitor を作成する手順（つづき）

```csharp
            // データの非同期受信の開始
            udpSocket.BeginReceiveFrom(byteData, 0, byteData.Length,
                SocketFlags.None, ref epRemote, new AsyncCallback(ReceiveCall), epRemote);


            // [Start]ボタンを非活性，[Stop]ボタンを活性にする
            btnStart.Enabled = false;
            btnStop.Enabled = true;
        }
```

〈STEP5〉
次に，Stopボタンが押された場合の処理を記述する．Form1のデザイン・タブに切り替え，[Stop]ボタンをダブルクリックすると，プログラムにbtnStop_Click(...)関数が追加されるので，次のコードを入力する．

```csharp
        private void btnStop_Click(object sender, EventArgs e)
        {
            // udpSocketを閉じる
            udpSocket.Close();

            // [Start]ボタンを活性，[Stop]ボタンを非活性にする
            btnStart.Enabled = true;
            btnStop.Enabled = false;
        }
```

〈STEP6〉
次に，Closeボタンが押された場合の処理を記述する．Form1のデザイン・タブに切り替え，[Close]ボタンをダブルクリックすると，プログラムにbtnClose_Click(...)関数が追加されるので，次のコードを入力する．

```csharp
        private void btnClose_Click(object sender, EventArgs e)
        {
            if ( udpSocket !=null )
                udpSocket.Close();

            // プログラムの終了
            Application.Exit();
        }
```

〈STEP7〉
最後にbtnClose関数の下に次の関数を追加する．

```csharp
        private void ReceiveCall(IAsyncResult ar)
        {
            try
            {
                IPEndPoint ipeRemote = new IPEndPoint(IPAddress.Any, 0);
                EndPoint epRemote = (EndPoint)ipeRemote;
                // 保留中の非同期読み込みの終了
                udpSocket.EndReceiveFrom(ar, ref epRemote);

                // データの非同期受信の開始
                udpSocket.BeginReceiveFrom(byteData, 0, byteData.Length, SocketFlags.None,
                    ref epRemote, new AsyncCallback(ReceiveCall), epRemote);
```

```
                string str = System.Text.Encoding.Unicode.GetString(byteData);

                // ,(カンマ)で区切られたデータを分割して配列に格納
                string[] arrayData = Encoding.UTF8.GetString(byteData).ToString().Split(',');

                // データの送信先のIPアドレスおよびジョイスティックのデータを表示する
                labelIPAddr.Text = arrayData[0];
                labelCnt.Text = arrayData[1];
                labelUD.Text = arrayData[2];
                arrayData[2] = arrayData[3].Replace("¥0", "");
                labelLR.Text = arrayData[3];
                x = (int)(float.Parse(arrayData[1]) * 10);
                y = (int)(float.Parse(arrayData[2].Trim()) * 10);
            }
            catch (Exception ex)
            {                     ┌─ コメントを外すと受信時のエラーがダイアログに表示される ─┐
                // String strErrMsg = string.Format("{0}", ex);
                // MessageBox.Show(strErrMsg, "Exception caught", MessageBoxButtons.OK,
                    MessageBoxIcon.Error);
            }
        }
```

図 3-33 Windows 側のプログラム UDPJoystickMonitor を作成する手順（つづき）

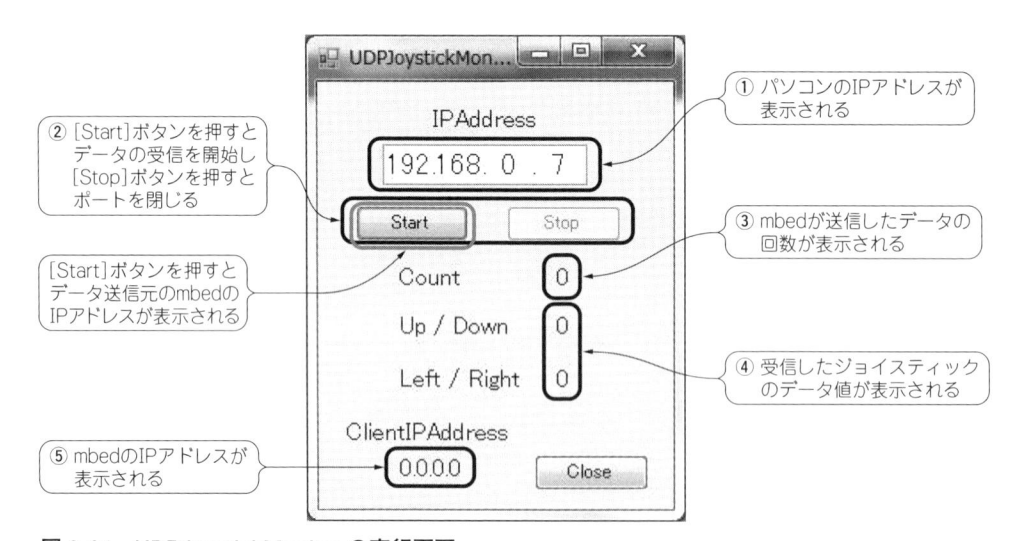

図 3-34 UDPJoystickMonitor の実行画面
起動時はまだ mbed と接続していないので，UD，LR の値は 0 で，ClientIPAddress も 0.0.0.0 になっている．[Start] ボタンを押すと，mbed から送られてきたデータを受信する．データを受信したら，UD，LR に受信した値が表示される．また，IP アドレスは送信元の mbed の IP アドレスが表示される．[Stop]ボタンを押すと，データを受信しなくなる．

今回は意図的にソケットを閉じることで，サーバが過負荷で受信データを処理できなかったり，ネットワークに障害が発生した場合と似たような状態を作り出し，実際にデータが紛失することを確認しました．

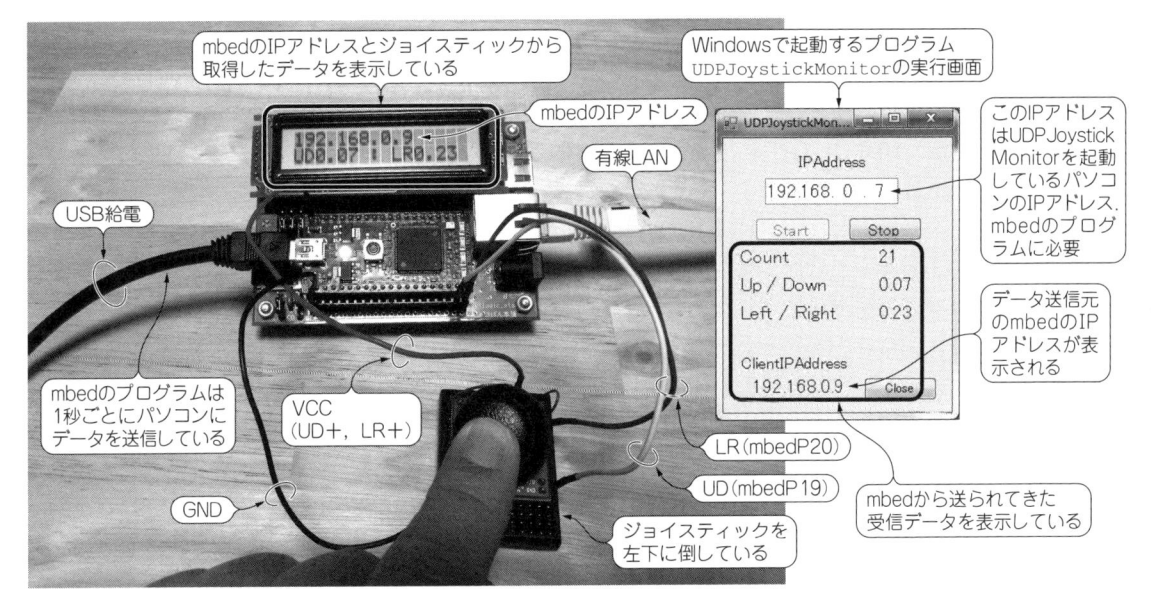

図 3-35 UDPJoystick の実行結果
mbed のキャラクタ LCD には，mbed 自身の IP アドレスとジョイスティックから取得したデータが表示されている．このデータを 1 秒ごとに mbed のプログラムで指定した SERVER_ADDRESS 宛てに送信している．UDPJoystickMonitor は，[Start]ボタンを押すとデータを受信する．データを受信したら UD，LR の値を更新する．

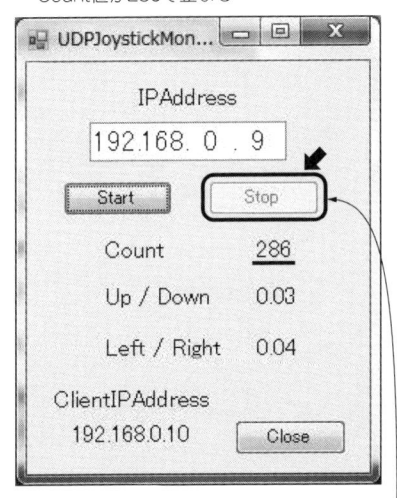

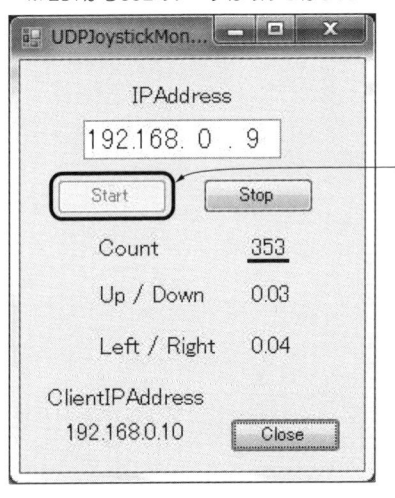

図 3-36 UDPSocket を閉じてデータを受信しない
UDPJoystickMonitor の[Stop]ボタンを押して，UDPSocket のソケットを閉じる．すると，UDP 通信は通信相手がデータを受信できているか確認しないので，mbed は UDPJoystickMonitor に対してデータを送信し続ける．
この状態は，サーバが過負荷で受信データを処理できなかったり，ネットワークに障害が発生したことで，データが紛失した状態と同じで，この場合と同様にデータを紛失する危険がある．

3-3 UDP を使ったデータ送受信プログラムの作成 | **89**

この結果からUDPは信頼性が低いから使えないかといえば，そんなことはありません．例えば音声データであれば少しくらいデータが紛失しても，音声が若干途切れる程度で，影響は大きくありません．むしろ，オーバヘッドが少ないことによる遅延が短いメリットのほうが大きいのです．このように，プログラムを作成する際には，UDPとTCPのどちらを使ってプログラムを作成するかを，それぞれの特徴を考えながら検討して決める必要があります．

＊　　　＊　　　＊

　本章ではSocketを使って，TCPやUDPのネットワーク・プログラムを作成しました．これにより，自由度の高いプログラムを作成できるようになりました．加えて，C#を使ったWindowsプログラムも作成し，パソコンとmbedが通信するプログラムを作成しました．これにより，mbedとWindowsがコラボレーションするようなプログラムが作成できるようになりました．

　プログラムの内容が理解できるまでは，少しすっきりしない部分もあると思いますが，せっかくネットワークが簡単に利用できるmbedを使用するのですから，どんどんネットワーク・プログラムにもチャレンジしてください．その内に，少しずつ理解が増していき，面白いアイデアも出てくるようになると思います．プログラムを勉強するときには，本などにより知識を得ることも大事ですが，実際にプログラムを作成しながら，その動きを理解することも重要です．さて，次章からはこれまでの知識をさらに発展させて，ネットワークを使ったプログラムを紹介していきます．

[第4章] 応用事例1：シンプルなハードウェアで簡単実験

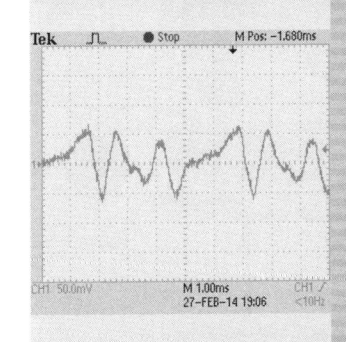

ネットワークで音声を送受信するIPトランシーバの製作

　前章まででライブラリの基本的な使い方やSocketライブラリなどを使ったネットワーク・プログラムの作成について紹介しました．本章以降では，それらを使った応用事例を紹介していきます．

　mbedとStarBoardOrangeに数個のデバイスを追加することで比較的簡単に製作でき，しかも，皆さんに「ちょっと面白そう！」と興味を持ってもらえそうなものを素速く作ることに重点を置いてプログラムを作成していきます．

　ホビーユースでマイコンが簡単にネットワークに接続できるようになったのはつい最近です．以前であれば，マイコンからネットワークを活用した面白いアイデアを思いついたとしても，それを実装するためのスキルが不足していたため実現できなかったようなことも，今ならmbedを使うことで技術的なハードルがかなり下がっています．

　また，TwitterやSNSなど新しいコミュニケーション・ツールの出現もあり，アイデア次第でいままでになかったような新しいものを製作することができそうです．今後マイコンとネットワークはより密接に結びついていくでしょう．そこで，本章以降ではネットワークを活用した事例を紹介します．

4-1　IPトランシーバは音声データを送受信するがテキストと大差はない

　これまでの章で製作したものは，ネットワークを介して主にテキスト・データを送受信してきましたが，ここでは「音声」を送受信するIPトランシーバを製作します．IPトランシーバは，図4-1のようにネットワークに接続された2台のmbedを使って，音声データを送受信するというものです．「音声をネットワークで送受信する」と聞くと，なんだか難しく感じるかもしれませんが，扱うデータがテキスト・データから音声データに変わっただけです（図4-2）．

　送受信するデータが文字から音声に変わると，何か違いがあるのでしょうか？　じつは今回作成する送受信プログラムでは，あまり大きな違いはありません．コンピュータから見ると，文字も音声も'0'と'1'の組み合わせなので，同じように処理します．なお，一般的に音声など音のデータはwavやmp3など音を扱う専用のフォーマットが使われますが，ここでは，それらフォーマットは使用せず，生のデータをそのまま扱います．

　IPトランシーバは，入出力デバイスを動作させるための電子回路の製作が少し大変ですが，プログラムはこれまでの知識で十分作成することができます．そこで，最初に音を扱うプログラムを使っていろいろと動作を確かめることができるように，IPトランシーバからネットワーク関連の処理を省いたボイス・レコーダのプログラムを作成します．

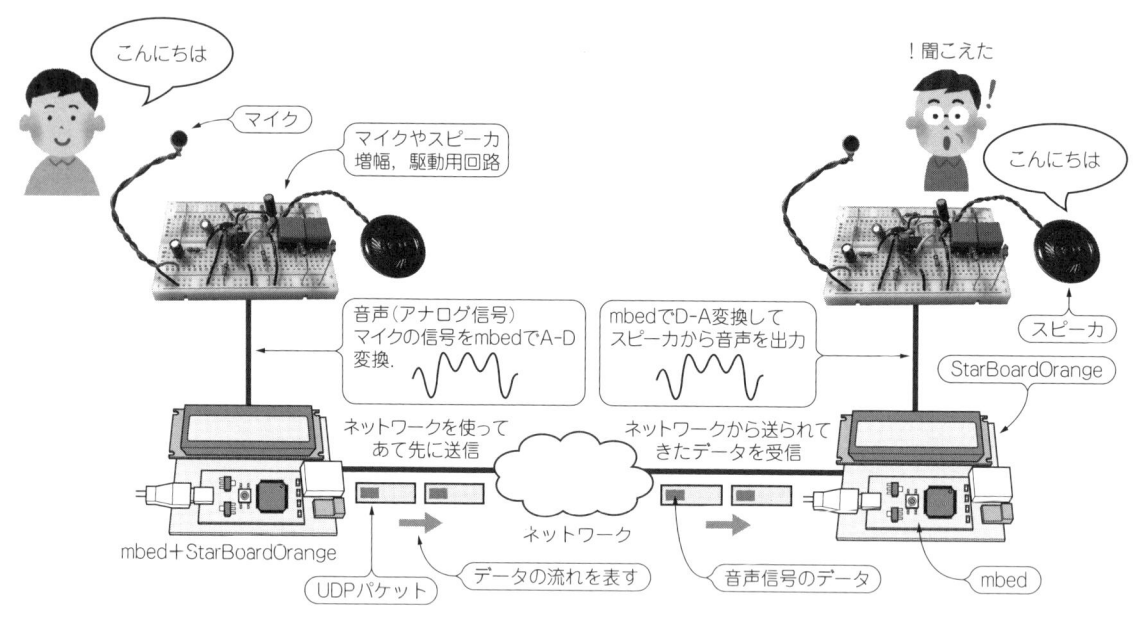

図4-1 IPトランシーバの概要

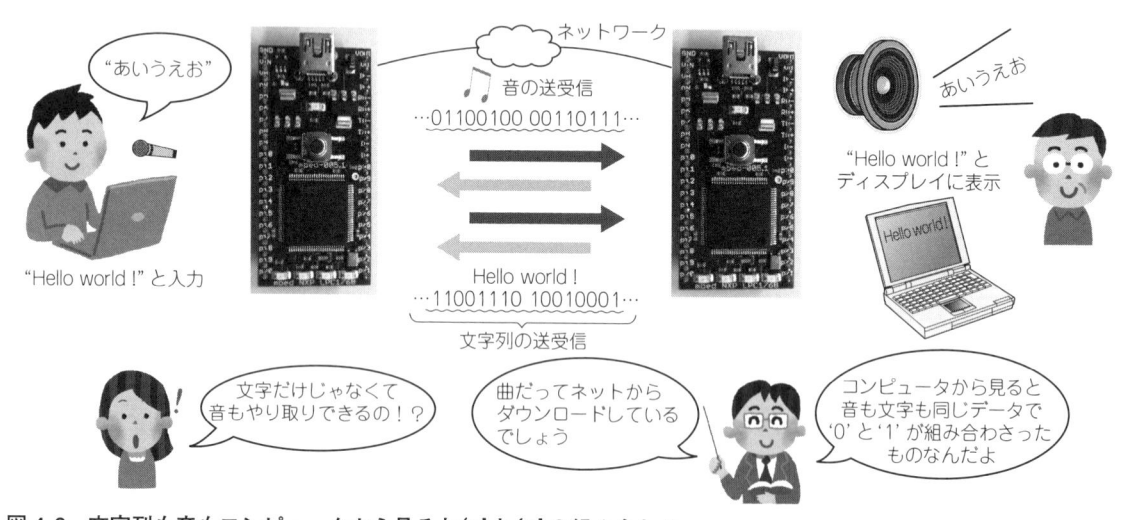

図4-2 文字列も音もコンピュータから見ると '1' と '0' の組み合わせ
これまでは，主に文字列をネットワークで送受信していた．今回は音声をネットワークでやりとりする．「音をネットワークでやり取りする」と聞くとやけに難しく感じるが，コンピュータには文字も音のどちらも '1' と '0' の組み合わせにしか見えないので，大きな違いはない．

4-2 IPトランシーバ回路の製作

◆ 音声信号をmbedに入力する

音声をmbedに入力するにはどうしたらよいでしょうか？ mbedのInterfaceにはDigital/Analogのほかに，UARTやEthernetなど多くのI/O(Input/Output)が利用できますが，これらはすべて電圧を入力したり出力します．

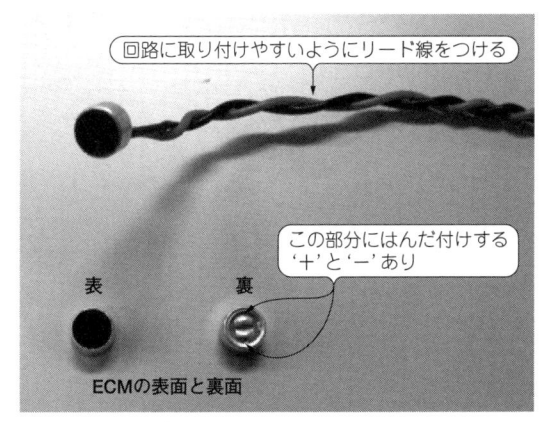

図 4-3　コンデンサ・マイク（ECM）の外観
使用したコンデンサ・マイクには端子が付いていないので，単線をはんだ付けして増幅回路に接続できるようにした．

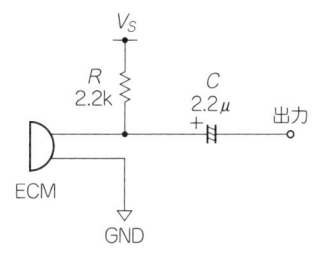

図 4-4　ECM 動作回路
コンデンサ・マイクを動作させるための回路．コンデンサ・マイクはそれ単体では動作しない．図のように電源を供給し直流成分をコンデンサで除去することで出力信号が得られる．

そこで，音声を電圧に変換するセンサを使うと mbed に入力することができそうです．具体的には皆さんも一度は使ったことがあるマイクロホン（以下マイク）を使います．マイクにはいくつか種類がありますが，電子工作では手軽に利用でき，かつ安価であることから，ECM（Electret Condenser Microphone）がよく利用されます．今回使用する ECM には回路に配線するためのリード線が付いていないので，図 4-3 のように取り付けました．

ECM をマイクとして動作させるためには，図 4-4 のように電源と抵抗，コンデンサを使った簡単なマイクを動作させるための回路が必要になります．この動作回路を製作し ECM から「あー」という音声を入力したときの出力をオシロスコープで観測したものが図 4-5 です．マイクからの出力信号が小さいため，「あ」の音声の波形がはっきりわかるようにマイクに近づいて大きな声を入力しました．そのため，本来であればマイクの出力は十数 mV_{p-p} 程度ともっと小さな信号ですが，$140mV_{p-p}$ と少し出力波形が大きくなっています．ちなみに mV の単位の横に付いている p-p とは「ピーク to ピーク」のことで，信号の最大値（一番大きな値）からもう一方の最大値（一番小さな値）までの幅を表しています．

mbed の AnalogIn（AI）の入力は 0 〜 3.3V の範囲で電圧を読み取るため，入力電圧が十数 mV では少し小さすぎます．そこで，ECM の出力信号を増幅回路で 1 〜 $2V_{p-p}$ 程度に増幅した後，mbed に入力します．

● ECM の信号を増幅する

信号を増幅するには一般的にトランジスタや OP アンプを使いますが，ここでは簡単に増幅回路が設計・製作できる OP アンプを使用します．OP アンプは用途によって多くの種類がありますが，ここでは，以下のような理由により LM358 を使用しました．

① mbed の VOUT 端子から OP アンプの電源が供給できる［単電源・低電圧（単電源 3.0V から）］
② 小型（DIP 8 ピン）で OP アンプが 2 個内蔵されている（回路をコンパクトに製作できる）
③ 安価で汎用的な用途に利用できる（お財布にやさしく再利用しやすい）

一つの LM358 のパッケージには OP アンプが 2 個内蔵されています．そこで，一つは ECM からの入

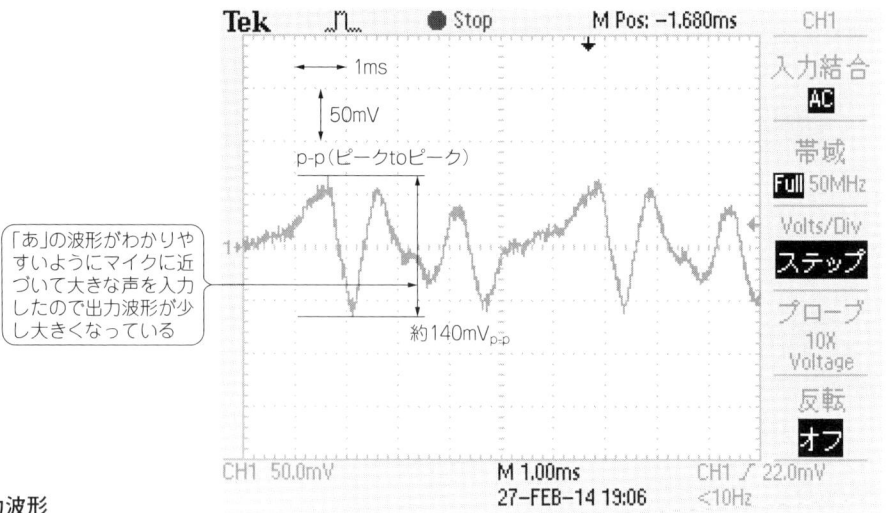

図 4-5
「あー」という音声の出力波形

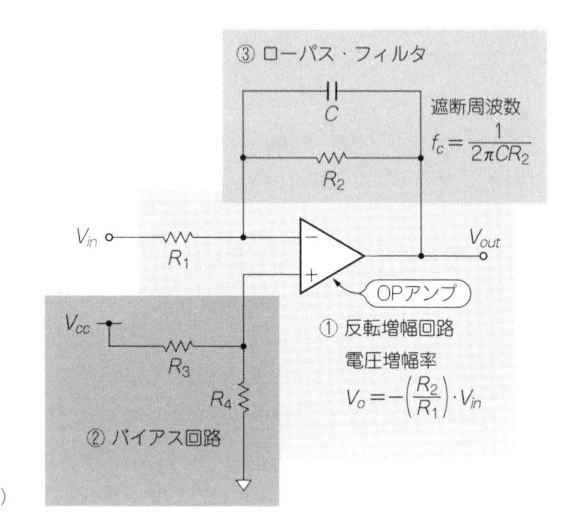

図 4-6
OPアンプ基本増幅回路
IPトランシーバでは以下の二つの回路を使用する．
(1) コンデンサ・マイクの信号を増幅する増幅回路(-100倍)
(2) スピーカを駆動するためのインピーダンス変換回路(-10倍)

力信号を増幅する回路に使用し，もう一つはスピーカを駆動するためのインピーダンス変換回路に使用します．スピーカを駆動するには若干出力不足は否めませんが，それほど大きな音を出す必要もないので，今回の用途であればLM358でも使用可能です．

OPアンプを使った増幅・インピーダンス変換回路は，いずれも**図4-6**のような回路を基本構成としており，この回路には次の三つの機能があります．

① 反転増幅回路

抵抗R_1とR_2による反転増幅回路で，電圧増幅率は$Av = -(R_2/R_1)$ [※ 反転増幅なので-(マイナス)が付く]で求まります．

② バイアス回路

今回はOPアンプを単電源で使っているため，**図4-7(a)**のような一般的な反転増幅回路を使用すると＋側の信号しか出力されません．そこで，**図4-7(b)**のように非反転入力にバイアス回路を設けて$V_{CC}/2 (= 3.3/2 = 1.65\text{V})$だけバイアスすることで，音声波形全体が増幅されるようになります．

(a) OPアンプを使った一般的な反転増幅回路の一例

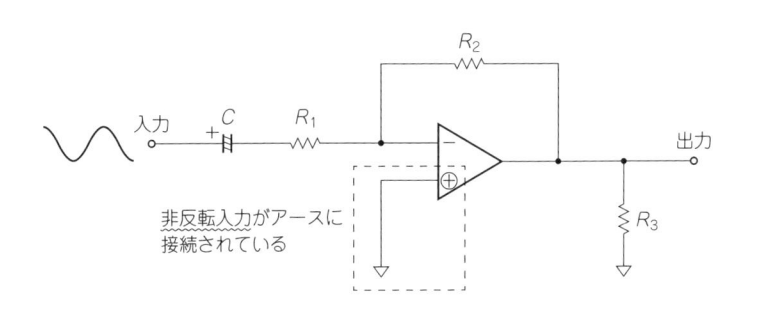

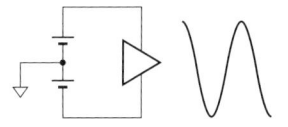

(i) (a)の回路を両電源で動作させた場合の出力波形

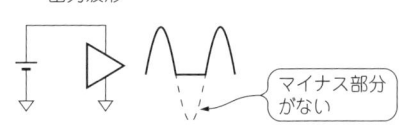

(ii) (a)の回路を単電源で動作させた場合の出力波形
マイナス部分がない

非反転入力がアースに接続されている

非反転入力にバイアス電圧を加えている

バイアス回路を設けることで，単電源でも波形全体が増幅される

(b) 単電源のOPアンプを使った反転増幅回路の一例

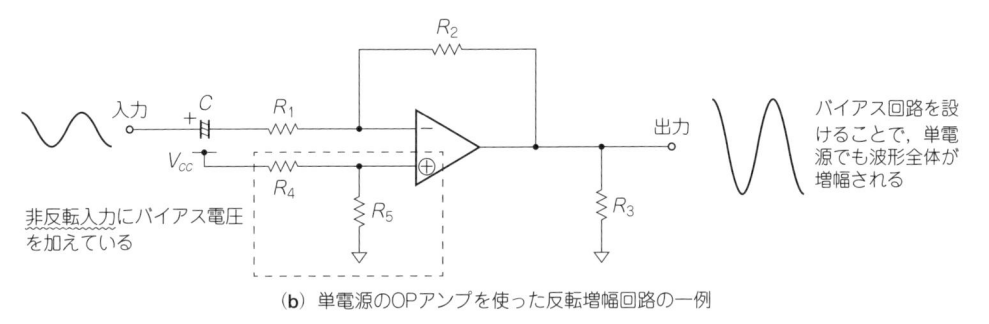

図 4-7　OPアンプを使った一般的な反転増幅回路
通常のOPアンプは両電源で使用しており，図(a)のような回路で使用する．しかし，今回はOPアンプを単電源で使っているため図(a)のような一般的な反転増幅回路を使用すると＋側の信号しか出力されない．そこで，図(b)のように非反転入力にバイアス電圧を加えることで波形全体が増幅されるようにしている．

③ ローパス・フィルタ回路

R_2 と並列に C を追加することで，遮断周波数 $f_c[=1/(2\pi CR_2)]$ のローパス・フィルタ回路として動作します．スピーカ駆動回路に C を追加することで高周波成分が除去され，音が若干滑らかになります．

それでは，各素子の値を決めていきます．ここでは，ECMからの信号(数mV)を−100倍する反転増幅回路($R_1 = 1\mathrm{k}\Omega$, $R_2 = 100\mathrm{k}\Omega$)を作成します．これにより，出力信号は数百mV程度まで増幅されます．また，C にセラミック・コンデンサ820pFを使用すると，$f_c = 1/(2\pi \cdot 820 \times 10^{-12} \cdot 100 \times 10^3)$ で遮断周波数が約2kHzのローパス・フィルタとして働きます．ちなみに今回の回路では，この C や R の値が少しくらい違ってもそれほど動作に影響はありません．もし，自宅にストックしてある部品があれば，それらを使っていろいろ試しながら値を決めてください．

◆ 出力がクリップする

図4-8は，マイクの出力を増幅し，インピーダンス変換した後の出力をオシロスコープで測定した結果です．マイクに大きな声を入力すると波形の上下が平らになる部分が現れますが，これは波形がクリップしてひずんだ状態です．今回はOPアンプに3.3Vの電圧を供給し，1.65Vをバイアスして動作させているため，信号は1.65Vを中心に0〜3.3Vの範囲で増幅するはずなのですが，そこまで電圧が上がりきる前に出力信号が平らになりひずんでいるのが確認できます．

これは，OPアンプの性能によるもので，フルスイング可能(Rail-To-Rail)なOPアンプであればもう少しひずまない範囲が広いのですが，残念ながらLM358の性能では，早めに信号がひずんでしまいます．

図 4-8
マイク出力を増幅した出力波形
マイクに大きな声を入力すると波形の上下が平らになる部分が現れるが，これは波形がひずんだ状態．今回は OP アンプに 3.3V の電圧を供給し，1.65V バイアスして動作させており 1.65V を中心に 0 ～ 3.3V の範囲まで信号を増幅するはずだが，そこまで電圧が上がりきる前に平らになり信号がひずんでいるのが確認できる．これは，OP アンプの性能によるもので，フルスイング可能（Rail-To-Rail）な OP アンプであればもう少しひずまない範囲が広い．

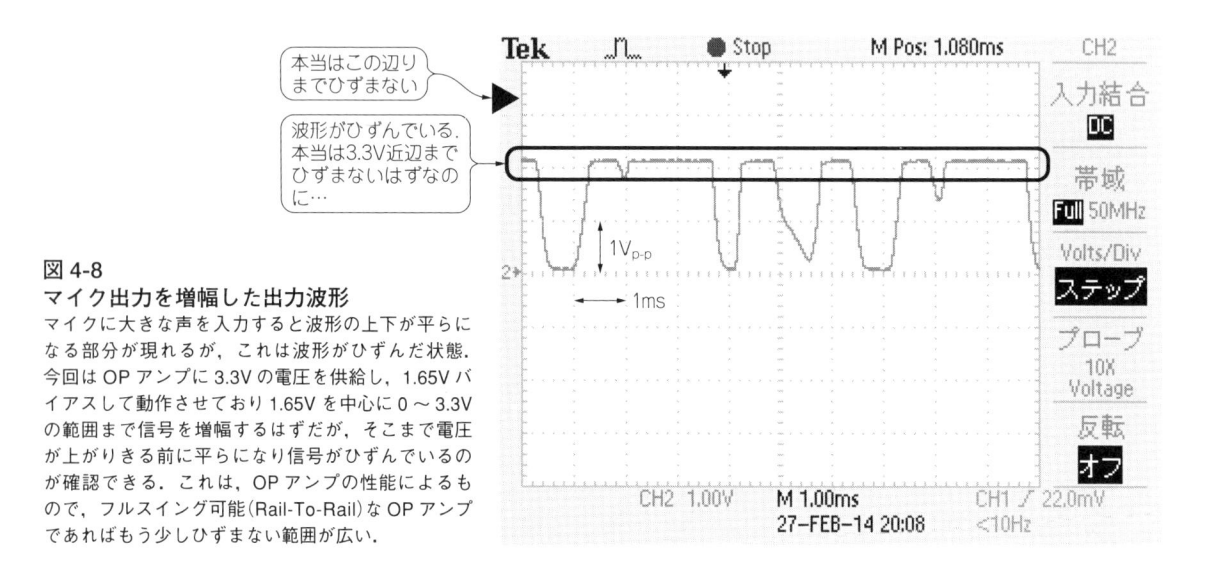

波形のひずみは音質の劣化を意味しますが，今回の IP トランシーバの音質は言葉が聞き取れるレベルで十分なので，波形が若干ひずむのは仕様として許容することにします．

● mbed からの出力を音声信号として出力する

次に，mbed から出力したアナログ信号を音に変換する回路について説明します．電圧信号を音に変換するにはスピーカを使います．しかし，mbed からのアナログ出力を直接スピーカに接続しても，残念ながら音はほとんど聞き取れません．これは，**図 4-9** のようにスピーカのインピーダンスに比べて mbed の内部インピーダンスが大きいため，スピーカに十分な出力が供給されないことが原因です．

そこで，OP アンプを使って出力インピーダンスを低くするとともに，mbed のアナログ信号も －10 倍程度増幅します．OP アンプは入力インピーダンスが高く，出力インピーダンスが低いという特徴があるため，mbed の内部インピーダンスに比べ出力インピーダンスが低くなることで，スピーカにも十分な出力が得られ音が鳴るようになります．

ここでも，**図 4-6** の基本構成の回路を使用します．ただし，スピーカ駆動回路で増幅度を上げすぎると波形がひずんでしまうので，抵抗は 10kΩ と 100kΩ を使用し電圧増幅率 －10 倍の回路を使用しています．もし，スピーカから出力される音が割れている場合は，**図 4-10** の R_6：10kΩ の値を増やし増幅度を下げてください．

ちなみに，圧電スピーカであれば mbed の出力を直接圧電スピーカに接続しても音を鳴らすことができます．これは，圧電スピーカの内部インピーダンスが十分に大きいためです．ただ，圧電スピーカはあまり音質が良くないので，今回は一般的なダイナミック型スピーカを使用しました．スピーカは直径の小さなものよりも少し大きめのものの方が聞きとりやすいので，ここでは直径 36mm のものを使用しています．

4-3　ボイス・レコーダの製作

それでは，ボイス・レコーダを製作しましょう．
ボイス・レコーダで使用する電子回路は，IP トランシーバとほぼ同じ回路でプッシュ SW を 1 個追加

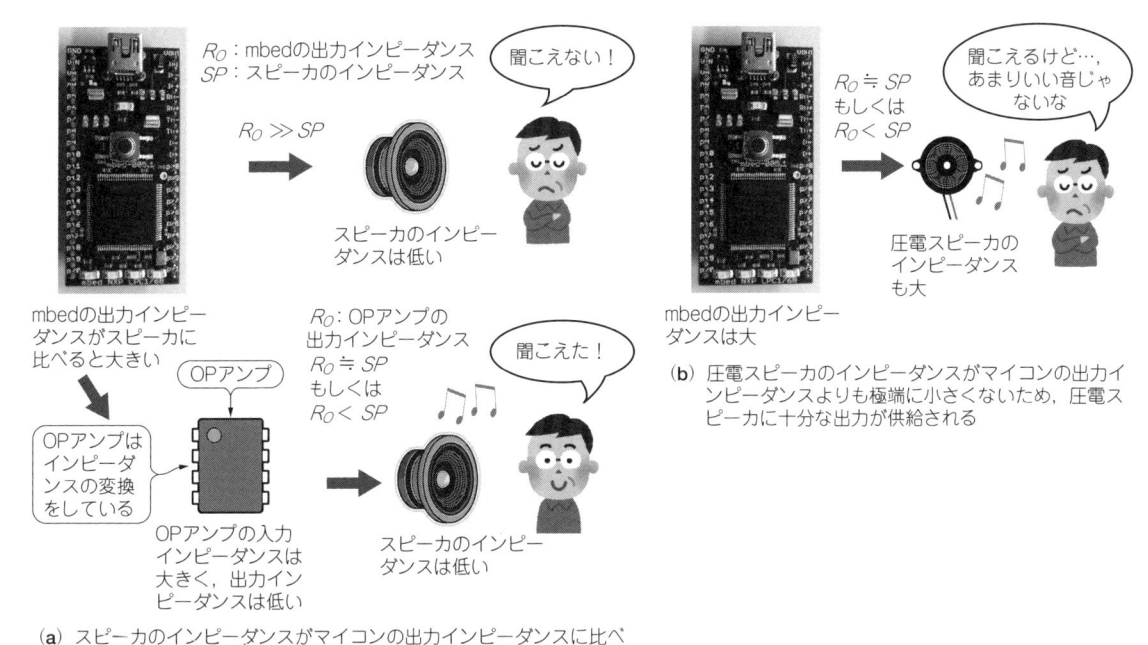

図4-9 スピーカ駆動のイメージ図
電圧信号を音に変換するスピーカを使っている．しかし，mbedからのアナログ出力を直接スピーカに接続しても音はほとんど聞こえない．これは，図のようにスピーカのインピーダンスに比べてmbedの内部インピーダンスが大きいため，スピーカに十分な出力が供給されないことが原因．圧電スピーカの場合mbedの出力に直接接続しても音を鳴らすことができる．これは，圧電スピーカの内部インピーダンスが十分に大きいから．ただし，圧電スピーカはあまり音質が良くないので，今回はスピーカを使用した．

するだけで回路が完成します．mbed 1台でも作成でき，しかもIPトランシーバに比べてプログラムがシンプルなので，プログラムの理解を深めるために自分でパラメータなどを修正しながらいろいろ検証することができます．

表4-1はボイス・レコーダ回路で使用する部品の一覧で，図4-10が製作する回路図です．回路が完成したらmbedのVOUT端子とGND端子から電源を供給し回路を動作させます．ここで，ECM増幅回路の出力とスピーカ駆動回路の入力を直接ジャンパ線で接続してみてください．すると，mbedとは関係なくECMから入力した音声がスピーカから聞こえるはずなので，これで回路の動作確認を行ってください．

もし，スピーカから音が聞こえないときは組み立てに間違いがあるので，もう一度図4-10の回路図を確認し，製作した回路を見直してください．動作確認ができたら，さきほど接続したジャンパ線は忘れずに抜いてください．

● ボイス・レコーダのプログラム

次にプログラムを作成します．

ECM回路の出力はアナログなので，mbedのAnalogIn端子を使ってmbedに信号を取り込みます．

アナログ入力からECMの出力信号を読み込む関数には，`read()`と`read_u16()`の2種類ありますが，`read()`は読み込んだ値を0.0～1.0の実数で処理し，`read_u16()`は0～65535の整数で処理するという違いがあります．

表 4-1
ボイス・レコーダ&IPトランシーバの部品表

品　名	型式	個数
ECM	WM-61A	2
スピーカ	SP36MM	2
OPアンプ	LM358	2
セラミック・コンデンサ	数百pF	4
	$0.1\mu F$	4
電解コンデンサ	数μF	2
	$10\mu F$	4
抵抗	$1k\Omega$	6
	$2.2k\Omega$	2
	$10k\Omega$	6
	$100k\Omega$	4
プッシュSW		2
電池ボックス	単3×4	2
ブレッドボード	EIC-801	2

(a) マイクロフォン増幅回路

(c) LM358のピン配置路

(b) スピーカ駆動回路

録音プッシュSW回路　　再生プッシュSW回路

※IPトランシーバ回路の場合はプッシュSW回路は1個しか使わない

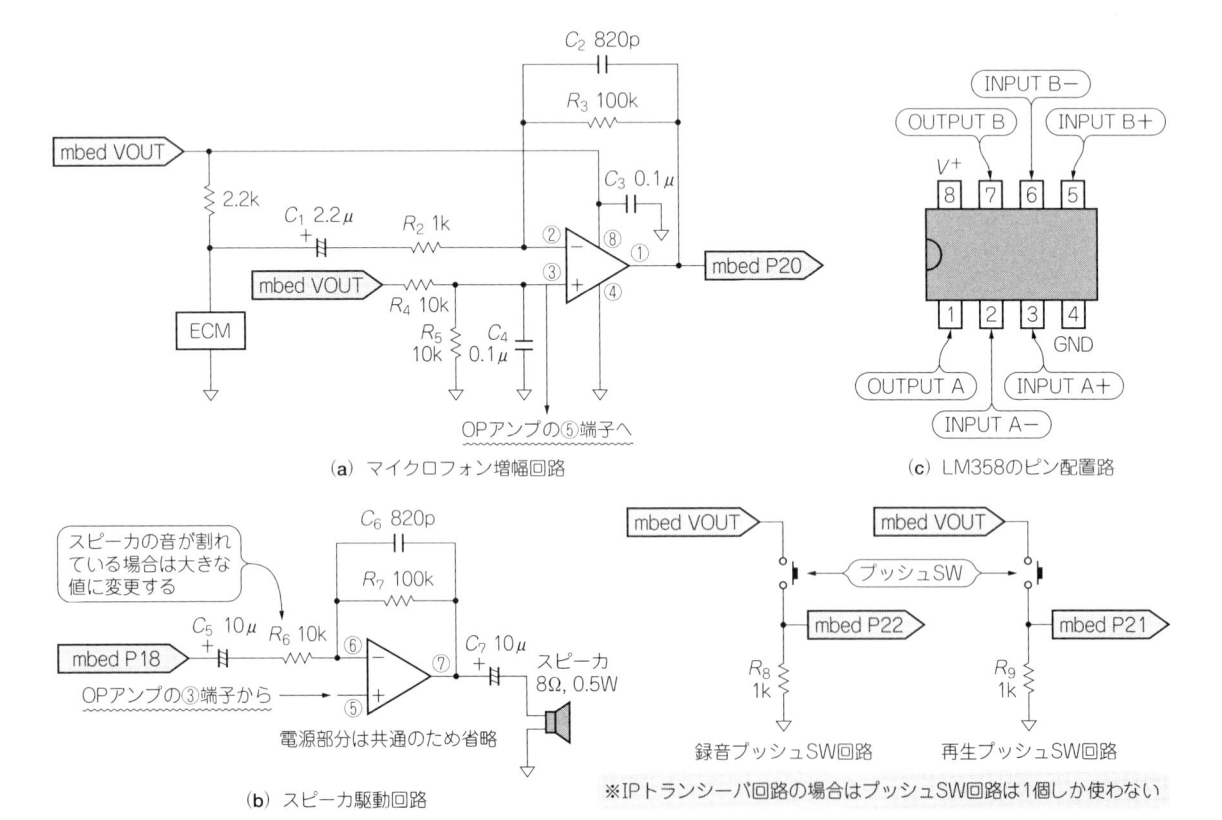

図 4-10　ボイス・レコーダ&IPトランシーバ回路図
ボイス・レコーダ回路とIPトランシーバ回路の違いは，プッシュSW回路を2個使うか1個使うか．ここで，回路に電源を供給しマイク増幅回路の出力(mbed P20)とスピーカ駆動回路の入力(mbed P18)を接続すると，mbedとは関係なくマイクから入力した音声がスピーカから聞こえる．スピーカから音が聞こえないときは配線が間違っている．これにより回路の動作を確認する．

　IPトランシーバの作成では，宛先にデータを送信する際にSocketオブジェクトを使うため，送信するデータの型がchar型(1バイト)になります．そのため，ECMの出力信号を整数型データのread_u16

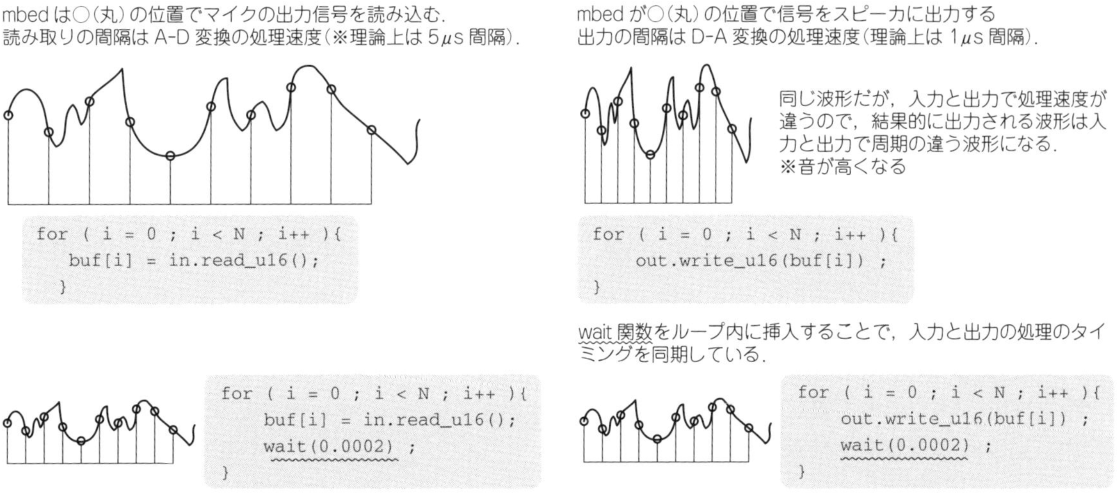

```
mbed は○（丸）の位置でマイクの出力信号を読み込む．
読み取りの間隔は A-D 変換の処理速度（※理論上は 5μs 間隔）．
```

```
for ( i = 0 ; i < N ; i++ ){
    buf[i] = in.read_u16();
}
```

```
mbed が○（丸）の位置で信号をスピーカに出力する
出力の間隔は D-A 変換の処理速度（理論上は 1μs 間隔）．
```

同じ波形だが，入力と出力で処理速度が違うので，結果的に出力される波形は入力と出力で周期の違う波形になる．
※音が高くなる

```
for ( i = 0 ; i < N ; i++ ){
    out.write_u16(buf[i]) ;
}
```

wait 関数をループ内に挿入することで，入力と出力の処理のタイミングを同期している．

```
for ( i = 0 ; i < N ; i++ ){
    buf[i] = in.read_u16();
    wait(0.0002) ;
}
```

```
for ( i = 0 ; i < N ; i++ ){
    out.write_u16(buf[i]) ;
    wait(0.0002) ;
}
```

(a) マイクの出力信号を mbed が読み取る　　(b) mbed からスピーカへ信号を出力する

図 4-11　入力処理と出力処理の同期
mbed に内蔵されている A-D 変換の処理速度は 200kHz で，一方 D-A 変換は 1MHz と処理速度が大きく違う．入力と出力についてサンプリング周期の同期を取るため，wait() 関数を挿入している．もし，wait 関数を入れないと入力と出力の処理速度の違いから，同じ信号でも入力波形と出力波形では周期の違う波形になってしまう．

で読み込むと，データは unsigned short（2 バイト）になり，上位バイトと下位バイトに分けて送信すればよいので，プログラムを作成するとき考えやすいという利点があります．

マニュアルによると，mbed に内蔵されている CPU の A-D［音声（アナログ）をディジタルに変換］の処理速度は 200kHz で，一方 D-A［マイコンの出力（ディジタル）をスピーカ駆動のアナログ信号に変換］は 1MHz と処理速度が大きく違います．

※あくまでもカタログ値なので，実測ではもう少し遅くなりますが，A-D 変換と D-A 変換では処理速度が違うことに変わりません．

そこで，入力処理と出力処理の際にサンプリング周期の同期を取るため，wait 関数を挿入しています．もし，wait 関数を入れないと，**図 4-11** のように入力と出力の処理速度の違いから，入力波形と出力波形は周期の違う波形になってしまいます．

※先ほども紹介したように，音をデータとして扱う場合，通常は wav や mp3 といった専用のフォーマットを使いますが，これらはデータの中にサンプリング周波数や分解能など音の情報を復元するために必要な情報が記録されています．今回は生のデータをそのまま処理するため同期処理が必要になります．

ちなみに，0.0002 秒の wait 関数を入れると，サンプリング周波数は 5kHz（＝1/0.0002）になります．サンプリング周波数を決める際は，サンプリング定理により扱う信号の 2 倍以上の周波数でサンプリングしないと，元の信号を再現することができません．ところが，サンプリング周波数を高くすると，データ

量が増えるためそれだけメモリが必要になります．

　録音時間は，音声データを格納する配列数とサンプリング時間によって決まります．プログラムでは，データを格納する配列 buf は unsigned short の配列で 13000 確保しています．サンプリング時間は 0.2ms なので，2.6sec（= 0.2ms × 13000）の間音声を録音できます．音声データを格納する配列は unsigned short（2 バイト）なので，26K バイトのメモリを使用していることになります．見かけは，まだ少し余裕があるはずなのですが，これ以上配列数を増やすと，コンパイル時にエラーが出たり，エラーが出なくても実行時の挙動がおかしくなりました．どこまでメモリの容量を確保できるかは，作成するプログラムにより変わります．

　パソコンの場合は特に気にすることはありませんが，マイコンでプログラムを作成する場合は，以前ほどではないにしろリソースをどの程度使用しているかを気にかけておく必要があります．

　それでは，プログラムを確認してみましょう．プログラム名は VoiceRecorder です（**リスト 4-1**）．

　まず以下のライブラリを登録します．

```
TextLCD
```

　図 4-12 は先ほど作成したボイス・レコーダ回路に mbed を接続してボイス・レコーダを動作可能な状態にしたものです．それでは，実行してみましょう．

　録音ボタン（ここでは赤いボタン）を押すと，キャラクタ LCD に，

```
[ --- Record --- ]
```

と表示され，LED_1 が点灯し録音を開始します．LED_1 が消えると録音時間(2.6 秒間)は終了です．

　一方青いボタン（ここでは再生ボタン）を押すと，キャラクタ LCD に，

```
[ --- Play --- ]
```

と表示され，LED_4 が点灯し録音した音声データを再生します．再生が終了すると LED_4 は消灯します．

　LED_1 や LED_4 が点灯している間は，録音や再生など別の処理を行うことはできません．

　少し聞き取りにくいかもしれませんが，録音した音がスピーカから聞こえたでしょうか？

　プログラムの配列数やサンプリング周期など各種パラメータを変更すると，音質や録音時間にどの程度影響があるか試してみるとおもしろいかもしれません．

4-4　IPトランシーバの製作

◆ IPトランシーバの動作

　それでは，IPトランシーバを製作していきます．

　IPトランシーバは先ほど作成したボイス・レコーダの応用版です．ボイス・レコーダでは ECM からの入力を配列に格納していましたが，IPトランシーバでは音声データをいったん配列に格納した後，UDP パケットに音声データを格納し sendTo 関数により宛先に向けて送信します．このとき，配列の大

リスト4-1 ボイス・レコーダVoiceRecorderのプログラム

```
#include "mbed.h"
#include "TextLCD.h"

AnalogIn    in(p20);            // ECM 入力
AnalogOut   out(p18);           // スピーカ出力
DigitalIn   playsw(p21) ;       // 再生スイッチ
DigitalIn   recordsw(p22);      // 録音スイッチ

DigitalOut  led1(LED1);         // 録音確認用内蔵LED₁
DigitalOut  led4(LED4);         // 再生確認用内蔵LED₄

TextLCD lcd(p24, p26, p27, p28, p29, p30);

// 音声データ格納用配列
// unsigned short (2バイト) が扱えるデータは 0 (0x0000) から 65535 (0xFFFF) まで．
// 配列のサイズを大きくすると録音時間が長くなる
#define N 13000
unsigned short buf[N];

// マイクからの音声入力用関数
void read(void) {
    int i;
    // ECMからの信号を読み取る入力処理
    for ( i = 0 ; i < N ; i++ ){
        // ECMから入力
        buf[i] = in.read_u16();
        // 同期用待ち時間
        // この時間を変えるとサンプリング周期が変わる．
        // この時間が短いほど元の音に近いデータを取得できるが単位時間当たりのデータ数も増える
        wait(0.0002);
    }
}

// スピーカ出力用関数
void write(void) {
    int i;
    // 配列に格納された音声データを出力する処理
    for ( i = 0 ; i < N ; i++ ){
        // スピーカへ出力
        out.write_u16(buf[i]) ;
        // 同期用待ち時間
        // この時間はread関数のwait時間と合わせる
        wait(0.0002);
    }
}

int main() {
    while(1) {
        // 録音SWがON(1)になったら録音処理を実行
        if ( recordsw == 1 ){
            lcd.locate(0,0) ;
            lcd.printf(" --- Record --- ");
            led1 = 1;
            read() ;
            led1 = 0;
            lcd.cls( ) ;
        }
        // 再生SWがON(1)になったら再生処理を実行
        if ( playsw == 1 ){
            lcd.locate(0,0) ;
            lcd.printf("  --- Play ---  ");
            led4 = 1 ;
            write();
            led4 = 0 ;
            lcd.cls( ) ;
        }
    }
}
```

きさを大きくしすぎるとデータがロストしたときに，音声データが著しく劣化する可能性があります．また，イーサネットが1回の転送で送信できる最大サイズ(MTU)が1,500バイトなので，ヘッダを含みMTUサイズ以下を送信すればデータが分割されることなく効率よくデータを送信することができます．これより，配列サイズは1024バイトにしました．

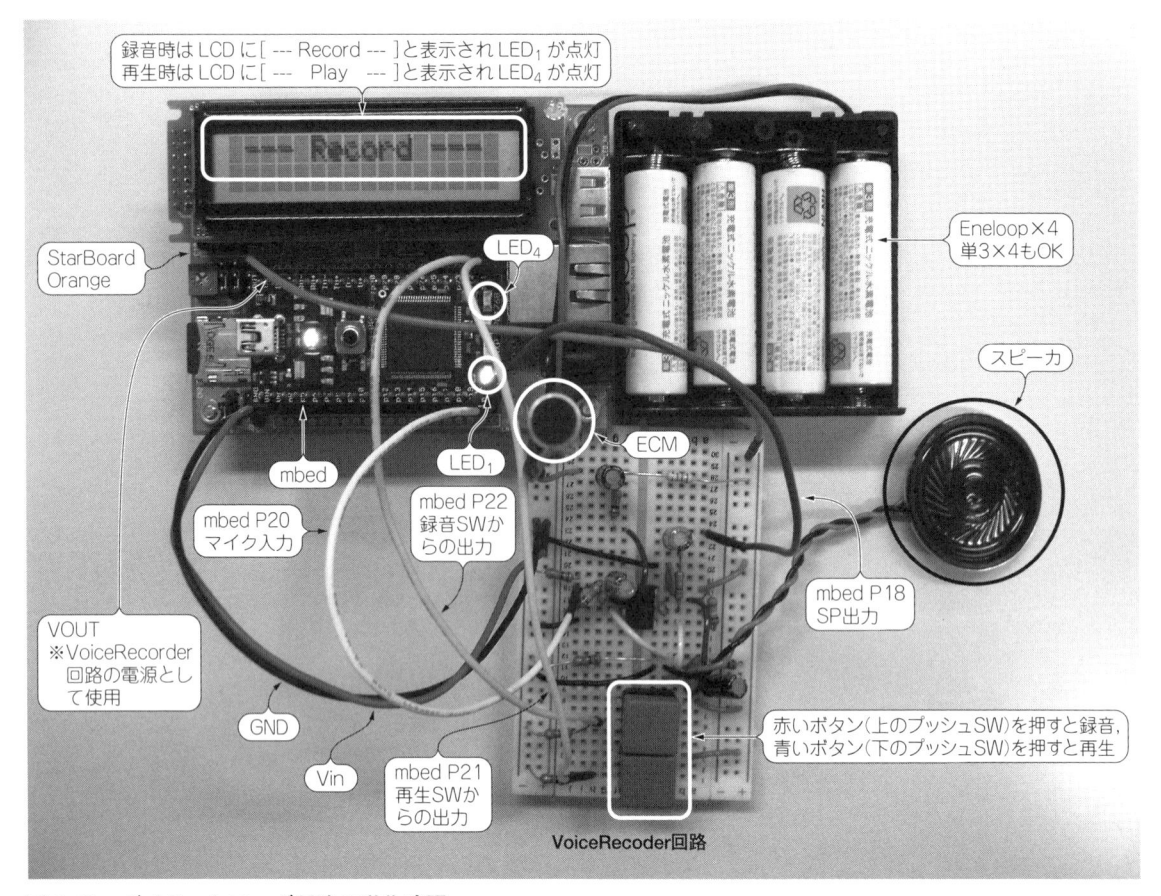

図4-12 ボイス・レコーダ回路の動作確認

録音ボタン（ここでは赤いボタン）を押すと，キャラクタLCDに[--- Record ---]と表示され，LED$_1$が点灯し録音を開始する．LED$_1$が消えると録音時間（2.6秒間）は終了．一方青いボタン（ここでは再生ボタン）を押すと，キャラクタLCDに[--- Play ---]と表示され，LED$_4$が点灯し録音した音声データを再生する．再生が終了するとLED$_4$は消灯する．LED$_1$やLED$_4$が点灯している間は，録音や再生など別の処理を行うことはできない．

宛先に届いた音声データはUDPパケットとしてreceiveFrom関数により受信し，後はボイス・レコーダのときと同様にD-A変換してスピーカから音声として出力されます．

◆ IPトランシーバのプログラム

続いてIPトランシーバ・プログラム IP_Phone を作成します（**リスト 4-2**）．

まず最初に，以下の三つのライブラリを登録します．

```
EthernetInterface
mbed-rtos
TextLCD
```

IPトランシーバでは，**図4-13**のように2台のmbedを使用します．プログラムをそれぞれのmbedで作成する際には，DES_ADDRESSとmain関数のinit関数を使ってmbed自身に割り当てるIPアドレ

リスト 4-2　IP トランシーバ IP_Phone のプログラム

```
#include "mbed.h"
#include "EthernetInterface.h"
#include "TextLCD.h"

TextLCD lcd(p24, p26, p27, p28, p29, p30);
DigitalIn  sw(p21);    // 通話用プッシュ SW
AnalogOut  out(p18);   // スピーカ出力
AnalogIn   in(p20);    // ECM マイク入力


/*
プログラムでは，mbed 自身の IP アドレスと宛先 IP アドレスの双方に固定 IP アドレスを使用している．そのため，プログラムの DES_ADDRESS とメイン関数内の
eth.init() 関数の 2 か所は使用するネットワークの環境に合わせて修正する必要がある．
*/

// DES_ADDRESS には宛先の mbed の IP アドレスを記載する．
// IP_Phone1
const char* DES_ADDRESS = "192.168.0.21";
// IP_Phone2 の場合，上の行の DES_ADDRESS をコメントにして，下の DES_ADDRESS のコメントを外す
// const char* DES_ADDRESS = "192.168.0.26";

const int PORT = 50505;    // 宛先ポート番号
const int DSIZE = 1024;    // データ格納配列サイズ

// データは UDP で送信する
UDPSocket server;
Endpoint client;
unsigned short rtmp,wtmp;

// イーサネットが 1 個のフレームで送信できるデータの大きさは 1500 バイトなので，
// 配列のデータはヘッダ[IPヘッダ(20 バイト)と UDP ヘッダ(8 バイト)]込みで 1500 バイト以下になるようにする
unsigned char rbuf[DSIZE], wbuf[DSIZE];

// 音声読み込み処理
/*
以下はマイク入力を処理する read 関数．ネットワークでデータを送信する場合のデータ型は char 型(1 バイト)で，AnalogIn, AnalogOut で扱うデータ型は，
unsigned short(2 バイト)なのでデータ・サイズが違う．このため，データを送受信する際は上位バイトと下位バイトを分けて送受信する
*/
void read(void) {
    int i;
    // AnalogIn オブジェクトでデータを 1 回読み込む(unsigned short :2 バイト)と配列の要素(char 型 : 1 バイト)を 2 個消費する．
    // そのため，for 分のカウント・アップを 2 個ずつ増やしている

    for ( i = 0 ; i < DSIZE ; i=i+2 ){
        // rtmp 変数のデータ型は unsigned short (2Byte)
        rtmp = in.read_u16();
        // データを格納する配列は，Socket オブジェクトでデータを送受信する際のデータ型に
        // 合わせて char(1Byte)にする
        // rtmp(unsigned short) を上位 Byte と下位 Byte を分けて配列に格納する
        rbuf[i] = (unsigned char)(rtmp & 0x00FF);
        rbuf[i+1] = (unsigned char)((rtmp>>8)&0x00FF) ;
        // 入出力のサンプリング周期を 0.1ms で同期する
        wait(0.0001);
    }
    // データを宛先に向けて送信する
    server.sendTo(client, (char*)rbuf, sizeof(rbuf));
}

// スピーカ出力処理
void write(void) {
    int i;

    // 受信したデータを wbuf に格納する
    server.receiveFrom(client, (char*)wbuf, sizeof(wbuf));
    for ( i = 0 ; i < DSIZE ; i=i+2 ){
        //char(1 バイト)のデータ 2 個を合わせて元の unsigned short(2 バイト)のデータを作成する
        wtmp = (unsigned char)(wbuf[i+1]);
        wtmp <<=8;
        wtmp |= (unsigned char)wbuf[i] ;
        // スピーカに出力する
        out.write_u16(wtmp) ;
        // 入出力の同期用 read 関数内の wait 時間と合わせる
        wait(0.0001);
    }
}

int main (void) {
    EthernetInterface eth;
```

リスト4-2 IPトランシーバ IP_Phone のプログラム(つづき)

```
    // mbedのIPアドレスを固定で設定する．
    // IPアドレスやネット・マスク，ゲートウェイ・アドレスを
    // 利用者のネットワーク環境に合わせて設定する
    // IP_Phone1
    eth.init("192.168.0.26","255.255.255.0","192.168.0.1");
    // IP_Phone2の場合，上の行のinit関数をコメントにして，下のinit関数のコメントを外す
    // eth.init("192.168.0.21","255.255.255.0","192.168.0.1");

    eth.connect();
    lcd.printf("%s", eth.getIPAddress());

    // サーバのポート・アドレス
    server.bind( PORT );

    // ブロッキングをしない設定
    // ブロッキングするとデータが送られてくるまで処理が止まる
    server.set_blocking(false) ;

    // データを送信する宛先のアドレスとポート番号の設定
    client.set_address(DES_ADDRESS, PORT);

    while(1) {
        if ( sw == 0 ){
            lcd.locate(0,1);
            lcd.printf("Listen...");
            write();
        }else{
            // ボタンを押したときだけデータを読み込む
            read();
            lcd.locate(0,1);
            lcd.printf("Talk...  ");
        }
    }
}
```

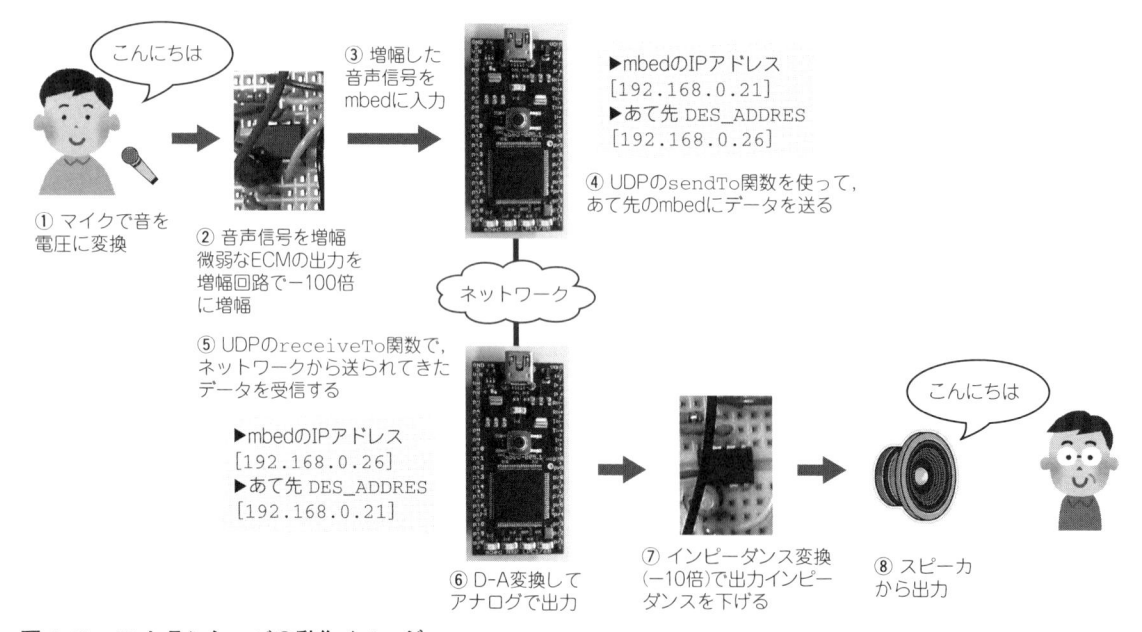

図4-13 IPトランシーバの動作イメージ
音声はまずマイクで取り込まれて電圧に変換される．マイクで電圧に変換された信号は小さいので増幅回路で大きな信号に増幅してmbedに入力する．mbedに取込まれた信号はデータとしてネットワークを利用し，あて先のmbedまで届けられる．受信したデータをアナログ信号として出力する．出力した信号はインピーダンス変換回路を通ってスピーカに出力される．最後にスピーカで電圧信号を音声信号に変換し，音として聞こえる．
2個のmbedにプログラムを書き込む際に，あて先アドレスとmbed自身に割り当てているIPアドレスを逆にする．

②
音声データはネットワーク上を流れて右側のIPトランシーバ回路に送られ，スピーカから音声が聞こえる

Listen…　　Listen…

LCDにTalkと表示　　Listen　　あ・い・う…

Talk…
あ・い・う…

①
左側のIPトランシーバ回路のボタンを押すと，LCDに[Talk...]と表示されるので，マイクに向かって話す

か・き・く…

③
右側のIPトランシーバ回路のボタンを押すと，同様に左側のmbedに音声が送られる

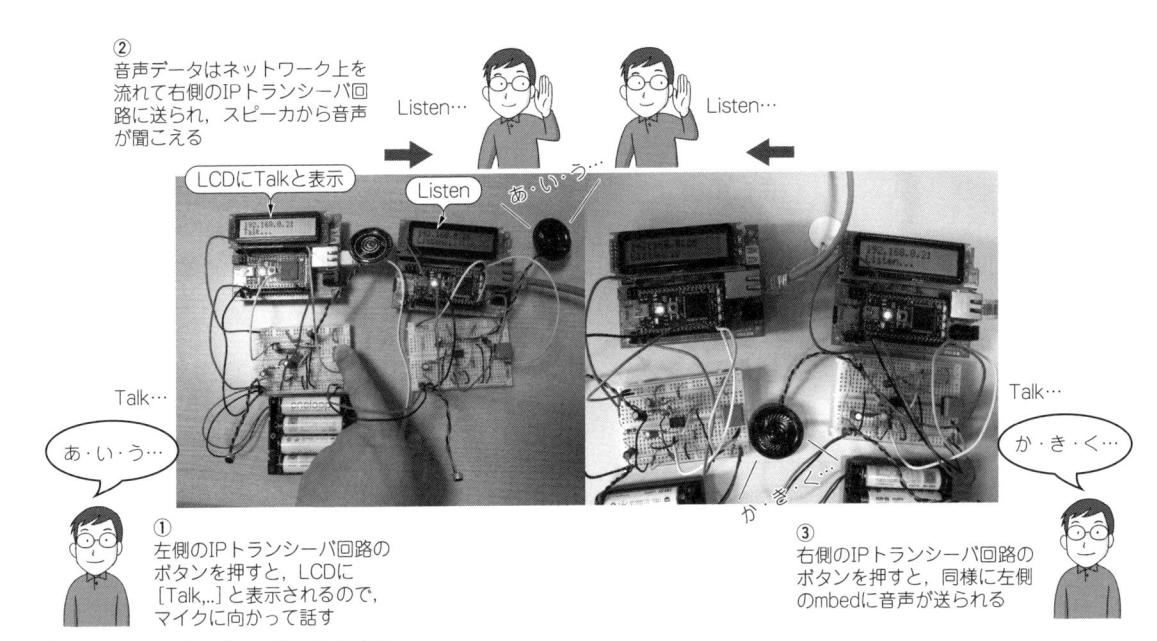

Talk…
か・き・く…

図 4-14　IPトランシーバの動作確認
IPトランシーバの動作を確認している．それぞれのmbedをネットワークに接続する．一方の回路に付いているボタンを押すとLCDが"Listen..."から"Talk..."に表示が変わりLED$_1$が点灯する．この状態でマイクに向かって話すと，もう一方の回路につながっているスピーカから話した声が聞こえる．また，逆に先ほどスピーカから話し声が聞こえたほうのプッシュSWを押して，マイクに向かって話すともう一方の回路につながっているスピーカから話した声が聞こえる．ノイズで少し聞き取りにくいけど…．

スを逆にしてください．また，IPアドレスはDHCPではなく固定IPを使用します．

▶ mbed1のIPアドレスの設定
```
DES_ADDRESS="192.168.0.21"
eth.init("192.168.0.26","255.255.255.0","192.168.0.1")
```

▶ mbed2のIPアドレスの設定
```
DES_ADDRESS="192.168.0.26"
eth.init("192.168.0.21","255.255.255.0","192.168.0.1")
```

プログラムが完成したら，回路を少しだけ修正します．先ほどのボイス・レコーダの回路では2個のプッシュSW回路を使用していましたが，今回はプッシュSWを1個だけ使用します．

◆ 動作の確認

それでは，実際に動作させてみましょう．図4-14はIPトランシーバの動作を確認しているようすです．それぞれのmbedをネットワークに接続してください．どちらか一方の回路に付いているプッシュSWを押すと，キャラクタLCDが「Listen...」から「Talk...」に表示が変わるので，マイクに向かって話してください．すると，もう一方の回路につながっているスピーカから話した声が聞こえます．また，逆に先ほどスピーカから話し声が聞こえたほうのプッシュSWを押して，マイクに向かって話すともう一方の回路

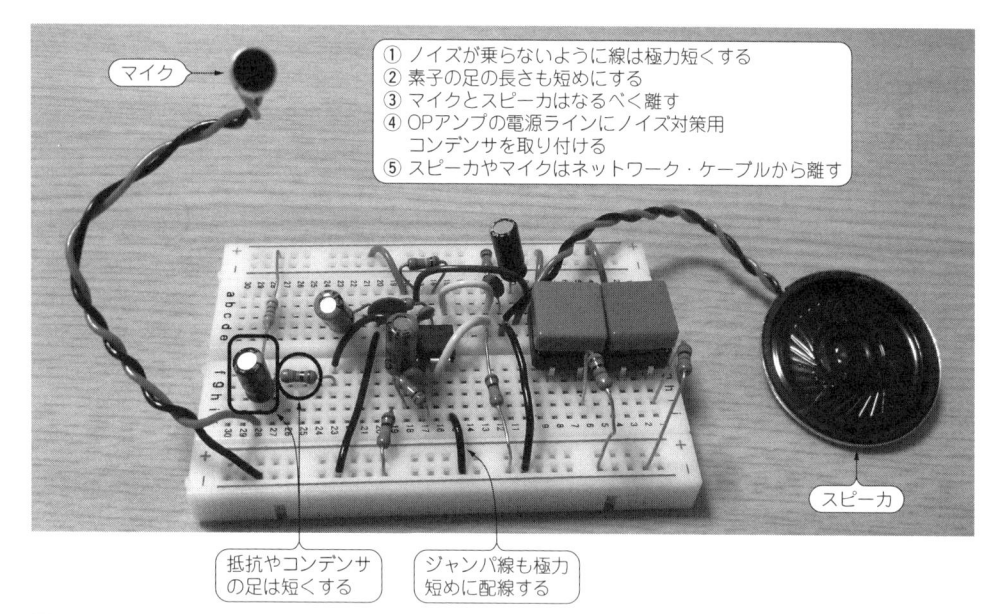

図4-15 IPトランシーバ回路のノイズ対策

（図中吹き出し）
- マイク
- ① ノイズが乗らないように線は極力短くする
- ② 素子の足の長さも短めにする
- ③ マイクとスピーカはなるべく離す
- ④ OPアンプの電源ラインにノイズ対策用コンデンサを取り付ける
- ⑤ スピーカやマイクはネットワーク・ケーブルから離す
- 抵抗やコンデンサの足は短くする
- ジャンパ線も極力短めに配線する
- スピーカ

IPトランシーバはかなりノイズが聞こえる．そのような時は，使用するジャンパ線が短くなるように工夫する．抵抗やコンデンサの足の長さも同様に極力短くなるようにする．また，マイクとスピーカはなるべく離す．マイクの指向性が広いと，スピーカの出力を拾ってしまいハウリングを起こす可能性がある．ほかにも電源ライン（VOUT-GND間）にコンデンサを配置したり，ネットワーク・ケーブルがスピーカやマイクの近くに寄らないようにする．

につながっているスピーカから話した声が聞こえます．

少し聞き取りにくいですが，ちゃんとネットワークを使って音声データを送受信するプログラムを作ることができました．

● ノイズが気になる場合は

回路の組み方によっては，かなりノイズが聞こえる場合があります．そのようなときは，図4-15のようになるべく回路の配線が短くなるように工夫してください．不要に長いジャンパ線や素子の足の長さを調節せずにそのまま使うと，ノイズが乗りやすくなります．

また，マイクとスピーカはなるべく離してください．マイクの指向性が広いと，スピーカの出力を拾ってしまい，ハウリングを起こす可能性があります．ネットワーク・ケーブルとスピーカを少し離してみるのもよいかもしれません．

--- * ---

IPトランシーバはいかがだったでしょうか．さらに，発展させるには，例えば現在プログラムに記述している通信の相手先のIPアドレスを，プッシュSWを使って入力することで切り替えることができるようにしたり，NFC（Near field communication：近距離無線通信）と組み合わせて名刺にNFCのタグを貼りつけ，名刺をかざすとその人と通信ができるような応用もできるかもしれません．

また，UDPはマルチキャストの通信にも対応しているので，1対多といった同時に複数の人との通信も可能だと思います．ほかにも，音声を認識し家電を制御するようなプログラムも夢ではありません．

[第5章] 応用事例2：xml形式のデータをうまく使いこなす

自動更新する
天気予報表示ガジェットの製作

　本章では，インターネットで公開されている情報を取得し，取得した情報から必要な情報だけを抽出したものをマイコンで表示するプログラムを作成します．インターネットから様々な情報を取得するしくみは，天気予報に限った話ではなく一般化されたしくみを使用しています．したがって，その利用方法がわかってしまえば，いろいろなものに応用できます．

　ブログやWebページなどに気象情報が表示されていることがありますが，これらはどのように運用されているのでしょうか？ Webページの管理者が数時間ごとに情報を更新するのはかなりの負担ですし，とてもそんなことをしているとは思えません．また，公開した情報に間違いがあると，情報の内容によっては大変なことになってしまいます．

　インターネットにはコンピュータが処理しやすい形式に整えられた情報やそれらを利用するためのプログラム（WebAPI）が公開されていて，ブログやWebページに掲載されている気象情報などは，それらを利用することで情報を更新しています．公開されている情報は天気予報などの気象情報をはじめ，為替情報やニュース速報など多岐に渡ります．

5-1 Webサーバから気象情報を取得する

● 天気予報ガジェットの概要

図 5-1 は天気予報ガジェットの動作イメージです．まず，気象データを公開している Web サーバに対して，HTTP の GET メソッド[*1]で情報をリクエストします．Web サーバはリクエストのあった mbed に対してレスポンスを返します．mbed は取得したコンテンツの中から地域名や天候など必要な情報を抽出し，見やすいように情報を整えて LCD に表示します．この際，従来の StarBoardOrange に付属しているキャラクタ LCD では情報を表示しきれないため，今回はカラー・グラフィック LCD を使って，文字とアイコンで天気予報を表示します．

この際に，取得する気象データは天気予報が公開されている Web ページであれば，どこからでも取得できるかというと，そういうわけではありません．一つは，コンピュータが処理しやすい構造になっているデータ（2 次利用を前提に公開されているデータ）を取得したほうがプログラムの作成が容易になります．

もう一つはライセンスです．情報は公開されていれば無条件で自由に利用してよいわけではありません．非商用や個人利用なら OK，加工は NG など，細かく制限が設けられていることも多いため，利用に際しては必ずライセンスを確認しましょう．

気象情報を公開している主な公開先には，次のようなものがあります．

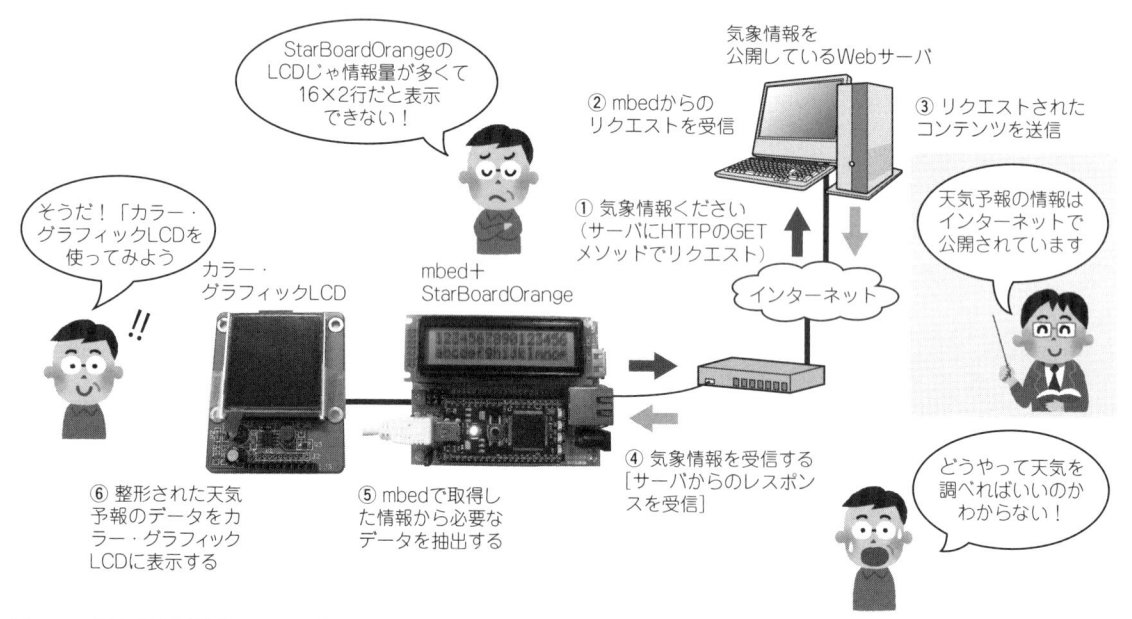

図 5-1 天気予報ガジェットの動き
mbed は HTTPClient ライブラリを使って，気象情報を公開している Web サーバに対して GET メソッドで情報をリクエストする．Web サーバはリクエストのあったコンテンツを mbed にレスポンスとして返す（mbed が文字列で気象情報を受信）．mbed は取得したコンテンツから必要な気象情報を抽出する．抽出した情報をカラー・グラフィック LCD で表示する．

（*1）http プロトコルでは，次の八つのメソッドを使って通信が行われる．GET，POST，PUT，DELETE，OPTION，HEAD，TRACE，CONNECT．

- Yahoo Weather API (http://developer.yahoo.com/weather/)
- LiveDoor Weather hacks (http://weather.livedoor.com/weather_hacks/)
- Weahter wunderground (http://www.wunderground.com/)

以前はGoogleなども提供していましたが，現在はサービスを行っていません．

◆地域を指定するWOEIDを取得

今回は，これらの中からYahoo Weather APIを使って気象情報を取得します．この際に，気象情報を取得する地域の指定に，WOEIDというコードを使用します．

WOEIDとはWhere On Earth IDの略で，米国Yahoo!が地域を特定するために割り当てた32ビットのIDのことです．例えば，筆者の住む石川県金沢市のIDには1117438が割り当てられています．WOEIDを調べるには，地域名からWOEIDを調べる検索サイトがいくつか公開されているので，それらのサービスを利用します．

それでは，WOEID検索サイトの一つであるWOEID Lookupを使って石川県金沢市のWOEIDを調べてみましょう．WOEID Lookup(http://woeid.rosselliot.co.nz/)にアクセスして，テキスト・ボックス内に検索したい地域の住所をローマ字で入力し，[Lookup]ボタンを押すと，**図5-2**下部の"Results"欄のように，石川県金沢市のWOEIDが検索できます．

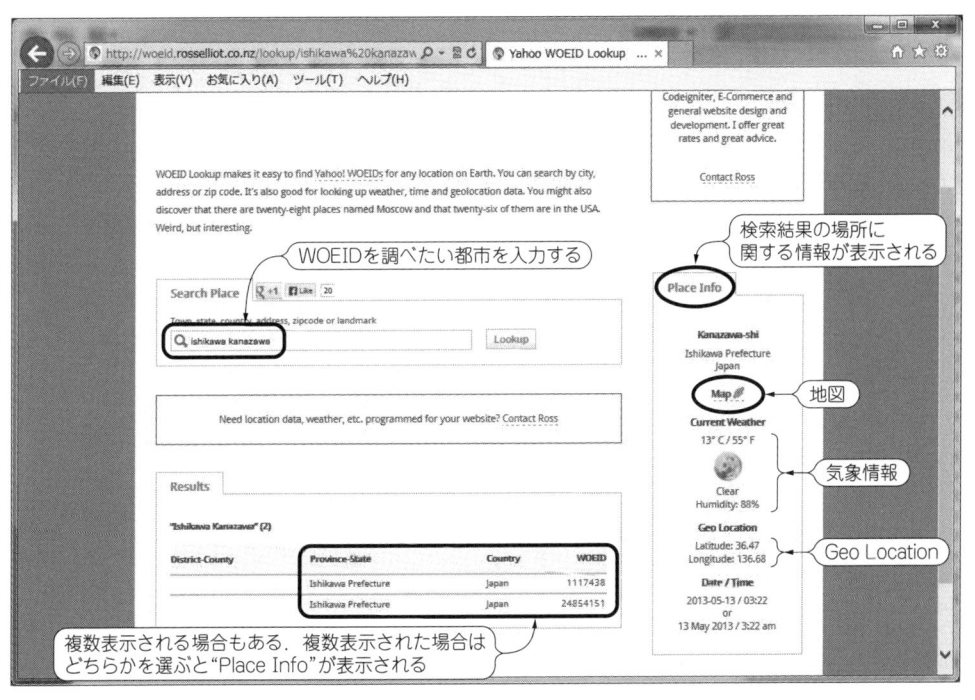

図5-2　金沢市のWOEIDの検索結果
気象情報はYahoo Weather APIを使って取得する．この際にWOEIDを使って気象情報を取得する地域を指定する必要がある．WOEIDとはWhere On Earth IDの略で，米国Yahoo!が地域を特定するために割り当てた32ビットのIDのこと．WOEIDを調べるには地域名からWOEIDを調べる検索サイトを利用する．今回はWOEID Lookup (http://woeid.rosselliot.co.nz/)を使用した．

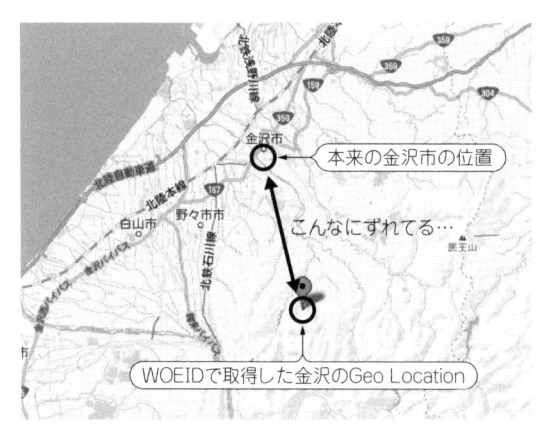

図 5-3　WOEID で取得した金沢市の Geo Location の位置が粗すぎる
WOEID で取得した Geo Location の情報を使用する場合には注意が必要．なぜなら，図に示すように取得した Geo Location の粒度がかなり粗い場合があるため．

図 5-4　町名 hirosaka を追加して検索した WOEID
金沢市の正しい Geo Location を取得する場合は，検索の際にキーワードに金沢市役所が所在する町名[hirosaka]（広坂町）を追加することで，図のように，金沢の中心部に近い Geo Location が取得できるようになる．WOEID を使用する場合はできるだけ地域を絞って検索すると良い検索結果が得られる．

```
ishikawa kanazawa
```

　検索時に使用するキーワードには，郵便番号[920-8577]や[tokyo tower]のような目標物でも検索できます．

　WOEID を取得すると，Geo Location などの情報も併わせて取得できますが，気象情報と併わせて，この Geo Location の情報を使用するには注意が必要です．なぜなら，住所をキーワードにして検索した Geo Location の検索結果が，かなり粗い場合があるためです．

　例えば，**図 5-3** は"ishikawa kanazawa"のキーワードで検索した結果ですが，金沢の中心からかなり離れているのがわかります．そこで，金沢市の Geo Location を取得する場合は，郵便番号で検索するか，住所で検索する場合はキーワードに町名の[hirosaka]（広坂町）を追加することで，**図 5-4** のように，金沢の中心部に近い Geo Location が取得できるようになります．このように，WOEID を使用する場合はできるだけ地域を絞って検索すると良いでしょう．

　WOEID がわかったところで，以下の URL のように，w= の右側の部分に WOEID を入力して，知りたい地域の気象データを取得してみましょう．

　金沢市広坂町の WOEID は"28426187"なので，以下の URL を Web ブラウザのアドレス・バーに入力します．この際に，URL の中にある？マークと＆マークの間 u=c は，デフォルトの華氏（°F）表示を摂氏（℃）表示に変更しています．

```
http://weather.yahooapis.com/forecastrss?u=c&w=28426187
```

　すると，**図 5-5** のように気象情報を取得することができました．一見ただのシンプルな Web ページに見えますが，これはただのページではありません．XML（Extensible Markup Language）形式のデータなのです．

図 5-5
金沢市のお天気情報を取得する
Yahoo Weather API を使って気象情報を取得するには，WOEID Lookup で検索した WOEID を URL の w= の右側に記述することで気象情報を取得できる．例えば金沢市広坂町の WOEID は [28426187] なので，以下のように Web ブラウザのアドレス・バーに入力すると，金沢市の気象情報を取得できる．`http://weather.yahooapis.com/forecastrss?u=c&w=28426187`

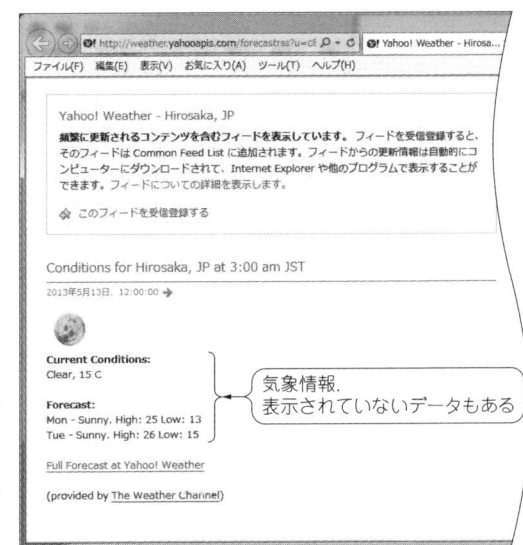

リスト 5-1(3)　**HTML のサンプル**

```
<!DOCTYPE HTML PUBLIC "-//W3C//DTD HTML 4.01//EN" "http://www.w3.org/TR/html4/strict.dtd">
<HTML lang="ja">
 <HEAD>
  <META http-equiv="content-type" content="text/html; charset=Shift-JIS">
  <LINK rev="made" href="mailto:mail@example.com">
  <TITLE lang="en">HTMLとは？</TITLE>
 </HEAD>
 <BODY>
  <DIV>
   <H1 lang="en">HTML(HyperText Markup Language)とは？</H1>
   <P>HTMLとはハイパーテキストを利用してインターネットで情報を発信するために作られた言語．
      情報を発信するための文書構造を定義し，
      図や表を表示したり文字を修飾できるほか，フォームから情報も取得することができる．
      一番の特徴はハイパーテキストにより，インターネットで公開されている
      様々なページと連携が可能なこと．</P>
   <a href="http://ja.wikipedia.org/wiki/Html">Wikipediaより抜粋</a>
  </DIV>
 </BODY>
</HTML>
```

● データを扱うための XML

　HTML は皆さん聞いたことがあると思います．Web ページを作成するときに使用する言語で，ページを定義する `<html>` や `<head><body>` のほか，文字列の修飾や図や表を挿入する `<H1><IMG><table>` などのタグと呼ばれるマークを使って，Web ページを表示するためのコンテンツを作成します．HTML の一番の特徴はハイパ・リンク機能で，関連のある別の Web ページへ移動する機能を使って，様々な Web ページと連携して情報発信を行うことができます．

　リスト 5-1 は HTML で作成したコンテンツです．

　ところが，HTML は構文があいまいなこともあり，Web ページによって HTML の記述スタイルがかなり違います．このため，HTML で書かれた Web ページから必要な情報を抽出するには，その Web ページにカスタマイズした文章構造を解析するための専用のプログラムが必要になります．しかも，Web ページの記述スタイルが少し変わってしまうだけで，その都度解析プログラムも修正が必要になるため，あまり良い方法とはいえません．

リスト 5-2　Yahoo Weahter API で取得した RSS2.0（XML データ）フォーマットの気象情報

```xml
<?xml version="1.0" encoding="UTF-8" standalone="yes" ?>
<rss version="2.0" xmlns:yweather="http://xml.weather.yahoo.com/ns/rss/1.0" xmlns:geo="http://www.w3.org/2003/01/geo/wgs84_pos#">
        <channel>
                <title>Yahoo! Weather - Kanazawa-shi, JP</title>
                <link>http://us.rd.yahoo.com/dailynews/rss/weather/Kanazawa-shi__JP/*http://weather.yahoo.com/forecast/JAXX0030_f.html</link>
                <description>Yahoo! Weather for Kanazawa-shi, JP</description>
                <language>en-us</language>
                <lastBuildDate>Mon, 29 Apr 2013 12:00 pm JST</lastBuildDate>
                <ttl>60</ttl>
                <yweather:location city="Kanazawa-shi" region=""   country="Japan"/>
                <yweather:units temperature="F" distance="mi" pressure="in" speed="mph"/>
                <yweather:wind chill="76"   direction="230"    speed="10" />
                <yweather:atmosphere humidity="18"   visibility=""   pressure="29.88"   rising="0" />
                <yweather:astronomy sunrise="5:01 am"    sunset="6:38 pm"/>
                <image>
                        <title>Yahoo! Weather</title>
                        <width>142</width>
                        <height>18</height>
                        <link>http://weather.yahoo.com</link>
                        <url>http://l.yimg.com/a/i/brand/purplelogo//uh/us/news-wea.gif</url>
                </image>
                <item>
                        <title>Conditions for Kanazawa-shi, JP at 12:00 pm JST</title>
                        <geo:lat>36.51</geo:lat>
                        <geo:long>136.69</geo:long>
                        <link>http://us.rd.yahoo.com/dailynews/rss/weather/Kanazawa-shi__JP/*http://weather.yahoo.com/forecast/JAXX0030_f.html</link>
                        <pubDate>Mon, 29 Apr 2013 12:00 pm JST</pubDate>
                        <yweather:condition   text="Partly Cloudy"  code="30"  temp="76"  date="Mon, 29 Apr 2013 12:00 pm JST" />
                        <description><![CDATA[
                        <img src="http://l.yimg.com/a/i/us/we/52/30.gif"/><br />
                        <b>Current Conditions:</b><br />
                        Partly Cloudy, 76 F<BR />
                        <BR /><b>Forecast:</b><BR />
                        Mon - Rain Late. High: 72 Low: 52<br />
                        Tue - AM Rain. High: 62 Low: 45<br />
                        <br />
                        <a href="http://us.rd.yahoo.com/dailynews/rss/weather/Kanazawa-shi__JP/*http://weather.yahoo.com/forecast/JAXX0030_f.html">Full Forecast at Yahoo! Weather</a><BR/><BR/>
                        (provided by <a href="http://www.weather.com" >The Weather Channel</a>)<br/>
                        ]]></description>

                        <yweather:forecast day="Mon" date="29 Apr 2013" low="52" high="72" text="Rain Late" code="12" />
                        <yweather:forecast day="Tue" date="30 Apr 2013" low="45" high="62" text="AM Rain" code="12" />
                        <guid isPermaLink="false">JAXX0030_2013_04_30_7_00_JST</guid>
                </item>
        </channel>
</rss>
<!-- api1.weather.kr3.yahoo.com Mon Apr 29 06:37:56 PST 2013 -->
```

　そこで，データ構造をある決まった規則をもとに表現することができる XML が登場します．XML も HTML と同様にタグと呼ばれるマークを使ってデータ構造を記述します．しかし，XML は HTML と違ってあいまいな表現ではなく書式に従って正しく記述する必要があり，データを抽出するときの処理を一般化できます．これにより，データやデータの作成者が違っても XML の規則をもとに作成されたデータであれば，XML のデータ解析プログラムを使用することで，容易に必要な情報にアクセスできます．

● **XML データは主に要素と属性で表される**

　XML は要素（element）と属性（attribute），コンテンツ（content）などにより表されます．**リスト 5-2** は Yahoo Weather API で取得した金沢市の気象データで，このデータは XML 形式で作成されています．

　以下データ構造について紹介していきます．先頭行の<?XML ...>は XML 宣言で，このデータが XML 文章であることを表しています．

次の行にある`<rss version="2.0" ...>`はトップ・レベル要素が`<rss>`で，このデータはRSS 2.0 という形式のデータであることを表しています．RSS 2.0 については詳しい説明は行いませんが，データ配信用の XML データの一つです．

次の`<channel>`は要素と呼ばれ，`</channel>`までが一つの要素（データの固まり）になります．

要素タグに挟まれた中身はコンテンツと呼ばれ，値や文字列のほかにさらに要素を含むことができます．このように要素の中にさらに複数の要素を格納することで，XML データは多くの場合階層構造になっています．

次に要素タグの中に，情報が記述されているものがあります．

例えば以下の`<yweather:condition>`要素のタグの中には，`text="Partly Cloudy"`や`temp="76"`など一見しただけで気象データとわかるものが記述されています．

```
<yweather:condition  text="Partly Cloudy"  code="30"  temp="76"  date="Mon,
29 Apr 2013 12:00 pm JST" />
```

この要素の中に記述されているものは，要素についての付加的な情報で，これを属性といいます．
`<yweather:condition>`要素の`text`や`temp`が属性で，`text`には天気（`Partly Cloudy`），`temp`は温度（華氏）76℉（24℃），`date`はデータの更新日時が記載されています．

5-2 mbed で気象情報から必要な情報だけを抽出してみよう

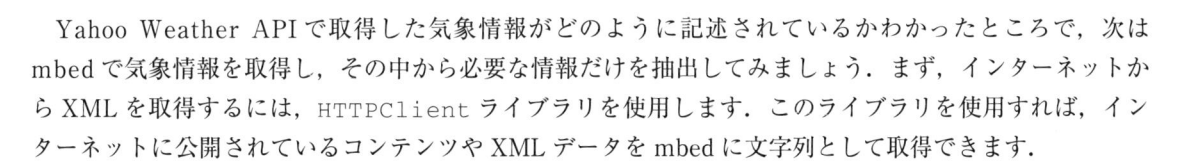

Yahoo Weather API で取得した気象情報がどのように記述されているかわかったところで，次はmbed で気象情報を取得し，その中から必要な情報だけを抽出してみましょう．まず，インターネットから XML を取得するには，`HTTPClient`ライブラリを使用します．このライブラリを使用すれば，インターネットに公開されているコンテンツや XML データを mbed に文字列として取得できます．

```
// Web サーバから http を使ってデータを取得する HTTPClient オブジェクトの宣言
HTTPClient http;
char str[129];    // Web サーバから取得したデータを格納する配列

// HTTPClient オブジェクトの GET メソッドを使って，引数の URL からコンテンツ・データを
// 128 文字取得し str に格納する
http.get("http://weather.yahooapis.com/forecastrss?u=c&w=28426187", str, 128);
```

続いて先ほど Yahoo Weather から取得した気象データから，以下のように必要なデータだけを抽出して表示します．

`<yweather:location>`要素の`city`（気象データを取得した都市名）属性
`<yweather:forecast>`要素の`date`（日），`low`（最低気温），`high`（最高気温），`text`（天気），`code`（天気コード）属性

以下は，先ほどYahoo Weahterから取得した気象情報のXMLデータの中から必要な部分だけを残し，データを見やすく整理したものです．

```
<rss>
    <channel>
        <yweather:location city="Kanazawa-shi" region=""  country="Japan"/>
        <item>
            <yweather:forecast day="Mon" date="29 Apr 2013" low="52" high="72" text="Rain Late" code="12" />
            <yweather:forecast day="Tue" date="30 Apr 2013" low="45" high="62" text="AM Rain" code="12" />
        </item>
    </channel>
</rss>
```

XMLデータの構造がわかったので，次はこの中から必要な情報だけを抽出します．このようなXMLデータから必要な情報を抽出する処理を行うプログラムを`XMLParser`といい，mbedにはこの処理を行うライブラリがいくつか公開されています．

ここでは，その中から`spxml`ライブラリを使ってプログラムを作成していきます．

```
// XMLParserのオブジェクトを宣言
SP_XmlDomParser parser;

//appendメソッドにより，XMLデータをXMLParserオブジェクトに読み込む
parser.append( buf, strlen(buf));

// 一番外側の要素(トップ・レベル要素)rssを取得する
SP_XmlHandle rootHandle( parser.getDocument()->getRootElement() );

// トップ・レベル要素の<rss>から順次さかのぼり<channel>→<yweather:location>
// 要素を取得する
SP_XmlElementNode * location = rootHandle.getChild( "channel" ).getChild( "yweather:location" ).toElement();
// <yweather:location>要素のcity属性を取得して表示している．
if (location) {
    printf("\r\n === Location:%s === \r\n",location->getAttrValue("city"));
}
```

`<yweather:forecast>`要素のように，同じ階層に同じ要素名が二つ登録されている場合は，以下のようにgetChildメソッドで要素を指定した後に0から始まる番号を引数として与えることで何番目の要素にアクセスするか指定します．

```
//<yweather:forecast day="Mon"……> 最初の要素にアクセス
getChild( "yweather:forecast",0).toElement();
//<yweather:forecast day="Thu"……> 2番目の要素にアクセス
getChild( "yweather:forecast",1).toElement();
```

リスト 5-3　気象情報をコンソールに表示するプログラム SPXmlWeather

```c
#include "mbed.h"

#include "TextLCD.h"

// ネットワークを使うために include する
#include "EthernetInterface.h"
#include "rtos.h"

// HTTPClient を使うために include する
#include "HTTPClient.h"

// XMLParser を使うために include する
#include "spdomparser.hpp"
#include "spxmlnode.hpp"
#include "spxmlhandle.hpp"

TextLCD lcd(p24, p26, p27, p28, p29, p30);

// 取得した XML データを格納する
// 事前に XML データのサイズを確認し，配列のサイズを決める
char buf[3000];

int main() {
    EthernetInterface eth;
    int retEth;
    HTTPClient http;
    int retHttp;
    SP_XmlDomParser parser;

    printf("Setting up ...\r\n");
    lcd.cls();
    lcd.locate(0,0);
    lcd.printf("Setting Up...");

    // ネットワークの初期設定 DHCP を利用してネットワークを自動で設定している
    eth.init();
    retEth = eth.connect();

    // ネットワークの状況をキャラクタ LCD に表示する
    lcd.locate(0,0);
    if (!retEth) {
        printf("Network Setup OK\r\n");
        lcd.printf("Network Setup OK");
    } else {
        printf("Network Error %d\r\n", retEth);
        lcd.printf("Network Error %d");
        return -1;
    }

    while(true)
    {
        // GET メソッドで Yahoo Weather API から金沢市の気象情報 XML データを取得する
        retHttp = http.get("http://weather.yahooapis.com/forecastrss?w=28426187&u=c", buf, sizeof(buf));

        // GET メソッドの戻り値からプログラムの状態をキャラクタ LCD に表示する
        lcd.locate(0,1);
        switch(retHttp){
        case HTTP_OK:
```

リスト 5-3　気象情報をコンソールに表示するプログラム SPXmlWeather(つづき)

```
            printf("Read completely¥r¥n");
            lcd.printf("Read completely  ");
            break;
        case HTTP_TIMEOUT:
            printf("Connection Timeout¥r¥n");
            lcd.printf("Timeout         ");
            break;
        case HTTP_CONN:
            printf("Connection Error¥r¥n");
            lcd.printf("Connection Error");
            break;;
        default:
            printf("Error¥r¥n");
            lcd.printf("Error           ");
        }

        // 取得した XML データを XMLParser で解析する
        // append メソッドにより，XML データをオブジェクトに読み込む
        parser.append( buf, strlen(buf)); // stream current buffer data to the XML parser
        wait(5.0);

        // GET メソッドで取得したコンテンツを表示している
        printf("¥r¥n---------%s---------¥r¥n",buf);

        // 一番外側の要素(トップレベル要素 <rss ...> を取得する
        SP_XmlHandle rootHandle( parser.getDocument()->getRootElement() );

        // <yweather:location> 要素を取得する
        SP_XmlElementNode * location = rootHandle.getChild( "channel" ).getChild( "yweather:location" ).toElement();
        if (location) {
            // <yweather:location>の属性値 city を取得し表示する
            printf("¥r¥n === Location:%s === ¥r¥n",location->getAttrValue("city"));
        }

        SP_XmlElementNode * forecast;

        // 最初の <yweather:forecast> 要素にアクセスする
        // <yweather:forecast> 要素は二つあるので，getChiled メソッドで何番目の要素にアクセスするか番号で指定する
        // 最初の要素は '0'
        forecast = rootHandle.getChild( "channel" ).getChild("item").getChild( "yweather:forecast",0).toElement();
        if (forecast) {
            // <yweather:forecast>の属性値を取得して表示する
            printf("¥r¥n ----- Date:%s(%s) ----- ¥r¥n",forecast->getAttrValue("date"),forecast->getAttrValue("day"));
            printf("Condition:%s ¥n",forecast->getAttrValue("text"));
            printf("Temp:Low%sC High%sC¥n",forecast->getAttrValue("low"),forecast->getAttrValue("high"));
        }

        // 2番目の <yweather:forecast> 要素にアクセスする
        forecast = rootHandle.getChild( "channel" ).getChild("item").getChild( "yweather:forecast",1).toElement();
        if (forecast) {
            // <yweather:forecast>の属性値を取得する
            printf("¥r¥n ----- Date:%s(%s) ----- ¥r¥n",forecast->getAttrValue("date"),forecast->getAttrValue("day"));
            printf("Condition:%s ¥n",forecast->getAttrValue("text"));
            printf("Temp:Low%sC High%sC¥n",forecast->getAttrValue("low"),forecast->getAttrValue("high"));
        }

        // 120秒間 処理を wait する
        wait(120.0);
    }
}
```

XMLParserの使用方法がわかったところで，気象情報をコンソールに表示するプログラムSPXmlWeather(**リスト 5-3**)を作成します．

まず，最初に以下のライブラリを登録し，続いてプログラムを作成していきます．

```
EthernetInterface
mbed-rtos
HTTPClient
```

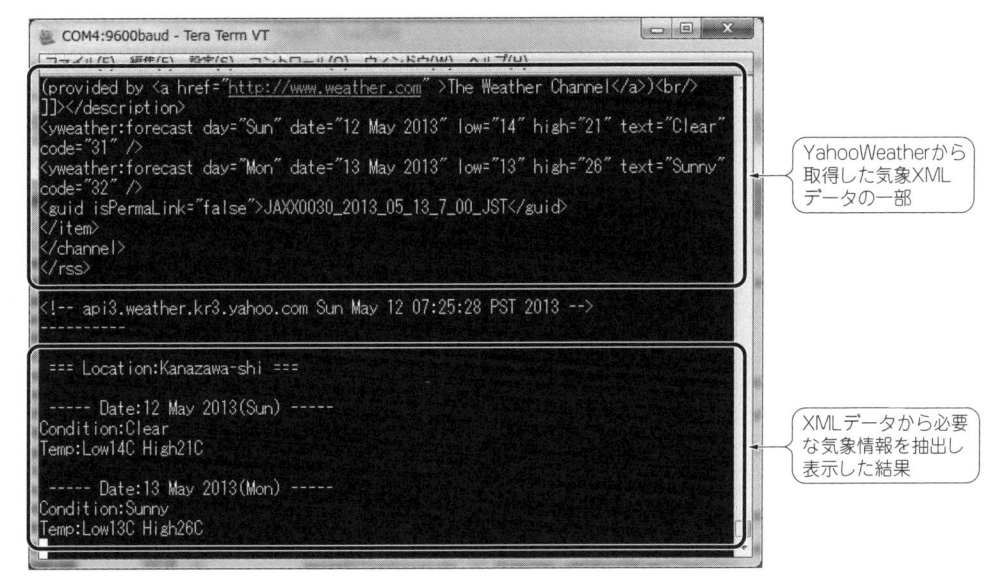

図 5-6 XML データから気象情報を取得
mbed で SPXmlWeather プログラムを実行し Yahoo Weather から XML を取得して，必要な気象情報を抽出し表示した．上部枠内が取得した XML データの一部で，下部枠内が XML データから必要な気象情報を抽出して表示したもの．気象情報は当日と翌日の天気予報が表示されている．

```
spxml
TextLCD
```

`HTTPClient` ライブラリと `spxml` ライブラリは，以下の URL から import してください．

▶ httpClient ライブラリ … http://mbed.org/users/donatien/code/HTTPClient/
▶ spxml ライブラリ ………… http://mbed.org/users/hlipka/code/spxml/

それでは，StarBoardOrange にネットワーク・ケーブルを接続してプログラムを実行してください．図 5-6 は SPXmlWeather プログラムを実行し，Yahoo Weather から XML データを取得し，必要な気象情報を抽出し表示した結果で，当日と翌日の気象情報が表示されています．

いかがでしたか？　ここでは気象情報を取得していますが，例えばスポーツの結果など XML データさえ取得できれば，後の処理は XMLParser で必要なデータを抽出するだけです．これで，mbed で必要な情報を入手する手順がわかったので，続いてそれらの情報をグラフィック LCD に表示します．

5-3　カラー・グラフィック LCD を制御する

これまでの文字列の表示は，StarBoardOrange に付属しているキャラクタ LCD を使用してきました．しかし，図 5-7 のようにキャラクタ LCD で表示できる文字数は，最大で 16 文字×2 行と多くありません．しかも，表示できる文字も英数字や半角カナ，記号に限られるなど多くの制限があります．

(写真中の注釈)
表示できる文字数は16文字×2行(ちょっと少ない).
表示できる文字も半角英数字や記号に限定される
16×2のキャラクタLCD
StarBoardOrange
mbed

図 5-7　StarBoardOrange のキャラクタ LCD
これまでの表示には StarBoardOrange のキャラクタ LCD を使用してきた．しかし，このキャラクタ LCD は表示できる文字数は最大で 16 文字 ×2 行と多くない．しかも，表示できる文字も英数字や半角カナ，記号に限られるなど多くの制限がある．天気に関する気象情報を表示する場合は，日時，場所，温度，天候など情報量も多いことからキャラクタ LCD にそれらを表示するにはかなり難しい．そこで，使い方を分け，キャラクタ LCD にはプログラムの状態や時刻を表示する．

天気に関する気象情報を表示する場合は，日時，場所，温度，天候など情報量も多いことから，キャラクタ LCD にそれらをすべて表示するにはかなり無理があります．そこで，今回の表示装置はキャラクタ LCD に加えカラー・グラフィック LCD を使用し，

▶ プログラムの状態や時刻をキャラクタ LCD に表示
▶ 気象に関する情報はカラー・グラフィック LCD に表示

というように，表示する内容によってデバイスを使い分けることにします．

　グラフィック LCD を使用するには複雑な制御が必要になるため，これらを利用するにはデバイスのマニュアルを熟読しプログラムを作成する必要があります．しかも残念なことに，このマニュアルは英語で記述されていることが多く，仕様を確認しプログラムを作成するにはかなりの時間と労力，そして相応のスキルを要します．

◆ NokiaLCD ライブラリを使う

　しかし，mbed の場合ライブラリが充実しており，今回は mbed の Web ページの CookBook に公開されている NokiaLCD ライブラリを使用するため，驚くほど短時間でカラー・グラフィック LCD を動作させることができます．このように，デバイスを使うときには mbed でライブラリが公開されているものを選択することで，プログラムの作成時間や労力を大幅に削減できます．ライブラリには，デバイスの初期化や制御する関数が提供されているため，一般的な用途であれば関数の使用方法について調べるだけで，

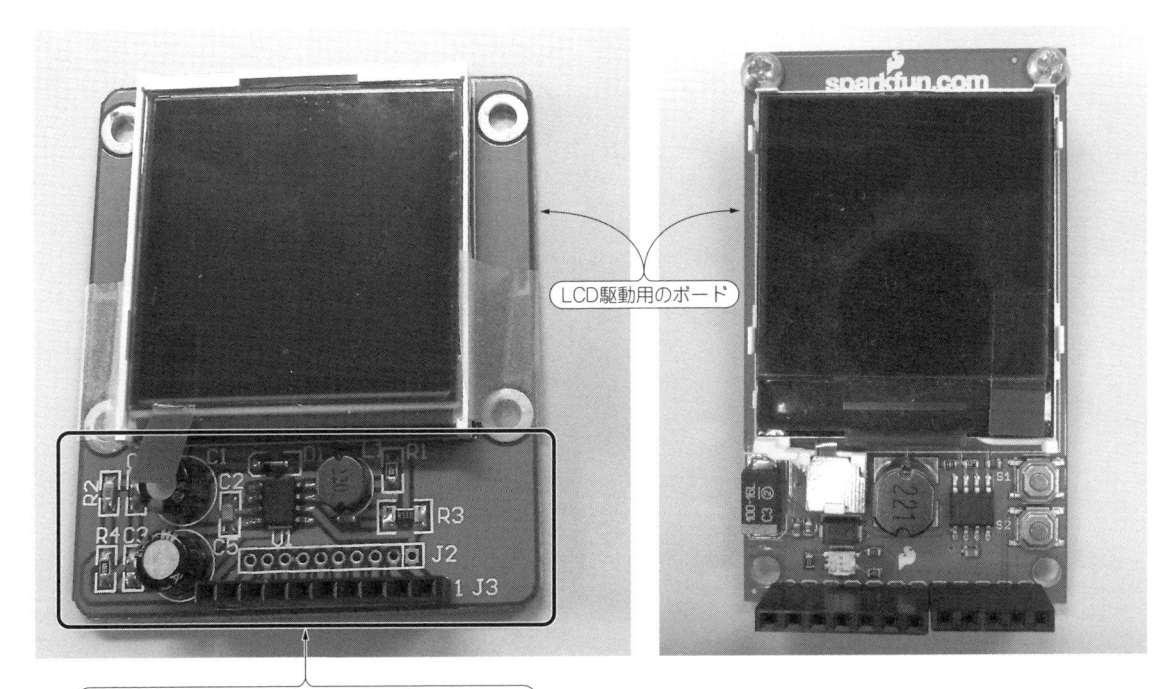

(写真内注釈)
- LCD駆動用のボード
- LCDは複数の電圧を必要とすることも多いので，少し高くなるが部品が実装済のほうが，利用しやすい
- 電源回路の部品が実装されているので，mbedとジャンパ線で接続するだけで使用できる．ちょっと高くなるが，部品が実装済みの基板を購入するのがお勧め．

(a) Nokia3300LCD　　　(b) Nokia6100LCD

図 5-8　カラー・グラフィック LCD の Nokia3300LCD と 6100LCD
気象に関する情報はカラー・グラフィック LCD に表示する．使用するグラフィック LCD は Nokia3300LCD と Nokia6100LCD の 2 製品．mbed の NokiaLCD ライブラリを使用するので短時間で動くものができる．二つの LCD は別の製品だが，制御コマンドが似ているため同じライブラリを使用し，LCD オブジェクト作成時に使用するデバイスを切り替えて使用できる．

本来使用するのが難しいデバイスも比較的簡単に使用できます．

◆ グラフィック LCD は Nokia3300LCD と 6100LCD

　今回使用するグラフィック LCD は，図 5-8 の Nokia3300LCD と Nokia6100LCD の 2 製品です．グラフィック LCD は液晶単体でも購入可能ですが，液晶だけで購入すると液晶と mbed を接続するためのインターフェースの部分が扱いづらく，また，LCD 用の電源とバックライト用の電源など数種の電源を必要とすることがあるので，少し値段が高くなってしまいますが，手軽に使いたいというときは周辺回路が実装されている基板を購入するのがお勧めです．ただし，グラフィック LCD は，商品の供給が不安定なため，入手が難しい場合は，mbed の Web ページにライブラリが掲載されているものを入手して利用してください．

　今回使用する 2 機種は別の製品ですが，液晶コントローラが同じ，もしくはコントローラの制御コマンドが似ているため，同じライブラリを使用できます．そこで，LCD オブジェクト作成時にパラメータで使用するデバイスを切り替えて使用してみます．ここでは，ライブラリも NokiaLCD ライブラリの派生型で日本語も使用できる `NokiaLCD_With_JapaneseFont` ライブラリを使用してプログラムを作成していきます．

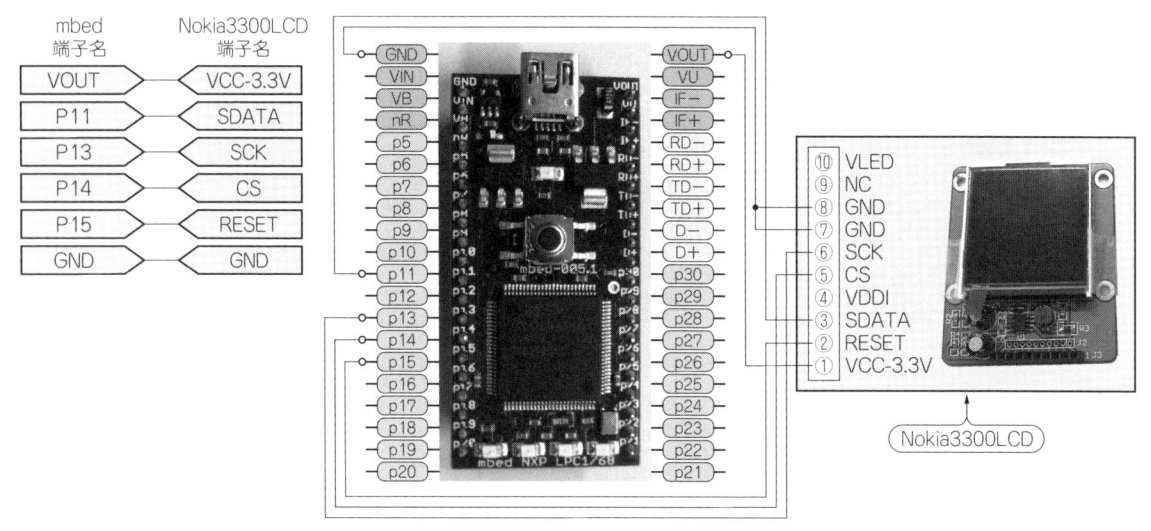

図 5-9　SPI 通信を使用する Nokia3300LCD と mbed の接続と電源回路図

NokiaLCD は SPI 通信を使用する．StarBoardOrange の MicroSD カードも SPI 通信を使用しており，p5 ～ p7 の端子を使用しているため，NokiaLCD は，p11 ～ p13 の端子を使用する．図のように部品が実装された基板を使用すれば mbed と LCD をジャンパ線で接続するだけで LCD が利用できる．しかも，Nokia3300LCD は mbed の VOUT から LCD の電源を供給できるため，電源回路を別途製作する必要すらない．ただし，Nokia3300LCD は部品が実装されていない基板だけのボードもあるため，購入する商品によっては電源回路を製作する必要がある．

● mbed と Nokia 製グラフィック LCD とは SPI で接続

　今回使用するグラフィック LCD は，いずれも SPI 通信を使用します．SPI 通信はシリアル通信の一種で双方向の同期通信を行うことができ，StarBoardOrange の MicroSD カードも SPI 通信を使用しています．そのため，StarBoardOrange の MicroSD と NokiaLCD を同時に使用する場合は，MicroSD で使用している p5 ～ p7 の端子は使うことができないので注意してください．

　図 5-9 と**図 5-10** は，それぞれ Nokia3300LCD と Nokia6100LCD を使用する際の回路図で，いずれも mbed と LCD を SPI で接続するだけです．Nokia3300LCD は，mbed の VOUT から LCD の電源を供給できるため，回路もジャンパ線で mbed と LCD を接続するだけなので手軽に利用することができます．Nokia3300LCD については部品が実装されていない基板だけのボードもあるため，購入する商品によっては電源回路を製作する必要があります．

　一方，Nokia6100LCD の場合は，mbed の VOUT 端子から電源を供給しても容量不足のため動作しないので，**図 5-10** のように Eneloop 4 本からレギュレータで 3.3V の電圧を作り，LCD のコントローラやバックライトの電源として利用しています（**表 5-1**）．

◆ 文字列やアイコンを LCD に表示するプログラムの作成

　それでは，文字列やアイコンを LCD に表示するプログラム NokiaLCD を作成します．

　まず，次の二つのライブラリを import します．

```
NokiaLCD_With_JapaneseFont
SDFileSystem
```

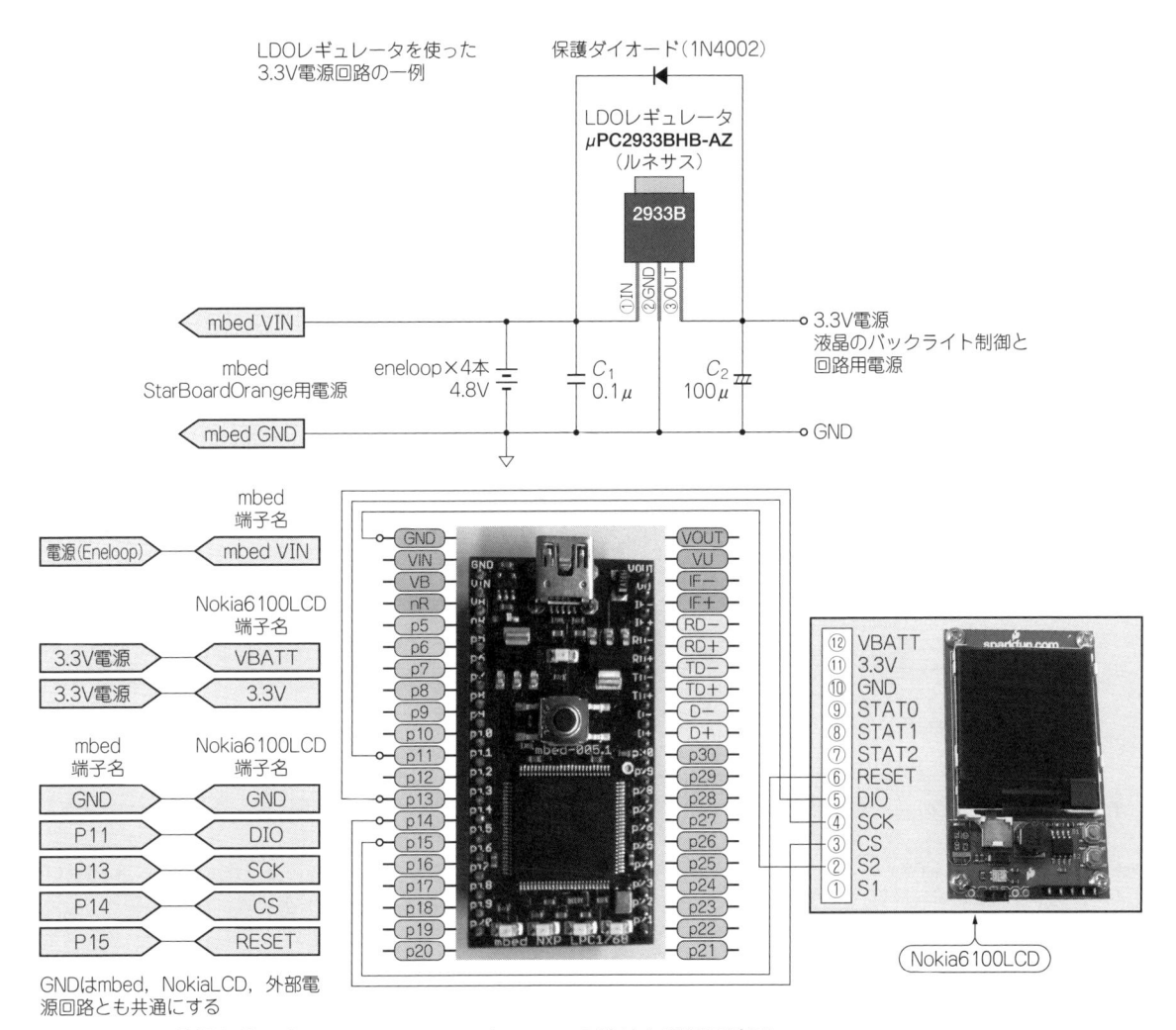

図 5-10 SPI 通信を使用する Nokia6100LCD と mbed の接続と電源回路図
Nokia6100LCD も SPI 通信を使用するので，回路の作成はとても簡単である．しかし，Nokia6100LCD の場合は mbed の VOUT 電源では容量不足なので，別途電源回路を製作する必要がある．今回は Eneloop×4 本からレギュレータで 3.3V の電圧を作り，LCD の回路の電源とバックライトの電源として利用した．また，mbed の電源も Eneloop(1.2V)×4 本から供給している．

表 5-1 カラー LCD の部品表

品名	型式	個数	備考
グラフィック LCD	Nokia3300LCD	1	
キャリ・ボード	IFB-NOKIA3300LCD	1	
FFCフラット・ケーブル	FFC(2.0)10P52D	1	
ピン・ソケット	1×10	1	10 ピン

キャリ・ボードに部品が実装されていない，または，LCD 単体の場合は電源回路が必要．

(a) Nokia3300LCD

品名	型式	個数	備考
グラフィック LCD	Nokia6100LCD	1	
ピン・ソケット	1×6	2	12 ピン
LDO レギュレータ	UPC2933BHB-AZ	1	3.3V出力
保護ダイオード	1N4002	1	
セラミック・コンデンサ	0.1μF	1	
電解コンデンサ	100μF	1	

Nokia6100LCD を動作させる際に，mbed の VOUT(3.3V)出力では容量が不足するため，LDO レギュレータを使用している．

(b) Nokia6100LCD

5-3 カラー・グラフィック LCD を制御する

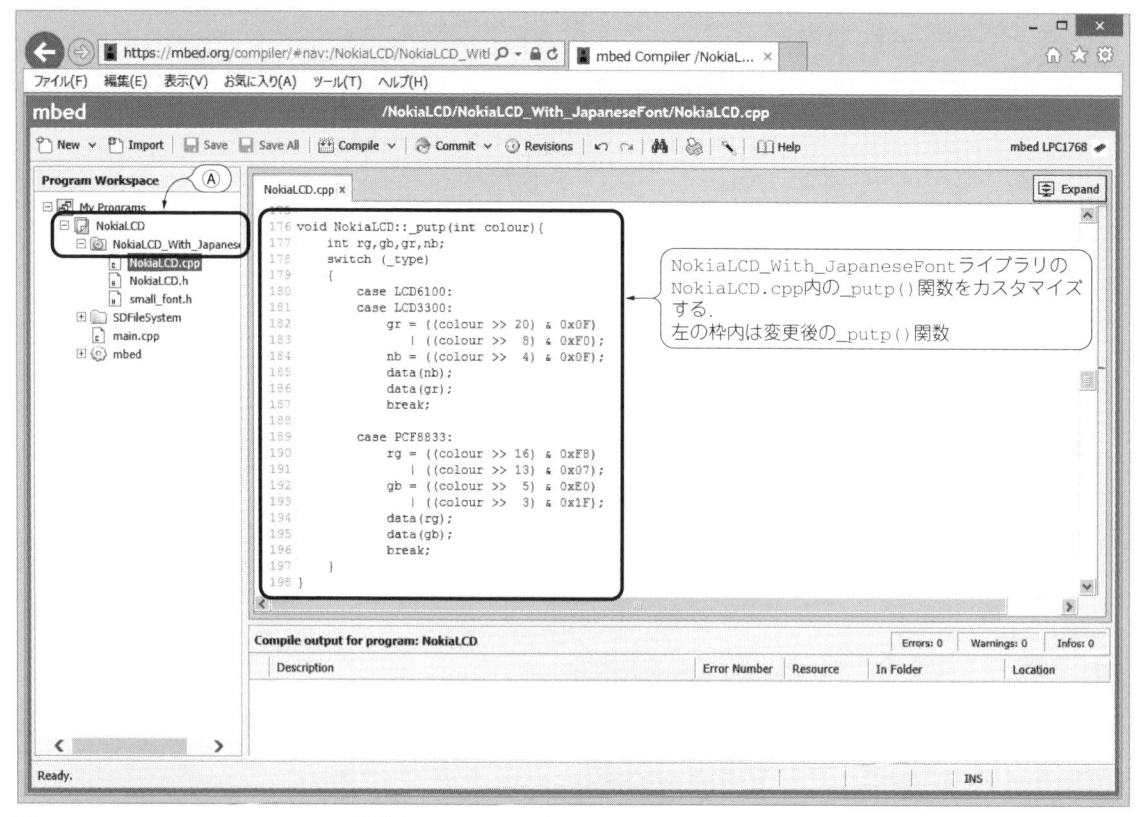

図5-11 NokiaLCD.cpp の _putp 関数をカスタマイズ
NokiaLCD_With_JapaneseFont の NokiaLCD.cpp を図左の枠Ⓐのように開いて，ライブラリ内の _putp 関数を修正して，Nokia330LCD と Nokia6100LCD のどちらの LCD でも利用できるようにした．

`NokiaLCD_With_JapaneseFont` は，nucho 氏が作った NokiaLCD ライブラリで，日本語フォントも内蔵された優れものです(ただし，今回は日本語フォントは使用しない)．
このライブラリを以下の URL から import してください．

```
http://mbed.org/users/nucho/code/NokiaLCD_With_JapaneseFont/
```

`SDFileSystem` は Cookbook にライブラリが公開されています．

```
http://mbed.org/cookbook/SD-Card-File-System
```

ライブラリの import が完了したら，**図5-11** のⒶの枠内のように `NokiaLCD_With_JapaneseFont` の `NokiaLCD.cpp` を開いて，ライブラリ内の _putp 関数を**リスト5-4**のように書き換え，Nokia3300LCD と Nokia6100LCD のどちらの LCD でも利用できるようにします．
それでは，プログラム `NokiaLCD`(**リスト5-5**)を作成します．
`NokiaLCD` のオブジェクト宣言で最後の引数は LCD のタイプを指定しています．

リスト 5-4　NokiaLCD.cpp の _putp 関数のカスタマイズ

```
void NokiaLCD::_putp(int colour) {

    switch (_type) {
        case LCD6100:
        case LCD3300:
            int gr = ((colour >> 20) & 0x0F)
                   | ((colour >> 8 ) & 0xF0);
            int nb = ((colour >> 4 ) & 0x0F);
            data(nb);
            data(gr);
            break;
        case PCF8833:
            int rg = ((colour >> 16) & 0xF8)
                   | ((colour >> 13 ) & 0x07);
            int gb = ((colour >> 5 ) & 0xE0)
                   | ((colour >> 3 ) & 0x1f);

            data(rg);
            data(gb);
            break;
    }
}
```

リスト 5-5　液晶への描画処理 NokiaLCD

```
#include "mbed.h"
#include "NokiaLCD.h"
#include "SDFileSystem.h"

// Nokia3300LCD を使用する場合は以下の宣言を有効にする
NokiaLCD lcd1(p11, p13, p14, p15, NokiaLCD::LCD3300); // mosi, sclk, cs, rst, type
// Nokia6100LCD を使用する場合は以下の宣言を有効にする
//NokiaLCD lcd1(p11, p13, p14, p15, NokiaLCD::PCF8833); // mosi, sclk, cs, rst, type

SDFileSystem sd(p5, p6, p7, p8, "sd");

// 24 ビットのビットマップ・アイコンを MicroSD の icons フォルダに 01d.bmp というファイル名で保存しておく
// アイコンのサイズは 60×50
char filename[20] = "/sd/icons/01d.bmp";

// アイコン表示用関数
int PrintIcon(int px, int py)
{
    FILE *fs;
    int i;
    char    header[54];
    int rgb;
    unsigned char datr,datg,datb;

    // MicroSD 内の icons フォルダに保存されている 01d.bmp を fopen する
    printf( "Weather icons access [%s]\r\n",filename);
    if ( NULL == (fs = fopen(filename, "rb" )) ) {
        printf( "file open error when oening file ");
        return -1;
    }
    printf( "file Open OK.\r\n");

    // Ditmap のヘッダ部を読み飛ばす
    for (i=0;i<0x36;i++)
        fread(&header, sizeof(unsigned char), 1, fs);

    // 24 ビットのビットマップを 12 ビットのビットマップに変換し，1 ピクセルずつ描画している
    for(int y=50;y>0;y--){       // アイコンの縦のサイズが 50
        for(int x=0;x<60;x++){   // アイコンの横のサイズが 60
            // 24 ビット・アイコンなので，RGB がそれぞれ 8 ビット分の色の階調データをもつ
            // R，G，B のデータをそれぞれ読み込む
            // 読み込むサイズは unsigned char で 8 ビット
            fread(&datb, sizeof(unsigned char), 1, fs);
            fread(&datg, sizeof(unsigned char), 1, fs);
            fread(&datr, sizeof(unsigned char), 1, fs);
```

リスト 5-5　液晶への描画処理 NokiaLCD（つづき）

```
            // 上位4ビットのデータを下位ビットに詰める
            datb = (0xF0&datb)>>4;
            datg = (0xF0&datg)>>4;
            datr = (0xF0&datr)>>4;

            // NokiaLCD は RGB のデータを4ビットで表現する
            //    赤色は 0X00F00000
            //    緑色は 0X0000F000
            //    青色は 0X000000F0
            // なので，RGB のビットの位置をずらす
            rgb = (datr <<20) | (datg<<12) | (datb<<4);
            // Pixel で描画する
            lcd1.pixel(px+x,py+y,rgb);

        }
    }

    fclose(fs);
    return 0;
}

int main() {
    int r,g,b;
    // バックの色を指定
    lcd1.background(0x00000000);
    lcd1.cls();
    b = 0x000000F0 ; // 青色
    g = 0x0000F000 ; // 緑色
    r = 0x00F00000 ; // 赤色

    lcd1.fill( 0, 0,130,10 ,r ); // 赤色の長方形を表示
    lcd1.fill( 0,10,130,10 ,g ); // 緑色の長方形を表示
    lcd1.fill( 0,20,130,10 ,b ); // 青色の長方形を表示

    //lcd1.fill( 0,10,130,10 ,b|r ); // 紫色
    //lcd1.fill( 0,20,130,10 ,b|g ); // 水色

    lcd1.locate(0,4);
    lcd1.printf("Hello NokiaLCD"); // 文字列の表示

    // 位置を指定してアイコンを表示している
    // ただし，表示するアイコンはビットマップ 24 ビット 60×50 のサイズ限定
    PrintIcon(0,70);

}
```

そこで，以下のように Nokia3300LCD を使用する場合は `LCD3300` を，Nokia6100LCD を使用する場合は `PCF8833` を指定します．

NokiaLCD オブジェクトの宣言

// Nokia3300LCD を利用する場合
NokiaLCD lcd(p11, p13, p14, p15, NokiaLCD::LCD3300);
// Nokia6100LCD を利用する場合
NokiaLCD lcd(p11, p13, p14, p15, NokiaLCD::PCF8833);

なお，Nokia6100LCD には Epson S1D15G10 や Philips PCF8833 など複数の液晶コントローラが実装されているようです．筆者がストロベリー・リナックスで購入した Nokia6100LCD は，液晶コントローラに PCF8833 が使用されていました．しかし，すべてが同じ液晶コントローラを搭載しているとは限りません．もし，本書で指定した LCD タイプで正常に動作しない場合は，別のタイプの液晶コントローラを

指定するか，それでも動作しない場合は ライブラリをコントローラに合わせてカスタマイズする必要があります．なお本書では，Nokia3300LCD と Nokia6100LCD（Philips 製コントローラ：PCF8833）で動作確認を行っています．

◆ グラフィック LCD の表示領域

Nokia3300LCD は 0 ～ 129 の 130×130 の領域について表示できました．一方，Nokia6100LCD は，データシートでは 0 ～ 131 の 132×132 となっていますが，筆者が購入した液晶はこのサイズで描画することができず，画面上部に一部表示できない個所がありました．そこで，表示領域をギリギリまで使用するような使い方は避けたほうがよいでしょう．

◆ 液晶への描画処理

液晶に文字列を表示するには，`printf` 関数や `locate` 関数が使用できます．また，ピクセル単位での描画や `fill` で長方形なども描画できます．

リスト 5-5 の NokiaLCD プログラムでは，画面上部に `fill` 関数を使って 赤，緑，青の 3 色で長方形を描画しました．`fill` 関数では，引数に描画する長方形のサイズ（左上の X 座標，左上の Y 座標，長方形の横の長さ，長方形の縦の長さ）と色を指定します．

色の指定は，以下のように赤 4 ビット，青 4 ビット，緑 4 ビットの 12 ビットで指定します．

▶ 赤色の場合は `0x00F00000`
▶ 青色の場合は `0x0000F000`
▶ 緑色の場合は `0x000000F0`

これらを組み合わせることで，4096 階調の色を表現できます．例えば，赤色と青色を合わせると，`0x00F0F000` で紫色になります．

続いて，`locate` 関数で文字列の表示位置を指定した後，`printf` 関数で"Hello NokiaLCD"という文字列を表示しています．

最後のアイコンの描画は `PrintIcon` 関数内で，MicroSD に保存されている画像データを読み出して描画しています．プログラムでは，MicroSD の `icons` フォルダ内に保存されている `01d.bmp` ファイルを描画していますが，ファイル名や画像データの保存場所を変更する場合は，画像ファイル名の `path` を指定している以下の部分を変更してください．

```
char filename[20] = "/sd/icons/01d.bmp";
```

表示する画像データは 24 ビットのビットマップ・データで，サイズが 60×50 です．画像サイズを変更したい場合は，`PrintIcon` 関数内でビットマップを描画している部分の縦横のサイズを変更してください．

アイコンの描画は，24 ビットのビットマップ・データをプログラムで 12 ビットのビットマップに変換し，`pixel` 関数で 1 ピクセルずつ描画しています．

LCD のオブジェクト宣言の最後の引数だけを，LCD3300 と PCF8833 にそれぞれ変更し，プログラムを実行した結果が図 5-12 と図 5-13 です．どちらのグラフィック LCD でも，オブジェクトの引数で液晶コントローラを変更しただけで描画できました．このように，ライブラリを使うとグラフィック LCD も

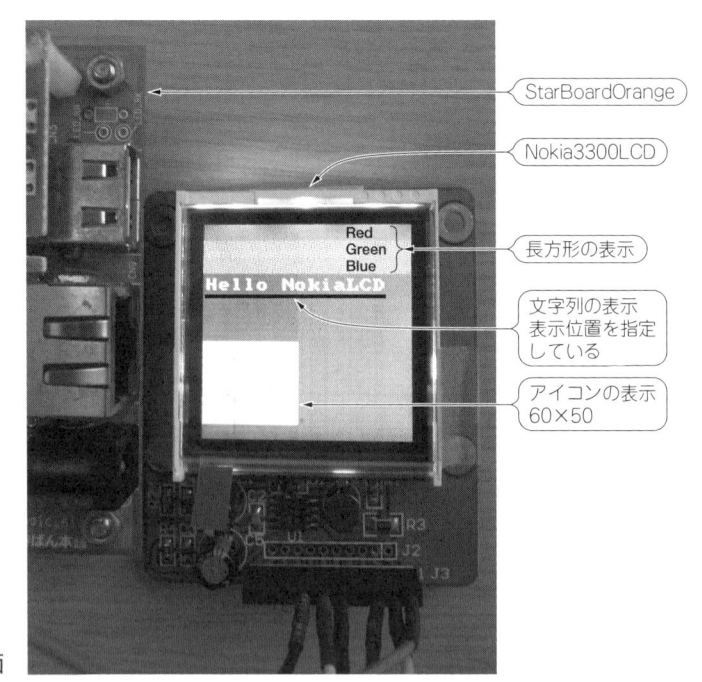

図 5-12
Nokia3300LCD の実行画面

図 5-13　Nokia6100LCD の実行画面
LCD のオブジェクト宣言の最後の引数だけを，LCD3300 と PCF8833 にそれぞれ変更し，プログラムを実行した結果が図 5-12 と図 5-13．プログラムでは，fill 関数で赤，緑，青の長方形を描画している．また，location 関数で表示位置を指定して文字列"Hello NokiaLCD"と表示している．最後にお天気のビットマップ・アイコンも表示している．

簡単に表示ができてしまいますね．

◆ お天気のアイコンを用意してビジュアルに

　先ほど Yahoo Weather API から取得した気象情報の XML データには，天気によって表 5-2 のようなコードが割り当てられています．このコードと同じ天候を表すビットマップ・ファイルを準備して，ファイル名を表 5-2 のコード名 .bmp として，MicroSD 内に保存します．そして，プログラム実行時にコー

表 5-2　Yahoo お天気コード一覧

コード	内容	コード	内容	コード	内容
0	tornado	17	hail	34	fair (day)
1	tropical storm	18	sleet	35	mixed rain and hail
2	hurricane	19	dust	36	hot
3	severe thunderstorms	20	foggy	37	isolated thunderstorms
4	thunderstorms	21	haze	38	scattered thunderstorms
5	mixed rain and snow	22	smoky	39	scattered thunderstorms
6	mixed rain and sleet	23	blustery	40	scattered showers
7	mixed snow and sleet	24	windy	41	heavy snow
8	freezing drizzle	25	cold	42	scattered snow showers
9	drizzle	26	cloudy	43	heavy snow
10	freezing rain	27	mostly cloudy (night)	44	partly cloudy
11	showers	28	mostly cloudy (day)	45	thundershowers
12	showers	29	partly cloudy (night)	46	snow showers
13	snow flurries	30	partly cloudy (day)	47	isolated thundershowers
14	light snow showers	31	clear (night)	3200	not available
15	blowing snow	32	sunny		
16	snow	33	fair (night)		

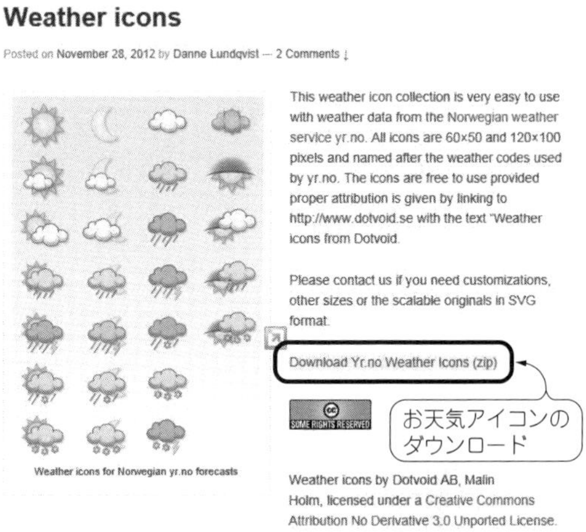

図 5-14　お天気アイコンのダウンロード
天気をアイコンで表示するためフリー素材のお天気アイコン(http://www.dotvoid.com/weather-icons/)を使用した．図のWebページから枠内のリンク[Download Yr.no Weather Icons (zip)]をクリックして，ローカルのディスクにダウンロードする．

ドに対応したビットマップ・ファイルをMicroSDから読み込み，グラフィックLCDにアイコンとして表示します．アイコンは，見ただけで天候がイメージできるという利点があります．そこで，せっかくグラフィックLCDも使用していることですし，アイコンでも天気予報を表示しました．

　まず，天気を表すフリーのアイコンを準備しましょう．筆者はDanne氏が公開(http://www.dotvoid.com/weather-icons/)しているお天気アイコンを使用しました．

　図5-14のWebページから枠内のリンク[Download Yr.no Weather Icons (zip)]をクリックして，ローカルのディスクにダウンロードします．

　アイコンは二つのサイズのデータが保存されていますが，60×50のアイコンを使用します．次にアイコンをMicroSDに保存します．このとき，アイコン・データはPNG形式のファイルになっているので，Windowsのアクセサリからペイントを起動し，アイコンのPNGファイルを読み込み，24ビットのビッ

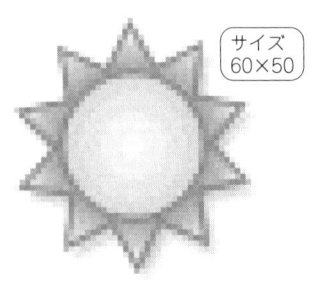

図 5-15　日中の晴れアイコンのファイル名の変更

図 5-16　夜間の晴れアイコンのファイル名の変更
Yahoo Weather API から取得した気象情報の XML データには，天気によって表 5-2 のようなコードが割り当てられている．このコードの情報と同じ天候を表すビットマップ・ファイルを準備して，ファイル名を「コード名.bmp」とし，MicroSD に保存する．そして，プログラム実行時にコードに対応した bmp ファイルを MicroSD から読み込み，グラフィック LCD に表示している．

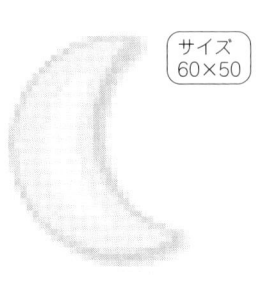

トマップで保存してください．保存するときのファイル名はアイコンの画像を確認し，表 5-2 のコードに近い天気のファイル名にして保存します．

例えば，図 5-15 の日中のおひさまアイコン(01d.png)であれば，表 5-2 のコード表に従って，32 や 34 のコードに割り当てる場合は，ファイル名が 32.bmp(Sunny)や 34.bmp[Fair(Day)]になり，天気が Sunny や Fair(Day)の場合，お日様アイコンが表示されます．また，図 5-16 のお月さまアイコン(01n.png)であれば，ファイル名は 33.bmp[Fair(Night)]というようにファイル名を付けていきます．

この際，すべてのコードにアイコンを割り当てる必要はありません．アイコンが割り当てられていない天気はグラフィック LCD にアイコンが表示されないだけです．

◆ 天気予報表示プログラムの作成

いよいよ気象情報データのプログラムとグラフィック LCD 用のデータをマージして，天気予報表示プログラムを作成してきます．

プログラム名は spxml_WeatherLCD(リスト 5-6)とします．以下のライブラリを import してください．

```
EthernetInterface
mbed-rtos
HTTPClient
NTPClient

NokiaLCD_With_JapaneseFont
TextLCD
SDFileSystem
spxmp
```

NTPClient は，以下の URL から import します．

```
http://mbed.org/users/donatien/code/NTPClient/
```

それでは，プログラムが完成したらさっそく実行してみましょう．成功すると，グラフィック LCD に図 5-17 のように取得した気象情報が表示されます．この表示は 2 分ごとに当日と翌日の気象情報が切り

リスト 5-6　天気予報表示プログラム spxml_WeatherLCD

```c
#include "mbed.h"
#include "rtos.h"

#include "TextLCD.h"
#include "NokiaLCD.h"
#include "SDFileSystem.h"

#include "EthernetInterface.h"
#include "HTTPClient.h"
#include "NTPClient.h"

#include "spdomparser.hpp"
#include "spxmlnode.hpp"
#include "spxmlhandle.hpp"

TextLCD lcd(p24, p26, p27, p28, p29, p30);
NokiaLCD lcd1(p11, p13, p14, p15, NokiaLCD::PCF8833);

SDFileSystem sd(p5, p6, p7, p8, "sd");
//mbed 内のストレージからアイコン・ファイルを読み込む場合は，SDFileSystem ライブラリをコメントにして LocalFileSystem ライブラリのコメントを外す．
//LocalFileSystem local("Sd");

char filename[20];
char buf[3000];
char lcdMsg[16];
int daySW = 0;

void parseWeather(SP_XmlElementNode *node) {
    lcd1.cls();
    // node には <channel> 要素が格納されている
    SP_XmlHandle handle(node);

    // <yweather:location> 要素を取得
    SP_XmlElementNode * location = handle.getChild( "yweather:location" ).toElement();
    if (location) {
        // <yweather:location> 要素の city 属性を抽出する
        lcd1.printf("Location:%s¥n",location->getAttrValue("city"));
    }

    SP_XmlElementNode * forecast;

    // <yweather:forecast> 要素が同じ階層に一つ以上ある場合には，整数の引数により
    // 何番目の要素か特定する
    if( daySW == 0 )
        // 最初の <yweather:forecast> 要素を取得
        forecast = handle.getChild("item").getChild( "yweather:forecast",0).toElement();
    else
        // 2 番目の <yweather:forecast> 要素を取得
        forecast = handle.getChild("item").getChild( "yweather:forecast",1).toElement();

    if (forecast) {
        // <yweather:forecast> 要素から気象に関する各種属性情報を抽出する
        lcd1.printf("Condition:%s ¥n",forecast->getAttrValue("text"));
        sprintf(filename,"/sd/%s.bmp",forecast->getAttrValue("code"));
        lcd1.printf("Temp:Low%sC High%sC¥n",forecast->getAttrValue("low"),forecast->getAttrValue("high"));
        lcd1.printf("Date:%s(%s)",forecast->getAttrValue("date"),forecast->getAttrValue("day"));
    }
}

// アイコン表示関数
int PrintIcon(void)
{
    FILE *fs;
    int i;
    char    header[54];
    int rgb;
    unsigned char datr,datg,datb;

    // MicroSD 内に保存した気象画像アイコンにアクセスするためのファイル処理
    printf( "Weather icons access [%s]¥r¥n",filename);
    if ( NULL == (fs = fopen(filename, "rb" )) ) {
        printf( "file open error when oening file ");
        return -1;
    }

    // ビットマップのヘッダファイルを読み飛ばす
    for (i=0;i<0x36;i++)
        fread(&header, sizeof(unsigned char), 1, fs);

    // お天気ビットマップ・アイコンの表示
    // アイコンは 60×50 サイズ用のプログラム
```

リスト 5-6　天気予報表示プログラム spxml_WeatherLCD（つづき）

```
    for(int y=50;y>0;y--){
        for(int x=0;x<60;x++){
            // 24 ビットマップを表示するための処理
                // 24 ビット・アイコンなので，RGB がそれぞれ 8 ビット分の色の階調データをもつ
                // R, G, B のデータをそれぞれ読み込む
                fread(&datb, sizeof(unsigned char), 1, fs);
                fread(&datg, sizeof(unsigned char), 1, fs);
                fread(&datr, sizeof(unsigned char), 1, fs);

                // 上位 4 ビットのデータを下位ビットに詰める
                datb = (0xF0&datb)>>4;
                datg = (0xF0&datg)>>4;
                datr = (0xF0&datr)>>4;

                // NokiaLCD は RGB のデータを 4 ビットで表現する
                //    赤色は 0X00F00000
                //    緑色は 0X0000F000
                //    青色は 0X000000F0
                //    なので、RGB のビットの位置をずらす

                /* X4R4G4B4 のビットマップ・ファイルを表示するための処理
                fread(&dat, sizeof(unsigned char), 1, fs);
                fread(&dat2, sizeof(unsigned char), 1, fs);
                char datr,datg,datb;

                datb = 0x0F&(dat>>1);
                datg = (dat2&0x03) << 2 | dat >> 6;
                datr = dat2 >> 3;
                */

                rgb = (datr <<20) | (datg<<12) | (datb<<4);
                lcd1.pixel(30+x,70+y,rgb);
        }
    }

    fclose(fs);
    return 0;
}
void lcd_Update(void const *arg)
{
    // 無限ループ
    while(true){
        // 15 秒待つ
        Thread::wait(15000);

        // 日時をキャラクタ LCD に表示するための処理
        // 取得した時刻は UTC(世界標準時)なので，＋ 32400 を加えて JST に変更する
        time_t ctTime = time(NULL)+32400; // JST
        //キャラクタ LCD 表示用文字列の生成
        strftime(lcdMsg,16,"%y/%m/%d %H:%M",localtime(&ctTime));
        lcd.locate(0,0);
        lcd.printf("[%s]",lcdMsg);
        printf("lcd_Update(%s)¥r¥n",lcdMsg);
    }
}


int main() {
    EthernetInterface eth;
    NTPClient ntp;
    int retEth;
    HTTPClient http;
    int retHttp;
    SP_XmlDomParser parser;

    printf("Setting up ...¥r¥n");
    lcd.cls();
    lcd.locate(0,0);
    lcd.printf("Setting Up...");

    // ネットワークの初期化処理 IP アドレスは DHCP により取得する
    eth.init();
    retEth = eth.connect();

    lcd.locate(0,0);
    if (!retEth) {
        printf("Network Setup OK¥r¥n");
        lcd.printf("Network Setup OK");
```

```
    } else {
        printf("Network Error %d\r\n", retEth);
        lcd.printf("Network Error %d");
        return -1;
    }

    // NTP による時刻設定
    // NTP はネットワークを使って機器(mbed)の時刻を設定するサービス
    printf("Trying to update time...\r\n");
    if (ntp.setTime("ntp.nict.jp") == 0)
    {
      printf("Set time successfully\r\n");
    }
    else
    {
      printf("NTP Set Error\r\n");
    }

    // スレッド処理によりキャラクタ LCD の表示を 15 秒ごとに更新する
    Thread thread0(lcd_Update);

    while(true)
    {
        // Yahoo weather のお天気情報を取得し文字列を buf 配列に格納
        retHttp = http.get("http://weather.yahooapis.com/forecastrss?w=28426187&u=c", buf, sizeof(buf));

        lcd.locate(0,1);
        switch(retHttp){
        case HTTP_OK:
            printf("Read completely\r\n");
            lcd.printf("Read completely ");
            break;
        case HTTP_TIMEOUT:
            printf("Connection Timeout\r\n");
            lcd.printf("Timeout         ");

            break;
        case HTTP_CONN:
            printf("Connection Error\r\n");
            lcd.printf("Connection Error");

            break;;
        default:
            printf("Error\r\n");
            lcd.printf("Error           ");
        }
        printf("\r\n-----%s-----\r\n%s\r\n",lcdMsg,buf);

        // 取得した XML データを XMLParser で解析する
        parser.append( buf, strlen(buf)); // stream current buffer data to the XML parser

        // XML データの rootHandle を取得する
        SP_XmlHandle rootHandle( parser.getDocument()->getRootElement() );
        // 要素 channel を取得する
        SP_XmlElementNode * child = rootHandle.getChild( "channel" ).toElement();

        if ( child ) {
           // XML データから必要な情報を抽出する parseWeather 関数を呼ぶ
            parseWeather(child);
        }

        if ( NULL != parser.getError() ) {
            printf( "\nerror: %s\n", parser.getError() );
        }

        // アイコン表示関数
        PrintIcon();


        // データを更新する毎に，天気予報の日を変更するためのトグル SW
        if ( daySW == 0 )
            daySW = 1;
        else
            daySW = 0 ;
        printf("\r\nUpdateIcon%s\r\n",lcdMsg);

        // データは 120 秒ごとに更新する　もっと長くてよい
        // データが更新されるか確認のため短めになっている
        wait(120.0) ;
    }
}
```

図 5-17
お天気情報の表示
実行して成功すると，グラフィックLCDに図のように取得した気象情報が表示される．表示は文字とお天気を表すアイコンが表示される．表示は2分ごとに当日と翌日の気象情報が切り替わるようになっている．

（写真内注釈）
- Locationで天気予報の地域を表示．Condition（天気），Temp（気温），Date（日付）は2分ごとに当日と翌日が切り替わる
- アイコンでお天気を表示している．画像だと直感的に情報を認識しやすい

替わるようになっています．

　お天気のアイコンをSDカードから読むと，プログラムが正しく動作しないことがあります．そのようなときは，mbed内のストレージにお天気アイコンを保存して読み込むようにプログラムを変更してください．なお，mbedのストレージにアイコンを保存し`LocalFileSystem`ライブラリを使用してファイルを読み込む場合は，ストレージにフォルダを作成したり，長いファイル名を使用することはできません．

--- * ---

　いかがでしたか？
　本章では気象情報を表示しましたが，インターネットで公開されているXMLデータの情報であれば，同じ手順で情報を取得して表示できます．このように，mbedをネットワークに接続するだけで応用範囲が格段に広がります．これからは，マイコンもネットワークを使ったアプリケーションが増えるでしょう．このとき，ネットワークのスキルもある程度持っていないと，せっかくマイコン関連のスキルは高くてもネットワークを使ったアプリケーションの面白いアイデアを思い付くことができません．いろいろなものに興味をもって普段から情報収集しておくことが大切です．

[第6章] 応用事例3：動画と無線

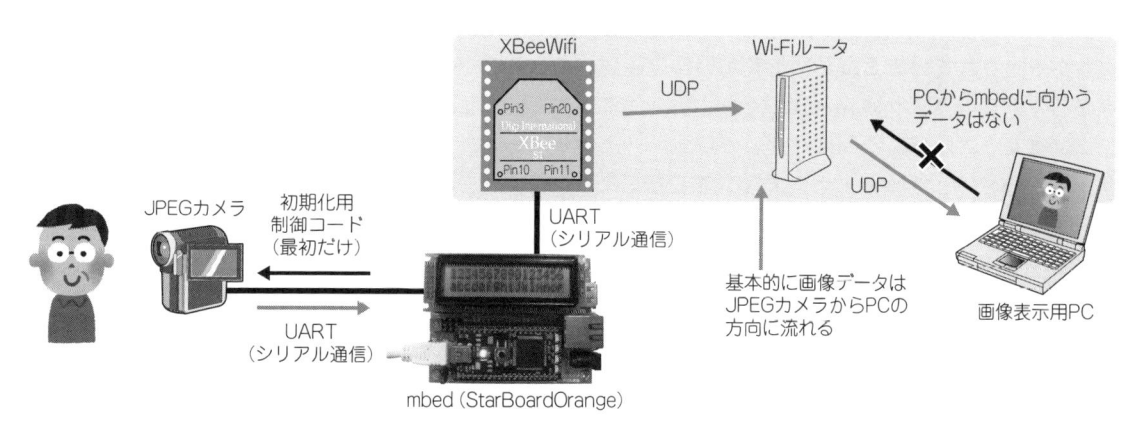

JPEGカメラとXBeeWifiを使った画像表示システムの製作

本章では，カメラや無線通信モジュールなどのデバイスとPCを使って画像表示システムを作成します．mbedのプログラムは，ライブラリを活用することで短時間でしかも簡単に作成できます．また，Windows側のプログラムも画像を表示する部分を除けば，UDPのソケット通信を使用しており，これまでに作成したプログラムと大きな違いはありません．

作成する画像表示システムは図6-1のように，mbedからJPEGカメラを制御し画像データを取得します．mbedが取得した画像データは，XBeeWifiを使って無線LANでパソコンに送信し，パソコンは受信した画像をオリジナルのプログラムを使って表示するというものです．作成するプログラムは理解しやすいようシンプルな構成にするために，データの送信はmbedからパソコンへの一方向とし，またプログラムが動作している間は，JPEGカメラの画像データはパソコンに送信し続ける仕様にしました．

プログラムはmbedのプログラムを作成するほか，C#を使ってmbedから送られてきた画像データを受信し，PCに表示するWindowsプログラムも作成します．

6-1 画像表示システムで使用するデバイス JPEG カメラ

◆ JPEG カメラについて

JPEGカメラは，サイレントシステムのC1098-SS（図6-2）を使用します．このカメラはmbed用のライ

図6-1　JPEGカメラとXBeeWifiを使った画像表示システム
このシステムはmbedからJPEGカメラを制御することで画像データを取得し，そのデータをXBeeWifiを使って無線LAN経由でパソコンに送信する．パソコンは受信した画像を専用のソフトウェアを使って表示する．データの流れは，最初の起動時だけJPEGカメラを初期化するためにmbed⇄JPEGカメラ間でデータの送受信を行うが，カメラの初期化が完了した後は，JPEGカメラ→mbed→XBeeWifi→PCの一方向で画像データが送られる．

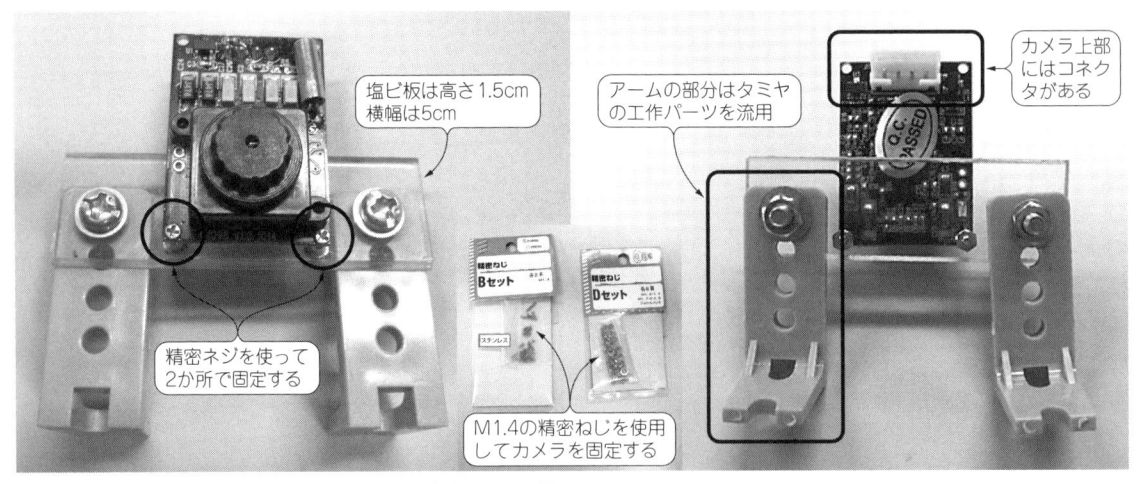

図6-2 JPEGカメラC1098-SSを自作固定台に取り付けた
JPEGカメラC1098-SS（サイレントシステム製）の外観．このカメラはmbed用のライブラリが公開されている．同社のWebページ（http://www.silentsystem.jp/c1098.htm）にはマニュアルが公開されているほか，カメラのバグや有用な技術情報も公開されている．

表6-1[(1)]
C1098-SSの仕様
C1098-SSのカメラの仕様．マニュアルによると画像サイズは640×480（VGA）と320×240（QVGA）しかサポートされていない．ノンサポートではあるが160×128と80×64のいずれの画像も取得できた．

サイズ[mm]	20×28
電圧[V]	3.3
消費電流[mA]	75（※ 動作安定時）
通信速度[kbps]	14.4～460.8
画像サイズ	VGA（640×480），QVGA（320×240）（※ ノンサポート 160×128，80×64）

ブラリが公開されているため，簡単にプログラムを作成できます．サイレントシステムのWebページ（http://www.silentsystem.jp/c1098.htm）にはマニュアルが公開されているほか，カメラのバグや有用な技術情報も公開されているので，機能を追加したい場合やデバイスの制御について詳しく知りたいときは，そちらを参照してください．

　表6-1はカメラの仕様です．マニュアルによると画像サイズは640×480（VGA）と320×240（QVGA）しかサポートされていませんが，筆者が動作を確認したところ160×128と80×64のいずれの画像も取得できました．このカメラはmbedのCookbookにライブラリが公開されているCameraC328（C328-7640）のアップグレード版で，CameraC328の機能の一部がサポート外ですが利用できるようです．取得する画像サイズが小さいとデータ・サイズも小さくなるため，画像データの転送時間が短くなり画像の更新を早くすることができます．

　JPEGカメラはそのままでは扱いにくいので，JPEGカメラに塩ビ板とアームを取り付け，カメラを固定できるようにしました．この際に，カメラ上部にはコネクタが付いているため，下部の2か所の穴を使って固定しています．穴はM1.4の精密ねじが使える大きさです．

6-2　画像表示システムで使用するデバイス XBeeWifi

◆ XBeeWifiは注目の無線デバイス
　XBeeは近距離の無線通信用モジュールで，シリアル通信のUARTを使って簡単にマイコンに無線機

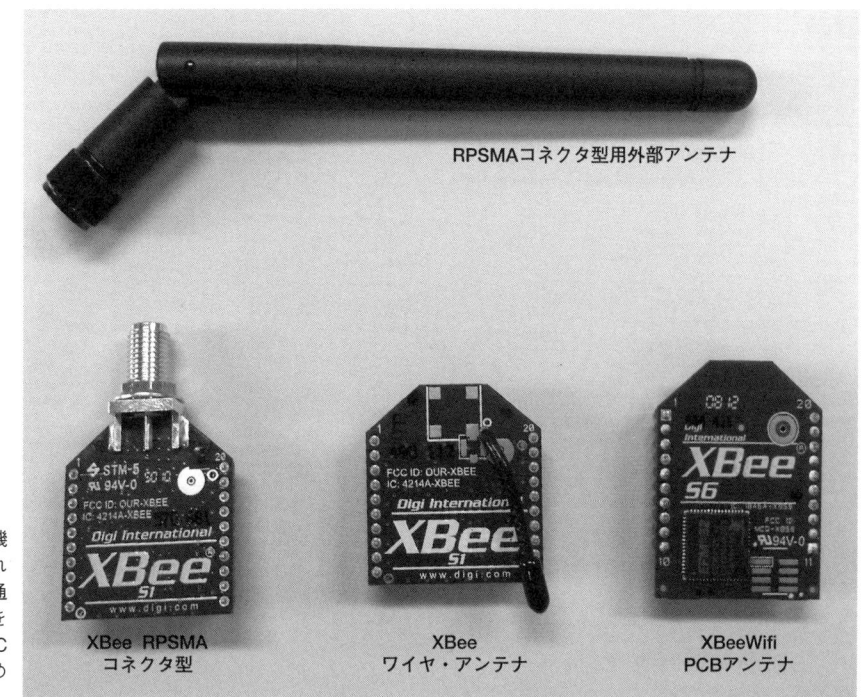

図 6-3
いろいろな XBee
XBee にはアンテナの形状や機能により多くの種類が販売されているので，その使用目的や通信距離などにより適切なものを選ぶ．ここでは，マイコンと PC を Wifi を使って接続するため XBeeWifi を使用する．

XBee RPSMA コネクタ型　　XBee ワイヤ・アンテナ　　XBeeWifi PCBアンテナ

RPSMAコネクタ型用外部アンテナ

能を追加できます．また，低価格で低消費電力という特徴もありデバイスとしての応用範囲も広く，組み込み機器の分野でも大きな注目を集め，インターネットにも多くの活用事例が紹介されています．XBee には図 6-3 のようにアンテナの形状や利用できるネットワークの形態などにより多くの種類があるので，その使用目的や通信距離などにより適切なものを選びます．ここでは，マイコンと PC 間の通信に無線 LAN を利用するため XBeeWifi（802.11b/g/n）を使用しています．

◆ AT モードを利用

XBee には，トランスペアレント・モード（以下 AT モード）と API モードという二つの動作モードがあります．AT モードは有線の UART 通信が無線に置き換わっただけのもので，手軽に利用できるという利点があります．一方，API モードは，メッシュ・ネットワークを構築し複数の宛先にデータを送ったり，直接マイコンに接続していない XBee を遠隔で制御したりするなど，複雑な制御が必要な場合に利用されます．本書では，mbed（XBee）とパソコン間での 1 対 1 の通信で利用するので，AT モードを使ってプログラムを作成します．

◆ マイコンは非同期シリアル通信でやり取り

利用する XBeeWifi は，名称に Wifi と付いているので mbed と PC 間で Socket 通信をするイメージがありますが，XBeeWifi と mbed は UART で接続されています．このため，通信には無線 LAN を利用していますが，それはあくまでも XBeeWifi と宛先の機器（今回は PC）との通信に無線 LAN を使用しているだけで，mbed のプログラムは Socket ではなく UART を使ったシリアル通信でプログラムを作成します．mbed が UART に出力したデータを XBeeWifi が UDP/TCP のデータ部に挿入して無線 LAN 経由で宛先に送信するので，mbed 側では無線 LAN を意識することはありません．mbed から送信するデータの宛先やネットワークの情報はすべて XBeeWifi に設定します．

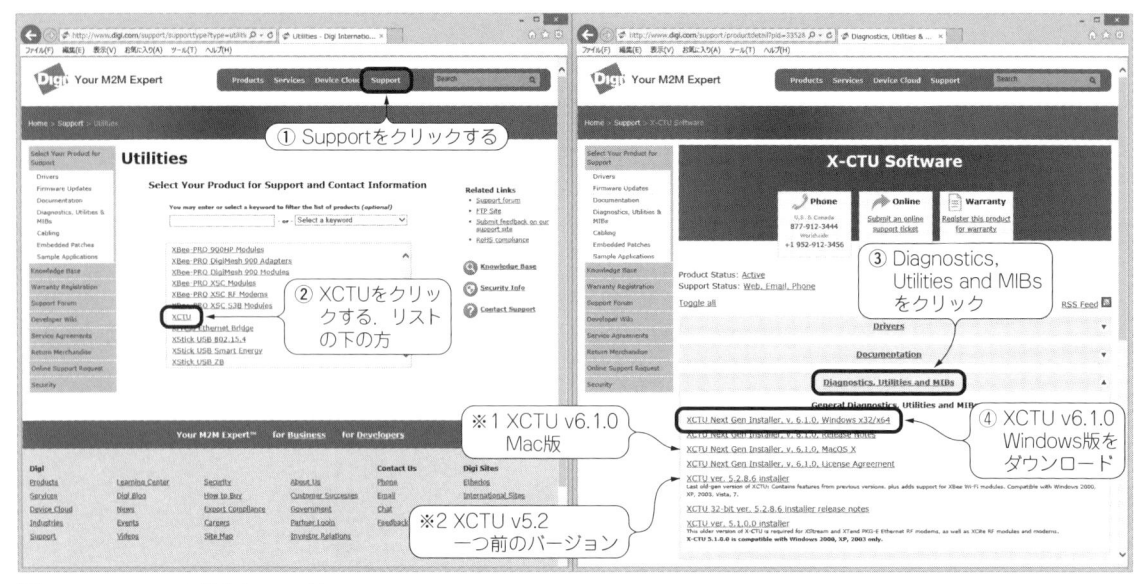

図6-4 X-CTUのダウンロード
Digi社のWebページからXBeeを設定するソフトウェアX-CTUをダウンロードする手順.

◆ XBeeWifiを設定するための環境構築

XBeeを使用するためにはXBeeに各種設定が必要で，その設定を行うソフトウェアがX-CTUです．

それでは，X-CTUをPCにインストールしてみましょう．まずDigi社のWebページ(http://www.digi.com)からX-CTUをダウンロードします．X-CTUは2013年12月にバージョンが5から6に上がり，インターフェースが大幅に変更されました．本書では，新しいバージョン6を使ってXBeeの設定を行います．

最初に図6-4のようにDigi社のWebページにアクセスし，以下の手順でX-CTUの最新バージョンのソフトウェアをダウンロードします．

① DigiWebページにある[Support]のページにアクセスする
② リストの中から[XCTU]を選ぶ．XCTUはリストの下のほうにある
③ メニューから[Diagnostics, Utilities and MIBs]を選ぶ
④ 対応OSやバージョンの異なるXCTUの一覧が表示されるので，自分が使用しているOSに対応したインストーラをダウンロードしてインストールする

XBeeを設定するにはシリアル・インターフェースを使って行いますが，最近のパソコンにはシリアル・ポート(RS232C)が搭載されていないことが少なくありません．そこで，シリアル・ポートのないパソコンでもXBeeに接続できるように，USB-シリアル変換ICを搭載したXBee USBアダプタを使用します．これにより，PCのUSBポートからでもシリアル・インターフェースのXBeeに接続できます．XBee USBアダプタにはいくつか種類がありますが，本書ではSparkfun製のXBeeエクスプローラUSB(図6-5)を使用しています．

XBeeエクスプローラUSBに使われているUSB-シリアル変換ICを使用するときには，ドライバのイ

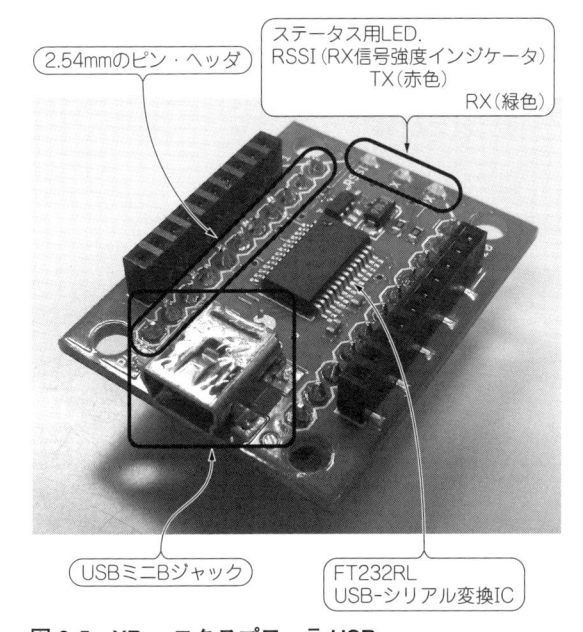

図6-5 XBee エクスプローラ USB
XBee はシリアル通信を使って設定するが，最近の PC には非同期シリアル・ポートのないことが多い．そこで，USB-シリアル変換 IC を実装した XBee エクスプローラ USB を使って XBee と PC を接続する．

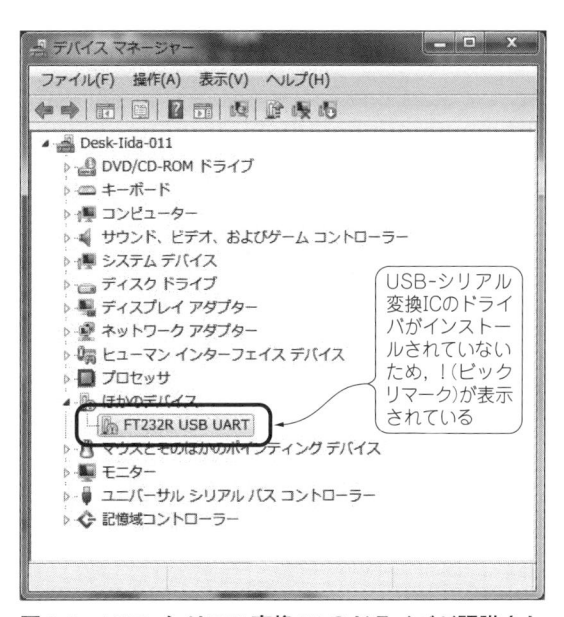

（写真内ラベル）
- 2.54mm のピン・ヘッダ
- ステータス用LED．RSSI（RX信号強度インジケータ）TX（赤色）RX（緑色）
- USBミニBジャック
- FT232RL USB-シリアル変換IC

図6-6 USB-シリアル変換 IC のドライバが認識されていない
X-CTU で XBee を設定する際に，XBee（[COM＊USB Serial Port]）が表示されない場合は，USB-シリアル変換 IC 用のドライバが正常に動作していない可能性があるので，デバイスマネージャを起動し，USB-シリアル変換 IC 用のドライバをインストールする．

（吹き出し）USB-シリアル変換ICのドライバがインストールされていないため，！（ビックリマーク）が表示されている

ンストールが必要になる場合があります．もし，ドライバのインストールが自動で行われないときには，コントロールパネルからデバイスマネージャーを起動して，適切な USB ドライバをインストールしてください．

　筆者が使用している XBee エクスプローラ USB をデバイスマネージャーで確認すると，FTDI 社の FT232RL が使用されていました（図6-6）．そこで，http://www.ftdichip.com/ の Web ページから Driver をダウンロードしてインストールすると，XBee エクスプローラ USB が認識されます．

◆ **X-CTU を使って XBeeWifi を設定する**

　通常は XBee エクスプローラ USB を使って XBee を設定しますが，XBeeWifi は起動時に大きな電流が流れるため，XBee エクスプローラ USB に搭載されているレギュレータでは電源の容量が不足するようです．このため，XBeeWifi が不安定になり PC と XBeeWifi が接続できない場合があります．マニュアルによると，V_{cc} ピンと GND ピンの間（電源ライン）に $500\mu F$ の電解コンデンサを接続することを推奨しています．そこで，図6-7 のように電源ラインに大容量の電解コンデンサを取り付けたところ，安定して接続できるようになりました．筆者は $100\mu F$ の電解コンデンサを使用していますが，安定して動作しています．

　準備が整ったので，早速デスクトップにあるアイコンから X-CTU を起動しましょう．図6-8 は X-CTU を起動した画面で，各アイコンの機能が吹き出しで表示されています．また，アイコンにカーソルを近づけると，もう少し詳しい機能の説明が表示されます．

　それでは X-CTU で XBee の設定を行います．X-CTU 左上の XBee アイコンに［＋］とルーペが描かれ

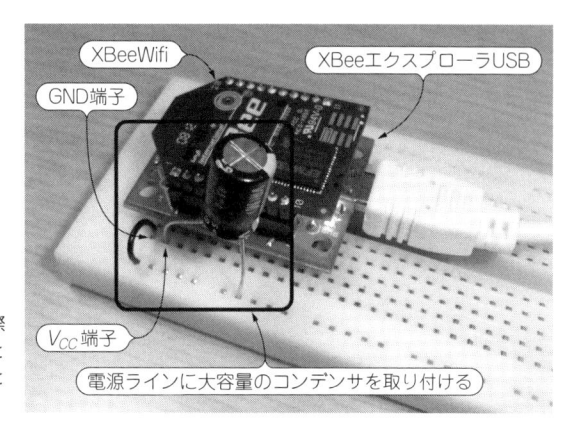

図 6-7
V_{CC}-GND 間に大容量のコンデンサを取り付ける
XBeeWifi は起動時に大きな電流が流れるため，X-CTU で設定する際に XBeeWifi が不安定になって接続できない．マニュアルによると 500μF のコンデンサを電源（V_{cc}）-グラウンド（GND）間に設置することを推奨している．

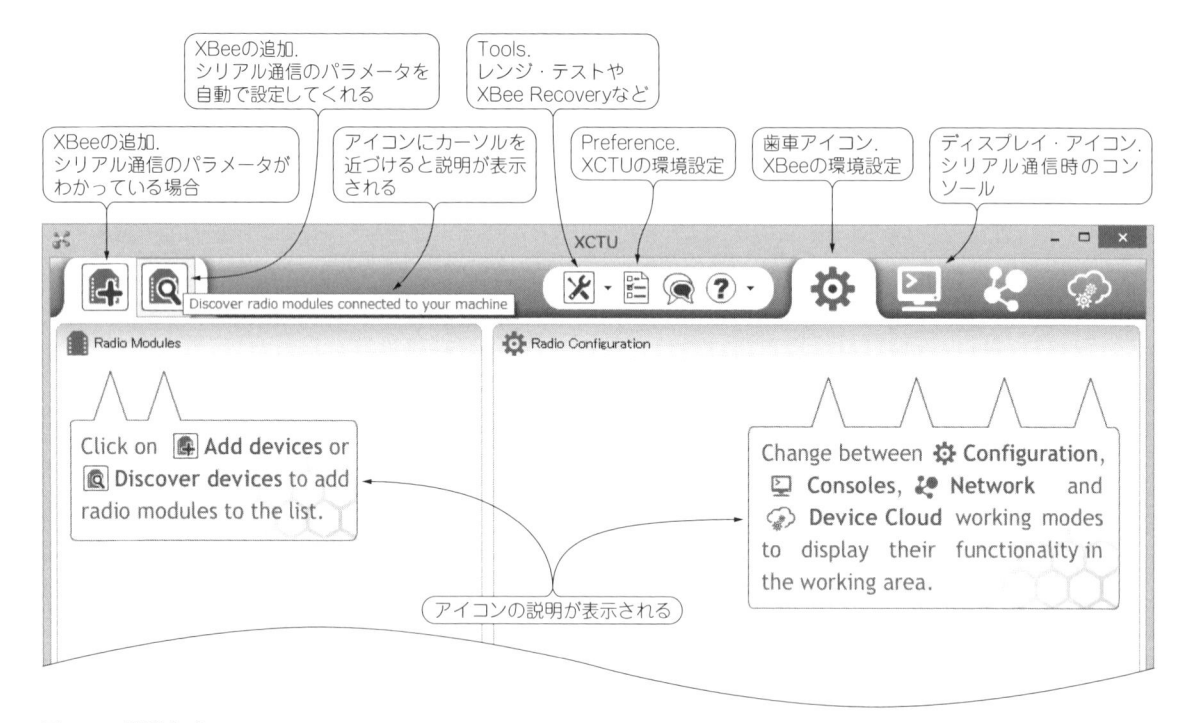

図 6-8 起動した X-CTU
XBee の各種設定をするためのソフトウェア X-CTU を起動した．起動時に吹き出しでアイコンの説明が表示される．また，アイコンにカーソルを近づけるとさらに詳しい機能の説明が表示される．

た二つのアイコンが並んでいます．左側の[＋]のアイコンは，これまで使用していた X-CTU と同じ使い方で，XBee と PC をシリアル通信する際にパラメータを設定して接続します．

一方，右側のルーペのアイコンは，バージョンが上がり新しく追加された機能で，PC と接続するためのシリアル通信のパラメータを X-CTU が自動で検索し設定してくれます．

それでは，それらのアイコンのいずれかをクリックし，X-CTU に XBee を追加します．まず最初に，USB-シリアル変換 IC のドライバが正しく動作していれば，[COM＊USB Serial Port]のように XBee エクスプローラ USB に割り当てられている COM ポートが表示されます．この際に COM の数字は使用す

以前のバージョンのように，XBee と PC とのシリアル通信の設定を自分で行う場合は，[Add a Radio Module …]（XBee のアイコンに＋記号があるもの）を選択する

XBee に設定したシリアル通信のパラメータを忘れてしまった場合は，[Discover radio modules …]（XBee のアイコンにルーペがあるもの）を選ぶと，パラメータを自動で設定し接続してくれる

① PC とシリアル通信するためのパラメータを設定

② [Finish]ボタンを押す

(a) XBee を追加

② [Finish]ボタンを押す

(b) シリアル通信のパラメータ

① [Select all]を選んですべてのチェック・ボックスにチェックを付ける

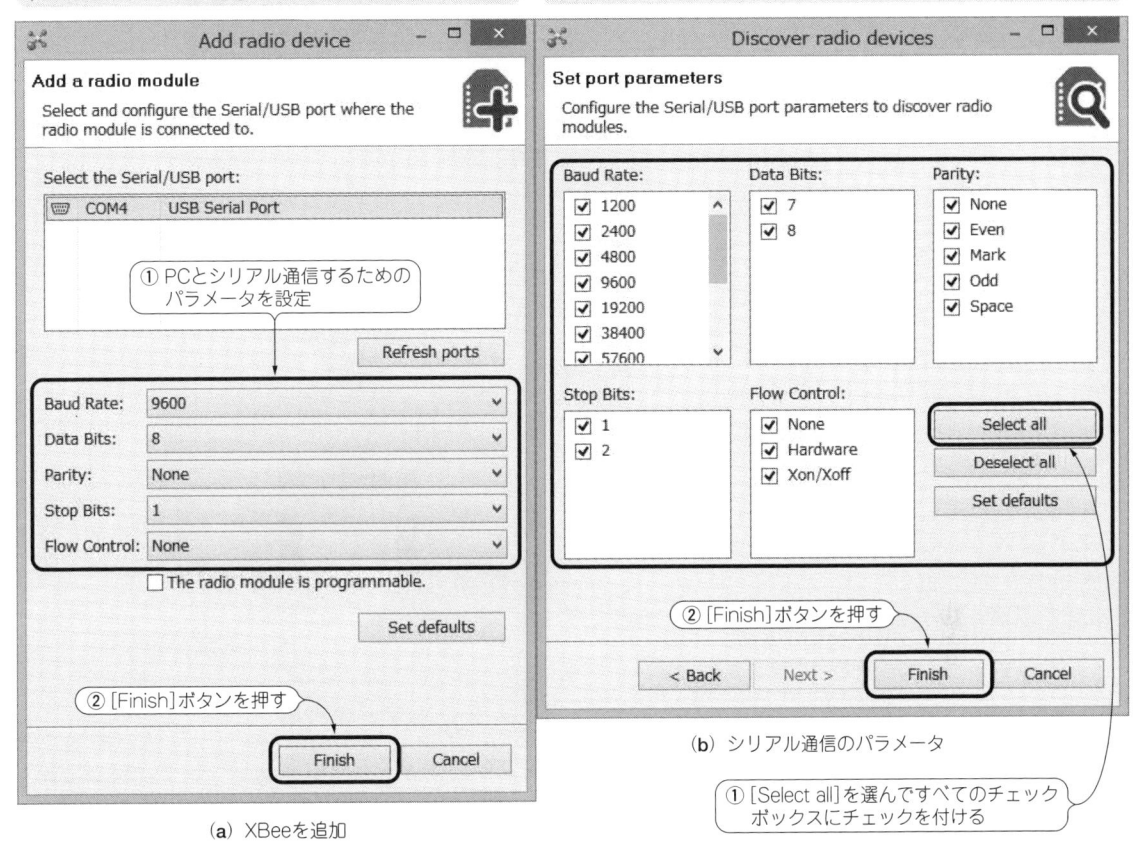

図 6-9　X-CTU に XBee を追加する
X-CTU に設定を行うための XBee を追加する手順．XBee を追加するには二通りの方法があり，一つは従来のシリアル通信の接続パラメータを設定する方法で，もう一つは新しく追加された機能で X-CTU が自動でパラメータを検索し設定してくれる．

る PC の環境によって変わります．もし，XBee 以外に USB - シリアル変換機器を使用している場合は，デバイスマネージャから XBee エクスプローラ USB が使用している COM ポートの番号を調べます．

今回は PC に USB - シリアル変換する機器は，XBee エクスプローラ USB しか使用していません．**図 6-9** 左側の図に表示されている COM ポートは，XBee に割り当てられているものなので，そのポートを選択します．次に，シリアル通信のパラメータを設定し，[Finish]ボタンを押すと接続が完了します．もし，新品の XBee であれば，通信パラメータを変更せずデフォルトの設定のままで接続できます．

一方，ルーペのアイコンを起動した場合も，まず XBee に割り当てられた COM ポートを選択し，[Next]ボタンを押します．すると，**図 6-9** 右側の図のようなダイアログが表示されるので，XBee の通信設定が不明の場合は，[Select all]を押し，すべてのチェック・ボックスにチェックを付け，[Finish]を押してください．このとき，PC に複数の XBee が接続されていた場合でも，すべての XBee を自動で検出してくれます．ただし，すべてのチェック・ボックスにチェックをつけると検出に時間がかかってしまうので，チェックが外せるものがあれば事前に外しておきます．

図 6-10
PC と XBee との接続が失敗
XBee の接続が失敗した際に表示されるダイアログ.

　接続が何らかの原因で失敗すると，図 6-10 のようなダイアログが表示されるので，再度接続の操作を行ってください．

　正しく接続が完了すると，いずれの操作を行っても図 6-11 のように，X-CTU に XBee が追加されます．

　X-CTU に追加された左側のウィンドウの XBee をクリックすると，右側のウィンドウに XBee に設定されているパラメータの値が表示されます．このとき，図 6-12 のように入力フォームの色によって，各パラメータの状態がわかるようになっています．

　入力フォームがグレーの場合は，初期値から値が変更されていないことを表しています．また，青色の場合は設定値が初期値から変更されていることを表し，緑色の場合は変更した値の書き込みが完了していないことを表しています．もし，入力フォームが赤色であれば，その値は適切な値が設定されていないので，変更する必要があります．

　それでは，XBeeWifi の以下の項目について設定を行います．SSID や一部のネットワークの設定などは，ユーザの使用する無線 LAN 環境に合わせて値を設定してください．

- ▶ SSID 無線 LAN の SSID（※ ネットワークの環境に合わせる）
- ▶ Network Type 2 - INFRASTRUCTURE
- ▶ IP Protocol 0 - UDP
- ▶ IP Addressing Mode 0 - DHCP（※ ネットワークの環境に合わせる）
　　固定の場合は（1 - STATIC）を選択し，Module IP Address，Mask，gateway の各パラメータを設

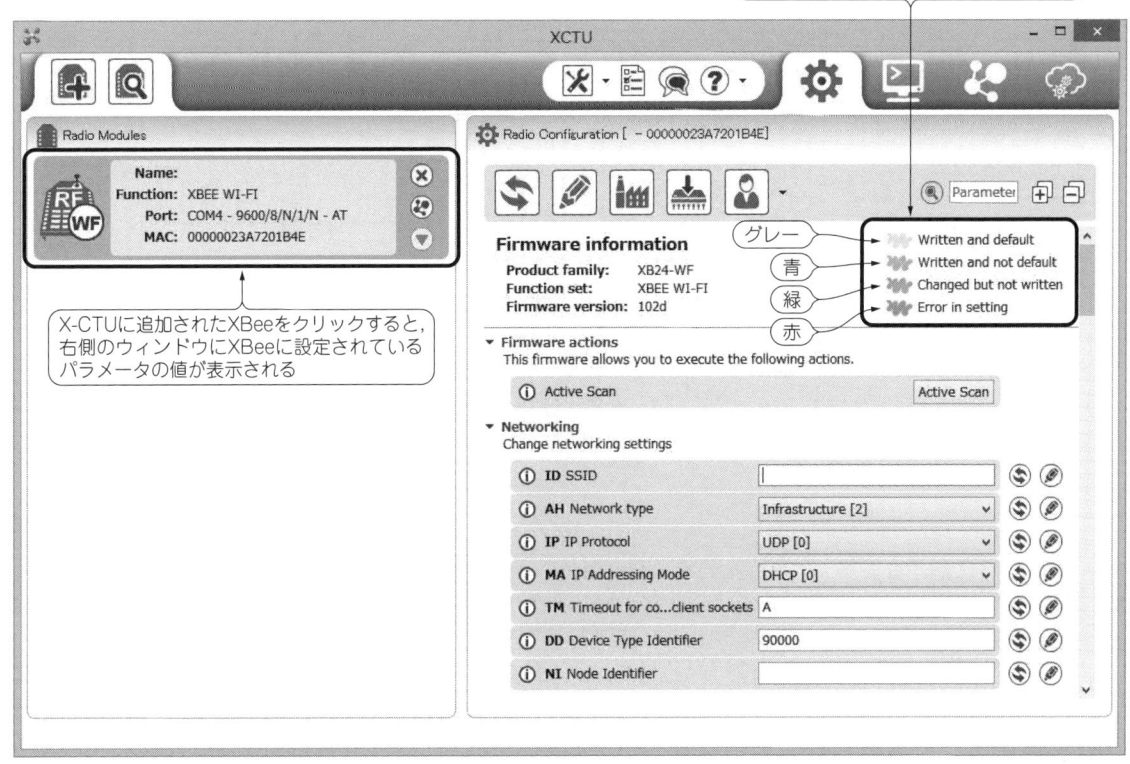

図 6-11 XBeeWifi に設定されているパラメータの読み込み
左側のウィンドウに表示されている XBee をクリックすると，設定されている各パラメータの値が右側のウィンドウに表示される．

定する
▶ Destination IP Address 192.168.0.7（※ ネットワークの環境に合わせる）
▶ Destination Port 0xC544（50500）
▶ Destination IP Address と Port は，画像データを送信する宛先パソコンの IP アドレスと画像表示プログラムで使用するポート番号を設定する
▶ Encryption Enable 1 - WPA（TKIP）SECURITY（※ ネットワークの環境に合わせる）
無線 LAN 環境で使用している暗号タイプを選択
▶ Passphrase 無線 LAN のパスフレーズ（※ ネットワークの環境に合わせる）
▶ BaudRate 7 - 115200
XBeeWifi の通信速度を 115200bps に設定（mbed と XBeeWifi との通信速度を mbed のプログラムで使用する速度と一致させる）

ネットワークの設定が完了したら，X-CTU 画面上部の鉛筆アイコンをクリックし，設定した値のすべてを XBee に書き込みます．その後，鉛筆アイコンの左横の矢印が二つあるアイコンをクリックして，XBee に設定した値を再読み込みして値が正しく設定されていることを確認します．もし，変更個所が少

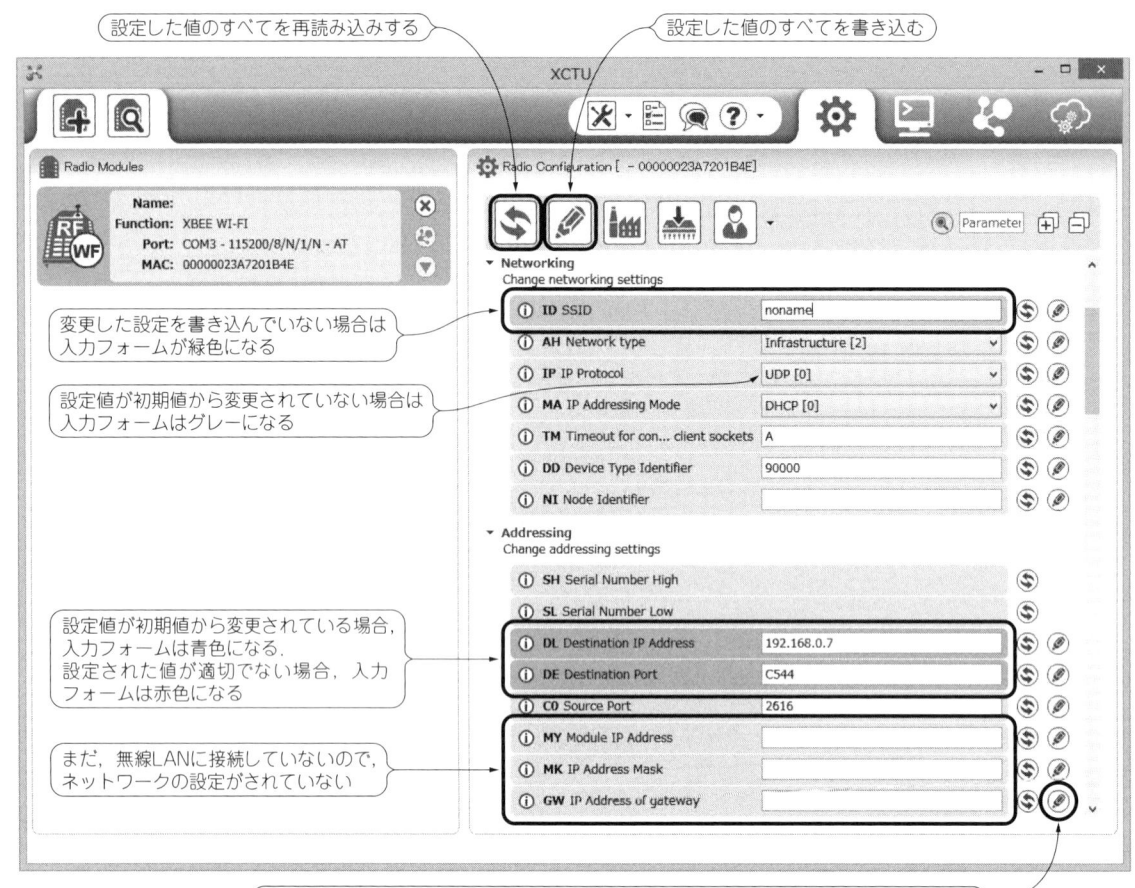

図6-12 XBeeの設定
XBeeの入力フォームに値を入力しパラメータを設定する．この際に，入力フォームの色によって，パラメータの状態が判断できる．パラメータはすべての設定箇所を一度に読み書きすることもできるし，各入力フォームごとにも読み書きができる．

ない場合は，入力フォーム横の鉛筆アイコンで，入力フォームごとに設定した値をXBeeに書き込むこともできます．

◆ ATコマンドによるXBeeの設定

XBeeを設定する方法はX-CTU以外にも，コンソールからATコマンドを入力することでも行うことができます．コンソールはTeraTermなどの通信ソフトウェアを使うこともできますが，ここでは，X-CTUのコンソール機能を使ってXBeeのパラメータを設定してみます．

まず，最初に画面上部にある，ディスプレイのアイコンをクリックします．次に，画面中央にコネクタが外れた状態のアイコンがあるので，そのアイコンをクリックするとコネクタが接続されます．これで，XBeeとコンソールが接続され，コンソールから入力した文字がXBeeに送信されます．

それでは，XBeeの設定を行います．まず最初にXBeeを設定モードにするために，「+++」を入力してください．このときの注意として，リターン・キー(改行)は押しません．すると，XBeeのコンソール画面に青色で入力した文字列(+++)が表示され，しばらくすると赤色でOKと表示されます．これで，

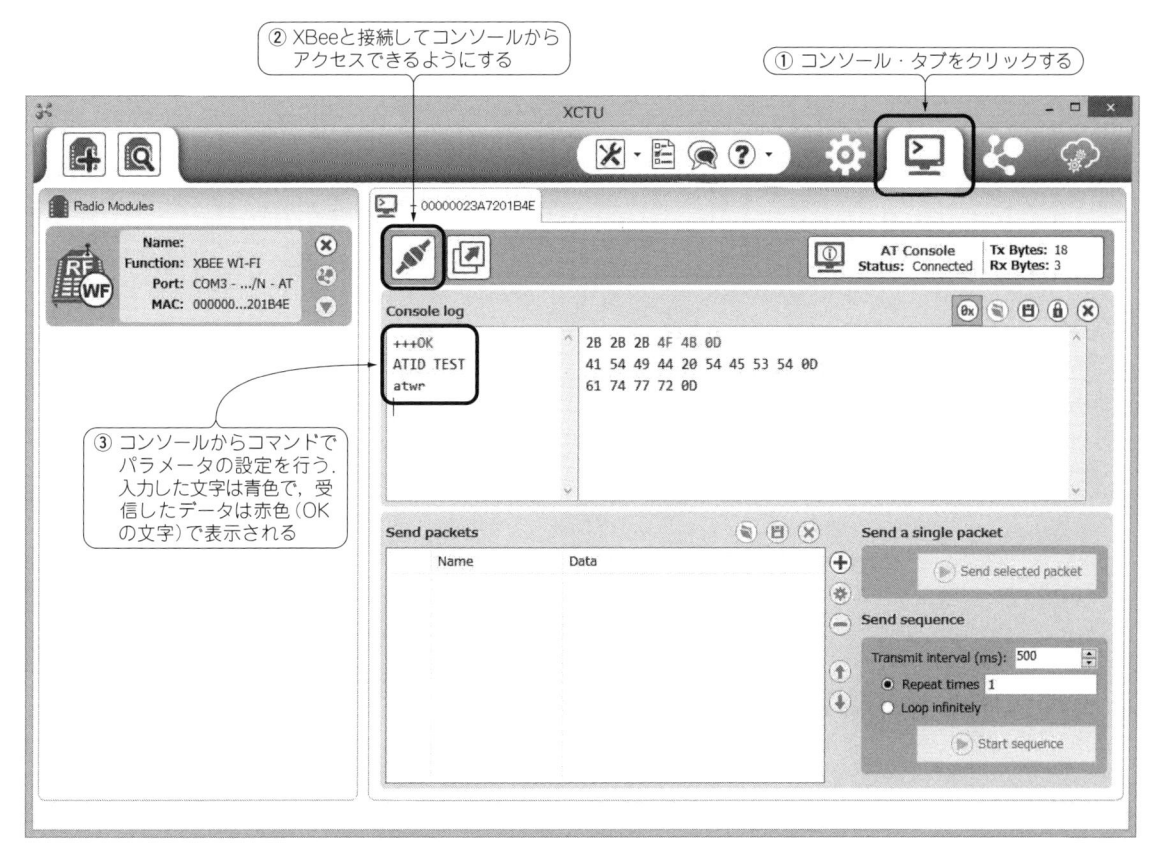

図6-13　コマンドを使ったXBeeの設定
XBeeは，コンソールからコマンドを使って設定できる．また，同様にmbedのプログラムからもコマンドをXBeeにUART経由で送信して設定できる．

　XBeeが設定モードになりました．画面の表示は入力した文字(XBeeに送信した文字)が青色で表示され，受信した文字(XBeeから送られてきた文字)は，赤色で表示されます．それでは，SSIDの値を変更してみます．

　SSIDの値を"TEST"に設定する場合は，ATID TEST[enter]と入力することで，SSIDの値が設定できます．設定が完了したらatwr[enter]と入力し，設定したデータをXBeeに書き込みます(**図6-13**)．

　ATIDコマンドでSSIDを設定し，ATWRコマンドで設定した値をXBeeに書き込みます．コマンドは大文字でも小文字でもOKです．違うパラメータを変更する場合は，**図6-12**の入力フォームの左端にアルファベット2文字が太字で表示されており，これがATコマンドの次の文字列になります．このように，SSIDに限らずコンソールからシリアル通信を使ってATコマンドによりXBeeの設定を行うことができます．

　図6-12ではXBee自身のネットワーク設定の入力フォーム欄には，まだパラメータが何も設定されていません．そこで，XBeeWifiを無線LANに接続し，DHCPでネットワークの情報を取得します．**図6-14**の枠内のように設定項目の一番上にあるActive Scanの[Scan]ボタンを押すと，接続可能な無線LANの一覧が表示されるので，XBeeWifiを接続するSSIDを選択します．すると，一番下の入力フォー

Column…6-1 mbed のプログラムから XBee を設定する

本文では，X-CTU のコンソールから AT コマンドにより，XBee の設定変更を行いましたが，mbed に直接接続されている XBee に限られますが，プログラムからでも XBee に UART で AT コマンドを送信すれば，ターミナルから行った操作と同様に設定値を変更することができます．AT コマンドは，今ではほとんど使われていませんが，パソコン通信などで利用の多かったモデムなどで利用されていたコマンド体系です．

mbed のプログラムから XBee の設定を変更する場合は，以下の手順で行います．

mbed と XBee が P13，P14 の UART で接続されているとします．

```
// シリアル通信のオブジェクト pc を宣言する
Serial pc(p13,p14);
```

最初に通信速度の設定（XBee の Baud rate が 9600 とする）をして，UART で XBee に対して"+++"を送信します．

このとき <CR> は送りません．

```
pc.baud(9600);
pc.printf("+++");
```

続いて，1 秒後に atid コマンドで SSID を noname に変更し <CR> を送信します．

```
wait(1.0);
pc.printf("atid noname");
pc.putc('\r');
```

最後に atwr で変更した設定値を書き込みます．

```
pc.printf("atwr");
pc.putc('\r');
```

mbed と直接 UART で接続している XBee の設定変更を，プログラムから実行してみました．エラー処理なども行っていないので，あまり実用的なプログラムとはいえませんが，このように AT モードの場合は mbed に直接接続されている XBee であれば，プログラムからでも XBee の設定変更を行うことができます．

ムに値が入力できるようになるので，無線 LAN のパス・フレーズを入力し，[Connect]ボタンを押します．正しく接続できれば，ダイアログのタイトルに[Connection successful]と表示され，先ほど値が設定されていなかった，

```
Module IP Address
IP Address Mask
IP Address of gateway
```

の三つのフォームにそれぞれ適切な値が設定されています（図 6-15）．

もし，接続できない場合は，[Error connecting to access point]と表示されるので，設定した SSID や暗号タイプ，パス・フレーズに間違いがないかもう一度確認してください．正しくネットワークの値が取得できたら，後ほど XBeeWifi の無線 LAN 接続テストを行うので，設定された Module IP Address を控えておいてください．

これで XBeeWifi の設定は完了です．

図 6-14　XBeeWifi を無線 LAN に接続する
XBeeWifi に接続する SSID やパスワードを設定して無線 LAN に接続する．

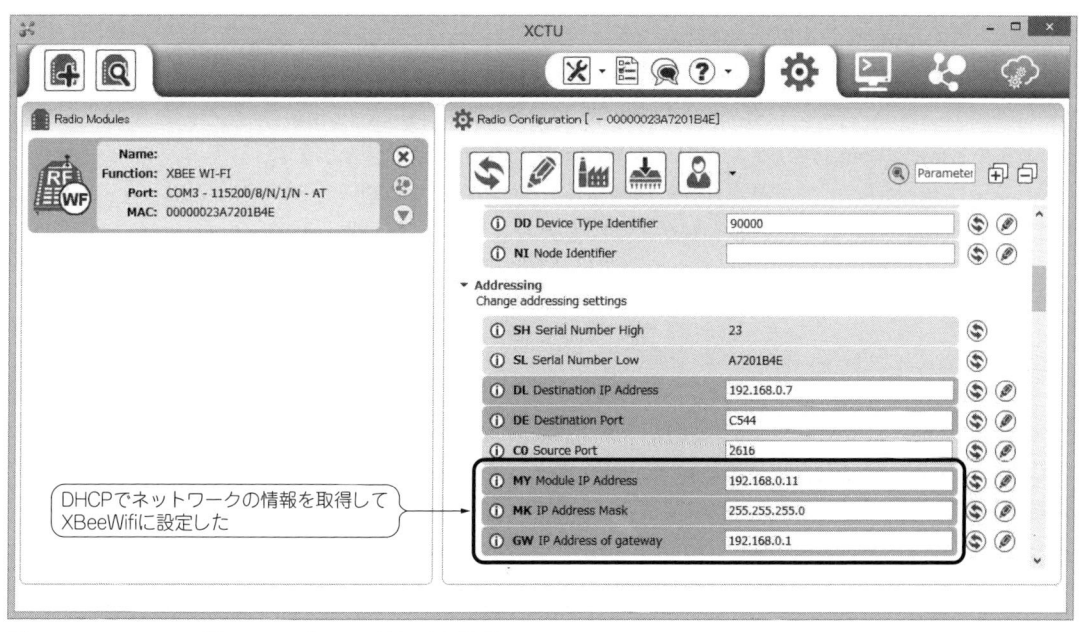

図 6-15　XBeeWifi が DHCP で IP アドレスを取得
XBeeWifi が無線 LAN に接続し DHCP でネットワークの各種パラメータを取得した．

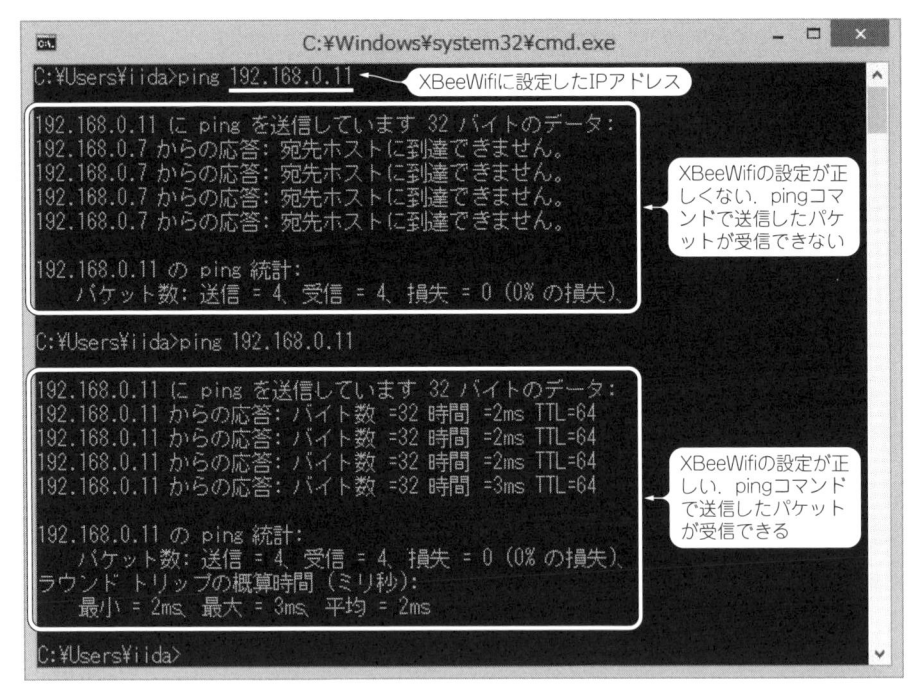

図 6-16 ping コマンドを使った接続確認
XBeeWifi が無線 LAN に正しく接続できているか ping コマンドを使って接続テストを行う．XBeeWifi がネットワークに正常に接続できていなければ，エラー・メッセージが表示される．一方 PC から XBeeWifi に送信したデータが PC で受信できれば，正しくネットワークに接続できている．この際に，データの往復時間などの情報が表示される．

◆ パソコンと XBeeWifi の接続テスト

設定がすべて完了したら，XBeeWifi が無線 LAN に接続できているかテストを行います．

パソコンがネットワークに接続できているかを確認するには，ping コマンドを使用しますが，XBeeWifi でも同様に ping コマンドを使った接続テストを行うことができます．

Windows の PC から，［アクセサリ］→［コマンドプロンプト］を起動し，以下のように ping コマンドを実行します．XBeeWifi が正しくネットワークに接続できていれば，XBeeWifi が ping コマンドに対して応答を返してくれます．

```
ping 192.168.0.11 [※XBeeWifi に設定されている IP アドレス(Module IP Address)]
```

XBeeWifi が正常にネットワークに接続できない場合は図 6-16 の上の枠のように接続要求がタイムアウトしたり，宛先に到達しない旨のエラー・メッセージが表示されたりします．このときは，XBeeWifi は無線 LAN に接続できていないので，もう一度 X-CTU から設定した値や取得した値(Module IP Address など)を確認してください．一方，正常に接続できていれば，下の枠のようにデータを送信してから受信するまでの時間(データの往復時間)が表示されます．

◆ 画像表示システムの回路

回路を作成していきます．表 6-2 は製作する回路の部品一覧です．

表 6-2 画像表示システムの部品一覧

品　名	型　式	個数
JPEG カメラ	C1098-SS	1
XbeeWifi		1
XBee エクスプローラ USB		1
XBee ピッチ変換基板とソケット・セット		1
電池ボックス	単3×4本用	1
電解コンデンサ C_3	470μF	1
電解コンデンサ C_2	100μF	1
セラミック・コンデンサ C_1	0.1μF	1
ダイオード	1N4002（100V，1A 相当品可）	1
LDO レギュレータ（3.3V/1A）	μPC2933BHB-AZ	1
ブレッドボード	EIC-801	1
無線 LAN 環境		
JPEG カメラ固定用部品		
ねじ	精密ねじ B セット 八幡ねじ製	1
ナット	精密ねじ D セット 八幡ねじ製	1
L 型アーム	ユニバーサル・アーム・セット No.143	1
塩ビ板	5×1.5cm	

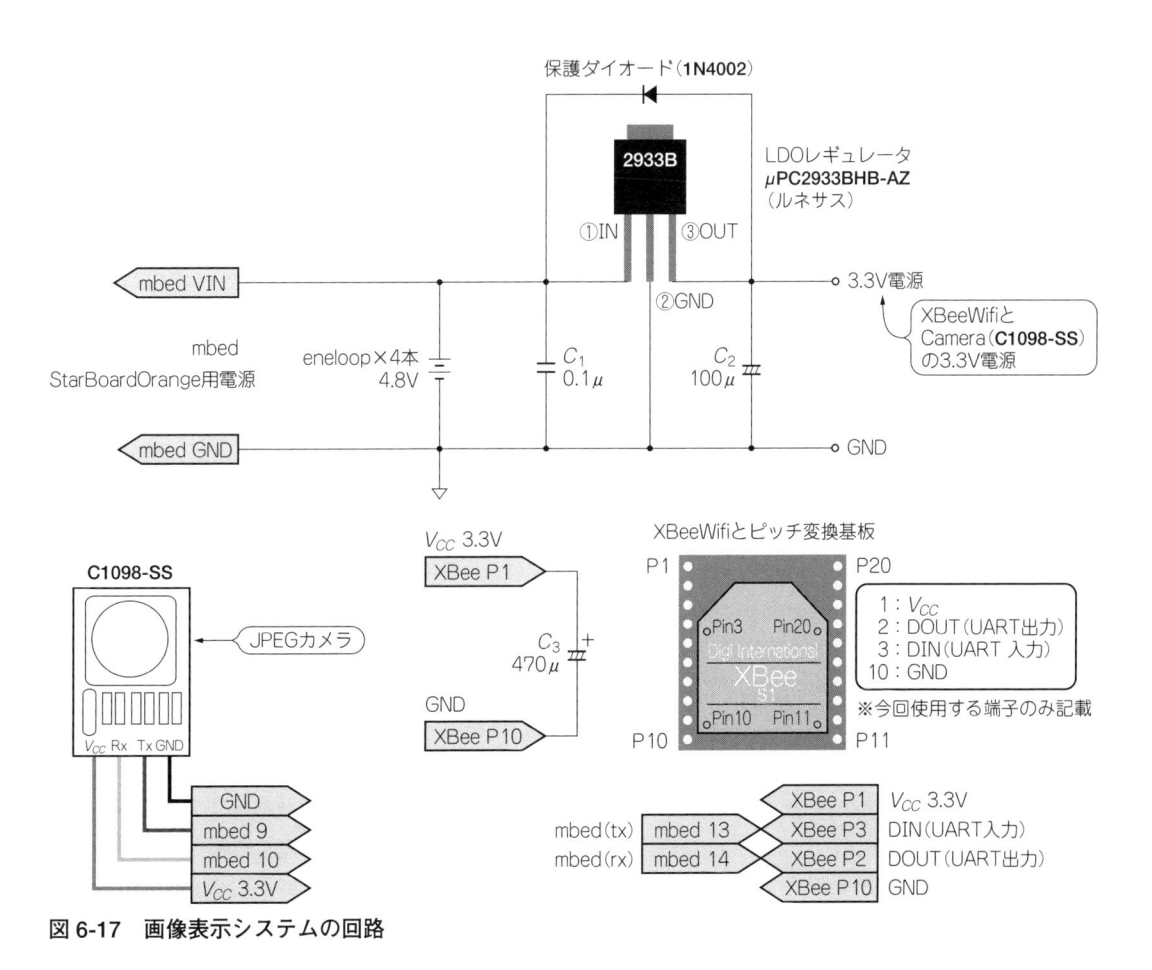

図 6-17 画像表示システムの回路

6-2 画像表示システムで使用するデバイス XBeeWifi

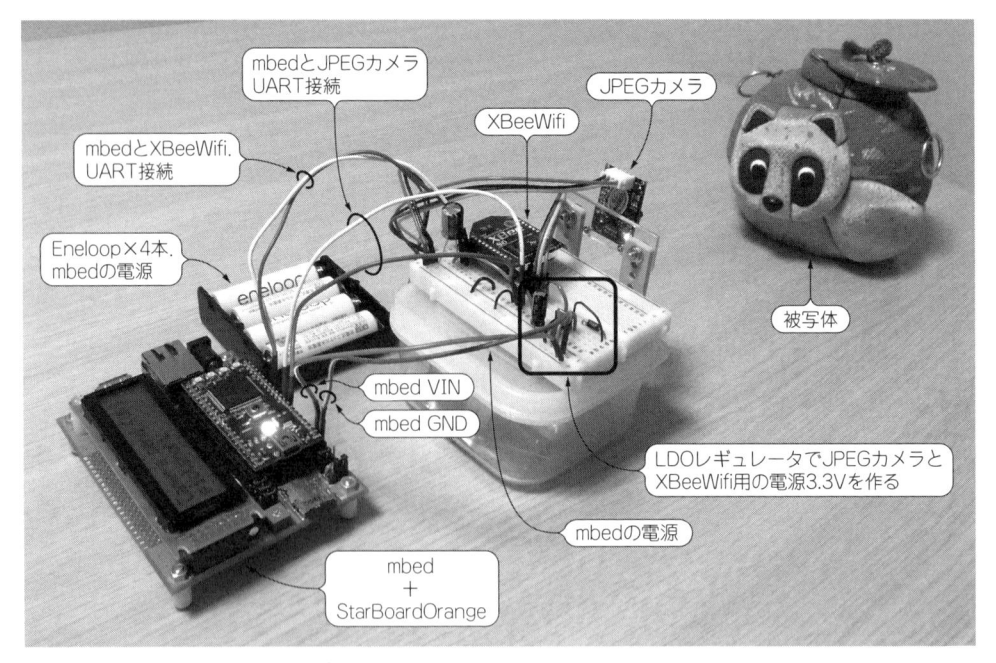

図6-18 画像表示システムの接続例

　図6-17は製作する回路図で，Eneloop×4本からLDOレギュレータを使って3.3Vの電圧を作っていますが，これはXBeeWifiとJPEGカメラの電源になります．また，mbedの電源は直接Eneloopから供給しています．
　図6-18は実際に製作した回路です．

6-3　mbedのプログラムCamera-XBeeWifiの作成

　mbedのプログラムを作成していきます．プログラム名はCamera-XBeeWifi（**リスト6-1**）になります．まず，以下のライブラリをimportしてください．

```
CameraC1098
TextLCD
```

　カメラのライブラリは以下のURLからimportできます．

```
http://mbed.org/users/sunifu/code/CameraC1098/
```

　プログラムのmain関数内の以下の部分で，JPEGカメラ，XBeeWifiの初期化処理を行っています．
　カメラが取得する画像や通信速度はinit関数で，**表6-3**のパラメータを与えることで変更できます．
　カメラの画像サイズを大きくすると転送に時間がかかるため，画像を取得してから表示までにかなりの遅れが生じます．そこで，通信速度を速くすると当然画像は速く送信できますが，転送時にエラーが発生

リスト 6-1 画像表示システム Camera-XBeeWifi のプログラム

```
/**
 * CameraXBeeWifi program.
 *
 * CameraC328Library
 * Copyright (C) 2010 Shinichiro Nakamura (CuBeatSystems)
 * http://shinta.main.jp/
 *
 * CameraC1098-SS Library
 * Copyright (C) 2012 Tadao Iida
 */

#include "mbed.h"
#include "CameraC1098.h"
#include "TextLCD.h"

TextLCD lcd(p24, p26, p27, p28, p29, p30);

// JPEGカメラ・オブジェクト宣言
CameraC1098 camera(p9, p10);

// XBeeWifi通信用オブジェクト宣言
Serial xbeewifi(p13,p14);


/**
 * A callback function for jpeg images.
 * You can block this function until saving the image datas.
 *
 * @param buf A pointer to the image buffer.
 * @param siz A size of the image buffer.
 */
// Callback関数 CameraC1098ライブラリのgetJpegSnapshotPicture関数から
// 呼び出される
void jpeg_callback(char *buf, size_t siz) {
    for (int i = 0; i < (int)siz; i++) {
            // XBeeWifiへ画像データを送信
        xbeewifi.putc(buf[i]) ;
    }
}

// JPEGカメラとの同期処理
void sync(void) {
    CameraC1098::ErrorNumber err = CameraC1098::NoError;

    err = camera.sync();
    lcd.locate(0,0);
    if (CameraC1098::NoError == err) {
        printf("[ OK ] : CameraC1098::sync\r\n");
        lcd.printf("Camera Sync [OK]");
    } else {
        printf("[FAIL] : CameraC1098::sync (Error=%02X)\r\n", (int)err);
        lcd.printf("Camera init [NG]");
    }
}

// JPEGカメラ画像取得関数
void test_jpeg_snapshot_picture(void) {
    CameraC1098::ErrorNumber err = CameraC1098::NoError;

    err = camera.getJpegSnapshotPicture(jpeg_callback);

    lcd.locate(0,0);
    if (CameraC1098::NoError == err) {
        printf("[ OK ] : CameraC1098::getJpegSnapshotPicture\r\n");
        lcd.printf("Camera send [OK]");
    } else {
        printf("[FAIL] : CameraC1098::getJpegSnapshotPicture (Error=%02X)\r\n", (int)err);
        lcd.printf("Camera send [NG]");
    }
}

int main() {

    wait(2.0) ;

    printf("\r\n");
```

リスト 6-1　画像表示システム Camera-XBeeWifi のプログラム（つづき）

```
    printf("==========\r\n");
    printf("CameraC1098\r\n");
    printf("==========\r\n");
    CameraC1098::ErrorNumber err = CameraC1098::NoError;

    // JPEG カメラの初期化 カメラ側の通信速度(115200bps)と取得する画像サイズ(320×240)を設定
    err = camera.init(CameraC1098::Baud115200, CameraC1098::JpegResolution320x240);

    // JPEG カメラと接続する mbed 側の通信速度の設定
    // JPEG の通信速度と合わせる
    camera.setmbedBaud( CameraC1098::Baud115200 );

    // XBeeWifi と接続する mbed 側の通信速度の設定
    // XBeeWifi の通信速度と合わせる
    xbeewifi.baud(115200);

    lcd.locate(0,0);

    // JPEG カメラの状態を LCD に表示する
    if (CameraC1098::NoError == err) {
        printf("[ OK ] : CameraC1098::init\r\n") ;
        lcd.printf("Camera init [OK]");
    } else {
        printf("[FAIL] : CameraC1098::init (Error=%02X)\r\n", (int)err) ;
        lcd.printf("Camera init [NG]");
        exit(-1);
    }

    sync();

    // 画像を XBeeWifi に向けて送信し続ける
    while(1){
        lcd.locate(0,1);
        lcd.printf("pictshort        ");
        test_jpeg_snapshot_picture();
    }
}
```

表 6-3[(1)] カメラ C1098 初期化関数のパラメータ

カメラの動作を変更するには main 関数内の init 関数でカメラ・モジュールの初期化処理を行う．カメラが取得する画像や mbed と XBee 間の通信速度は，図のようなパラメータを与えることで変更できる．

転送速度[bps]	パラメータ名
14400	Baud14400
28800	Baud28800
57600	Baud57600
115200	Baud115200
230400	Baud230400
460800	Baud460800

画像サイズ	パラメータ名
80×64	JpegResolution80x64
160×128	JpegResolution160x128
320×240	JpegResolution320x240
640×480	JpegResolution640x480

（80×64、160×128、640×480 はサポート外）

する確率も高くなります．筆者は 115200bps で動作させていますが，この程度であればエラーもなく安定して動作します．

```
// JPEG カメラを初期化し，カメラ側の通信速度(115200bps)と取得する画像サイズ(320×240)を設定する
err = camera.init(CameraC1098::Baud115200,
   CameraC1098::JpegResolution320x240);
```

mbed と JPEG カメラは UART で接続しているので，mbed 側の通信速度も設定します．

```
利用者がプログラムとして作成する

            main 関数
関数のポインタを引数として getJpegSnapshot
Picture 関数を呼び出す
getJpegSnapshotPicture(jpeg_callback);
```

ライブラリで提供されている関数は，決められた処理を行うため変更不可

```
        CameraC1098 ライブラリ
getJpegSnapshotPicture の実体があり main
関数から呼び出される．
このとき，jpeg_callback が関数のポインタ
として引き渡される．
getJpegSnapshotPicture 内で関数のポインタ
を使ってその実体が呼び出される．
この場合 jpeg_callback 関数
```

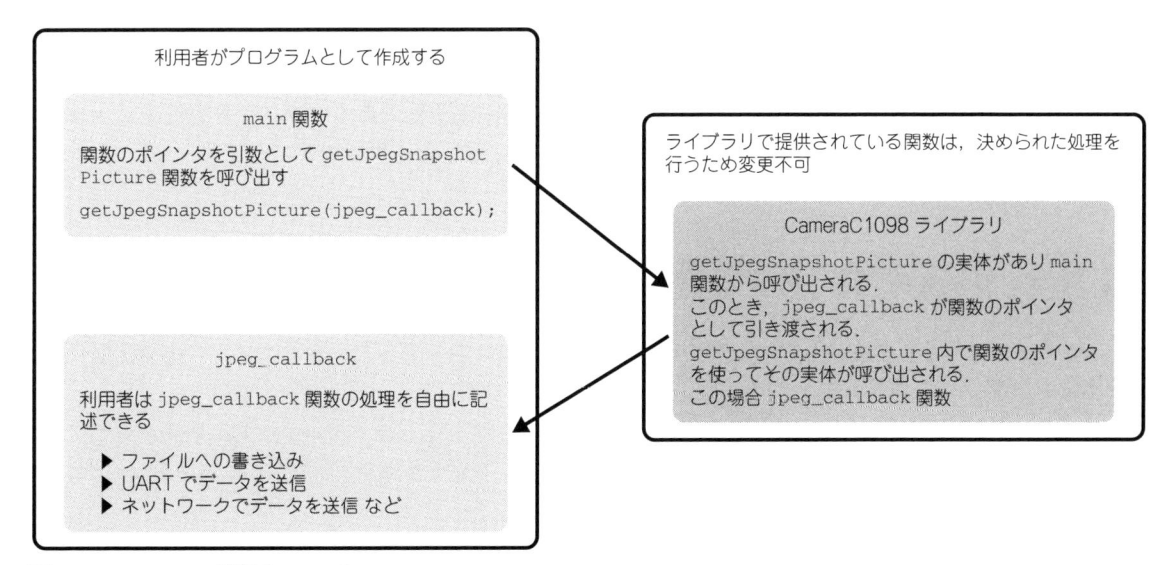

```
            jpeg_callback
利用者は jpeg_callback 関数の処理を自由に記
述できる

  ▶ ファイルへの書き込み
  ▶ UART でデータを送信
  ▶ ネットワークでデータを送信 など
```

図 6-19 Callback 関数について
Callback 関数の概略．main 関数から呼び出した関数がライブラリから callback される．callback される関数の処理は利用者が作成できるので，汎用性のあるプログラムが作成できる．

```
// mbed とカメラの UART の通信速度設定 カメラで設定した通信速度と同じ値に設定する
camera.setmbedBaud( CameraC1098::Baud115200 );
```

mbed と XBeeWifi も UART で接続しているので，ここでも，mbed と XBee の通信速度を同じ値に設定します．なお，XBeeWifi の通信速度は，X-CTU で設定済みです．

```
// mbed と XBeeWifi との UART の通信速度の設定
// XBee の通信速度と合わせる
xbeewifi.baud(115200);
```

◆ Callback 関数を使う

`test_jpeg_snapshot_picture` 関数内には，

```
camera.getJpegSnapshotPicture(jpeg_callback);
```

のように，関数を引数にしているあまり見慣れない関数呼び出しがあります．

これは，Callback 関数と呼ばれるちょっと特殊な関数で，関数のポインタを使用しています．**図 6-19** は Callback 関数を使った処理の流れを表しています．まず，`test_jpeg_snapshot_picture` 関数内の `getJpegSnapshotPicture` 関数が実行されると，この関数の引数は関数のポインタで `jpeg_callback` 関数が引数として渡されます．`getJpegSnapshotPicture` の実体は，CameraC1098 ライブラリにあり，このライブラリ内の `getJpegSnapshotPicture` を処理する部分で，Callback 関数が実行されます．このとき，呼び出される Callback 関数の実体は，先ほど関数のポインタとして渡された関

数(jpeg_callback)になります．

　Callback関数を使うことで，ライブラリであらかじめ決められた処理を行うのではなく，利用者がプログラム作成時に関数の処理内容を自由に決められるので，汎用性のあるプログラムを作成できます．特にWindowsプログラムを作成する場合などは，時々このCallback関数が出てきます．知っておくと便利なので，このような使い方もあることを覚えておくとよいでしょう．

6-4　C#によるカメラ画像表示プログラムC1098Viewerの作成

　mbed側のプログラムが完成したら，次にC#を使ってmbedから送られてきたカメラの画像を取得し，表示するプログラムを作成します．

　プログラム名はC1098Viewerにします．VisualStudioを起動して，[ファイル]→[新しいプロジェクト]を選びます．ここで，[Visual C#]の[Windowsフォームアプリケーション]を選択し，名前をプログラム名の[C1098Viewer]にしてください．

◆ フォームの作成

　次にWindowサイズを 400, 400 程度の大きさにして，フォームに表6-4のコントロールを図6-20のように配置し，各コントロールのプロパティを表6-4のように変更してください．

　すべてのコントロールの配置とプロパティの変更が終わったら，メニューから[表示]→[コード]を選んでプログラムを表示します．

　最初に図6-21のようにUsingディレクティブを使ってネットワーク関連の型の名前を省略できるようにするとともに，変数宣言を行います．Usingディレクティブを使うことにより，本来System.Net.Sockets.UdpClientと記述する文をUdpClientのように省略できます．

◆ 初期化処理のコード

　次にVisual Studioのタブを[デザイン]に戻してください．すると，先ほどのコントロールを配置したフォームが表示されます．ここで，コントロールが配置されている以外のフォームの部分をクリックすると，表示が[コード]に切り替わりForm1_Loadメソッドが作成され，このメソッド内にカーソルが移動します．そこで，以下のような初期化処理を記述します．

```
private void Form1_Load(object sender, EventArgs e)
{
    udpData = new UdpClient(localPort);
    RemoteIpEndPoint = new IPEndPoint(IPAddress.Any, 0);

    btnStop.Visible = false;
    btnClear.Visible = false;
}
```

　再び[デザイン]タブに戻り，[受信]，[停止]，[クリア]，[終了]の各ボタンを押すと，それぞれ表示が切り替わりボタンが押されたときの処理を記述する[コード]のモードになるので，それぞれの処理を記述していきます．

表 6-4　C1098Viewer に配置する各コントロールとプロパティの変更

コントロール	Name	Text	パラメータ
Form1	—	C1098Viewer	
Label1	—	STATUS :	FontSize 12pt
Label2	labelStat	—	FontSize 12pt
Label3	—	SIZE :	FontSize 12pt
Label4	labelSize	—	FontSize 12pt
pictureBox1	pictJpeg	—	size 320x240
timer1	timer	—	Interval 50
button1	btnReceive	受信	
button2	btnStop	停止	
button3	btnClear	クリア	
button4	btnExit	終了	

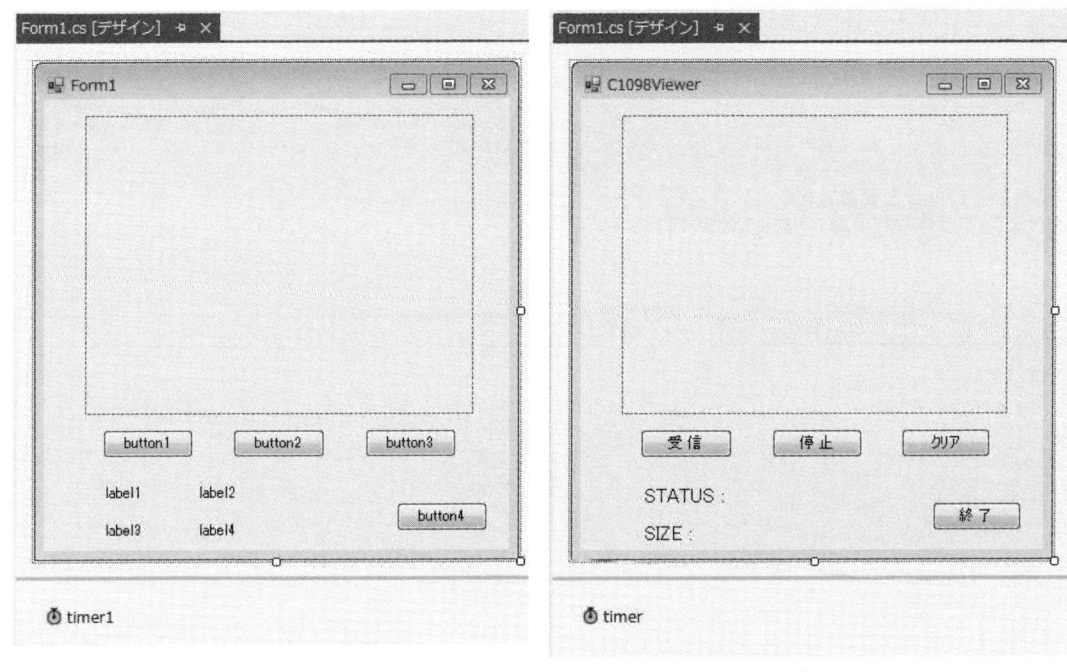

(a) Formにコントロールを配置したもの　　(b) コントロールのプロパティを変更したもの

図 6-20　フォームにコントロールを配置
パソコン側のソフトウェアは VisualStudio で作成する．フォームにコントロールを図のように配置し，プロパティを**表 6-4** のように変更する．

　基本的には各ボタンが押されたときの処理は，ボタンの活性化と非活性化の処理を行っているだけです．ただし，[受信][停止]ボタンについては，ボタンの活性/非活性以外に timer 関数の開始と停止も制御しています．
　ボタンが押されたときの処理内容は**リスト 6-2** の C1098Viewer のソース・コードで確認してください．
　最後に timer 関数が呼ばれたときの処理を記述します．timer コントロールをクリックして，タイマ割り込みがかかったときの処理を記述します．タイマ割り込みは[受信]ボタンが押されると 50ms ごとに

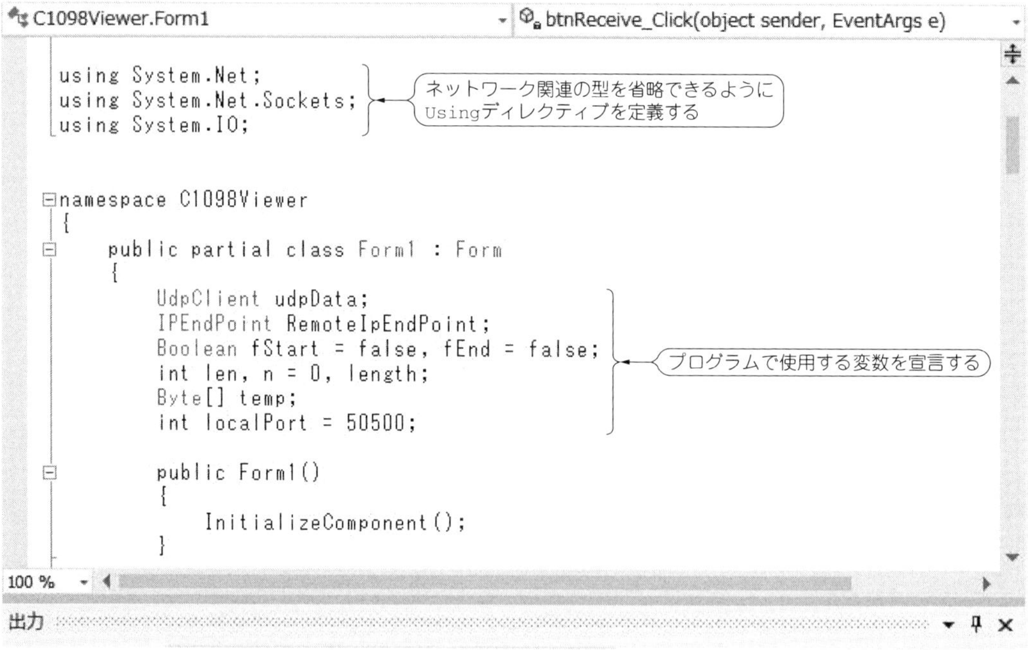

図 6-21 Using と変数宣言
Using ディレクティブの定義ならびに変数宣言を行っている．

リスト 6-2 カメラ画像表示 C1098Viewer プログラム

```
using System;
using System.Collections.Generic;
using System.ComponentModel;
using System.Data;
using System.Drawing;
using System.Linq;
using System.Text;
using System.Threading.Tasks;
using System.Windows.Forms;

using System.Net;
using System.Net.Sockets;
using System.IO;

namespace C1098Viewer
{
    public partial class Form1 : Form
    {
        // 変数宣言
        UdpClient udpData;

        IPEndPoint RemoteIpEndPoint;
        Boolean fStart = false, fEnd = false;
        int len, n = 0, length;
        Byte[] temp;
        // 画像データを受信するアプリケーションのポート
        int localPort = 50500;

        public Form1()
        {
            InitializeComponent();
        }

        private void Form1_Load(object sender, EventArgs e)
```

154　第6章　JPEG カメラと XBeeWifi を使った画像表示システムの製作

```csharp
    {
        // 初期化処理
        // UdpClient オブジェクトの作成
        udpData = new UdpClient(localPort);

        // すべての IP アドレス，任意のポートからのデータを受信する IPEndPoint オブジェクトを作成
        RemoteIpEndPoint = new IPEndPoint(IPAddress.Any, 0);

        // ボタンの活性 / 非活性処理
        btnStop.Visible  = false;
        btnClear.Visible = false;
    }

    // [受信]ボタンが押されたときの処理
    private void btnReceive_Click(object sender, EventArgs e)
    {
        // タイマ・スタート
        timer.Start();

        // ボタンの活性 / 非活性処理
        btnReceive.Visible = false;
        btnStop.Visible    = true;
        btnClear.Visible   = true;
    }

    // [停止]ボタンが押されたときの処理
    private void btnStop_Click(object sender, EventArgs e)
    {
        // タイマ・ストップ
        timer.Stop();

        // ボタンの活性 / 非活性処理
        btnReceive.Visible = true;
        btnStop.Visible    = false;
        btnClear.Visible   = false;
    }

    // [クリア]ボタンが押されたときの処理
    private void btnClear_Click(object sender, EventArgs e)
    {
        // 受信処理用パラメータを初期化する
        fStart = false;
        fEnd = false;
        n = 0;
    }

    // timer 関数 50ms ごとに呼ばれる
    private void timer_Tick(object sender, EventArgs e)
    {
        try
        {
            // mbed から画像データを受信する
            // データが届くまでは待機する
            Byte[] rsvTemp = udpData.Receive(ref RemoteIpEndPoint);

            // 受信したデータ長を len に代入する
            len = rsvTemp.Length;
            for (int j = 0; j < len - 1; j++)
            {
                // 読み込んだデータの解析　JPEG のフォーマットで FF D8 はデータのイメージ開始を表す
                if (rsvTemp[j] == 0xFF && rsvTemp[j + 1] == 0xD8 )
                {
                    fStart = true;
                }
                // FF D9 はデータのイメージ終了
                if (rsvTemp[j] == 0xFF && rsvTemp[j + 1] == 0xD9)
                {
                    fEnd = true;
                }
                // イメージの読み込み終了
            }
            n++;
            // 1 回で画像データすべてを読んだ場合の処理
            if (fStart == true && fEnd == true && n == 1)
            {
```

リスト 6-2　カメラ画像表示 C1098Viewer プログラム（つづき）

```csharp
                            temp = new byte[len];
                            rsvTemp.CopyTo(temp, 0);
                            length = len;
                            fStart = false;
                            fEnd = false;
                            n = 0;
                            // 描画処理
                            MemoryStream ms = new System.IO.MemoryStream(temp.Length);
                            ms.Write(temp, 0, temp.Length);
                            pictJpeg.Image = Image.FromStream(ms);
                            ms.Dispose();
                            this.Invoke(new MethodInvoker(delegate { labelStat.Text = "描画更新"; labelSize.Text = String.Format(" {0}[Byte]", length); }));
                        }
                        // 複数回に分けて画像データを読み込んだ場合の処理
                        if (fStart == true && fEnd == true && n > 1)
                        {
                            // 画像データの結合
                            temp = temp.Concat(rsvTemp).ToArray();
                            length += len;
                            fStart = false;
                            fEnd = false;
                            n = 0;
                            // 描画処理
                            MemoryStream ms = new System.IO.MemoryStream(temp.Length);
                            ms.Write(temp, 0, temp.Length);
                            pictJpeg.Image = Image.FromStream(ms);
                            ms.Dispose();
                            this.Invoke(new MethodInvoker(delegate { labelStat.Text = "描画更新"; labelSize.Text = String.Format(" {0}[Byte]", length); }));

                        }
                        if (fStart == true && fEnd == false)
                        {
                            if (n == 1)
                            {
                                // 最初のデータの読み込み
                                temp = new byte[len];
                                rsvTemp.CopyTo(temp, 0);
                                length = len;
                                this.Invoke(new MethodInvoker(delegate { labelStat.Text = "データ読み込み [1]"; }));
                            }
                            else
                            {
                                // 2回目以降のデータ読み込み

                                temp = temp.Concat(rsvTemp).ToArray();
                                length += len;

                                this.Invoke(new MethodInvoker(delegate { labelStat.Text = String.Format("データ読み込み [{0}]", n); }));
                            }
                        }
                        // 不測の事態が発生したときの処理
                        if (fStart == false && fEnd == true)
                        {
                            this.Invoke(new MethodInvoker(delegate { labelStat.Text = "読み込みエラー"; }));
                            fStart = false;
                            fEnd = false;
                            n = 0;
                        }
                    }
                }
                catch (Exception ex)
                {
                    Console.WriteLine(ex.ToString());
                }
            }
        }

        // [終了]ボタンが押されたときの処理
        private void btnExit_Click(object sender, EventArgs e)
        {
            // プログラムの終了
            Application.Exit();
        }
    }
}
```

呼び出され，［停止］ボタンが押されると呼び出しを停止します．

　タイマ割り込み内の処理は，mbed から送られてきた画像データを受信し，C1098Viewer で画像を表示する処理を行っています．

　データは画像のサイズによって，複数回の読み込みが必要な場合があります．そこで，データをすべて受信してからデータを描画する処理を行っています．このとき，JPEG の画像データは必ず「FF D8」から始まり「FF D9」で終わるので，このデータを調べることで，一つのファイルの区切りを識別しています．

　描画の部分はデータ・ストリームから取得したデータを Image オブジェクトに変換して，PictureBox コントロールに代入して描画します．各関数の詳細な働きについては，Web などで公開されているMSDN ライブラリで調べてみてください．

◆ 動作確認

　プログラムが完成したら，動作確認してみましょう．

　最初に mbed 側を起動します．CameraC1098 の初期化が正常に完了すると StarBoardOrange の LCD に，

```
Camera init [OK]
```

と表示されます．

　続いて mbed がカメラとの sync 処理が完了すると，

```
Camera Sync [OK]
```

と表示されます．

　そして，取得した画像を UART で XBeeWifi に向けて送信し，データ送信が完了すると，

```
Camera send [OK]
```

と表示されます．

　XBeeWifi は mbed から送られてきた画像データを UDP パケットにして，192.168.0.7（パソコンの IP アドレス）の 50500 ポートに向けて送信します．

　次にパソコン側で C1098Viewer を起動します．mbed を起動する前に C1098Viewer を起動し［受信］ボタンを押すと，C1098Viewer は timer 関数内の receive 関数で mbed からのデータを受信するまで待ち続けるため，プログラムが停止した状態になります．［停止］や［終了］ボタン，ウィンドウ右上の［×］ボタンなど一切の処理を受け付けなくなるので，終了したい場合は少し手間ですがタスクマネージャーを起動して C1098Viewer プログラムを強制終了してください．もし，VisualStudio の［開始］ボタンでプログラムを起動している場合は，赤い四角マーク［デバッグの終了］ボタンを押すことで，プログラムを強制終了させることもできます．

　一番最初に C1098Viewer を起動したときだけ，図 6-22 のような「Windows セキュリティの重要な警告」が表示されますが，必ず［アクセスを許可する］ボタンを押して XBeeWifi との通信を許可してください．ここで，アクセスを許可しないとパソコンのファイア・ウォールでデータが破棄されてプログラムまでデータが届かなくなってしまいます．また，セキュリティ関連のソフトウェアをインストールしている場

図 6-22
Windows セキュリティの重要な警告

パソコン側で作成したプログラムを最初に実行するときに「Windows セキュリティの重要な警告」ダイアログが表示される場合がある．必ず［アクセスを許可する］ボタンを押してパソコンとXBeeWifi との通信を許可する．許可しないとパソコンのFW（ファイア・ウォール）機能によって送られてきたデータを破棄されるため，カメラから送られてきたデータを受信できない．

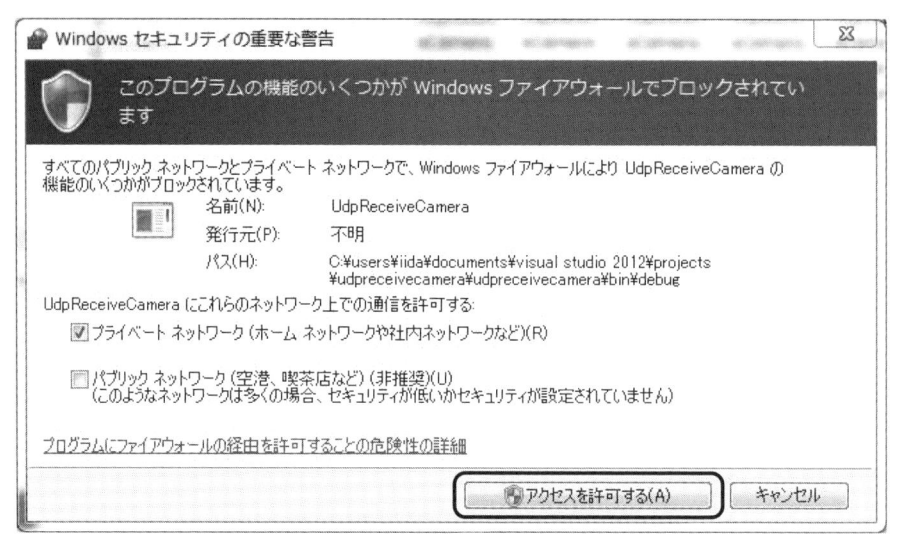

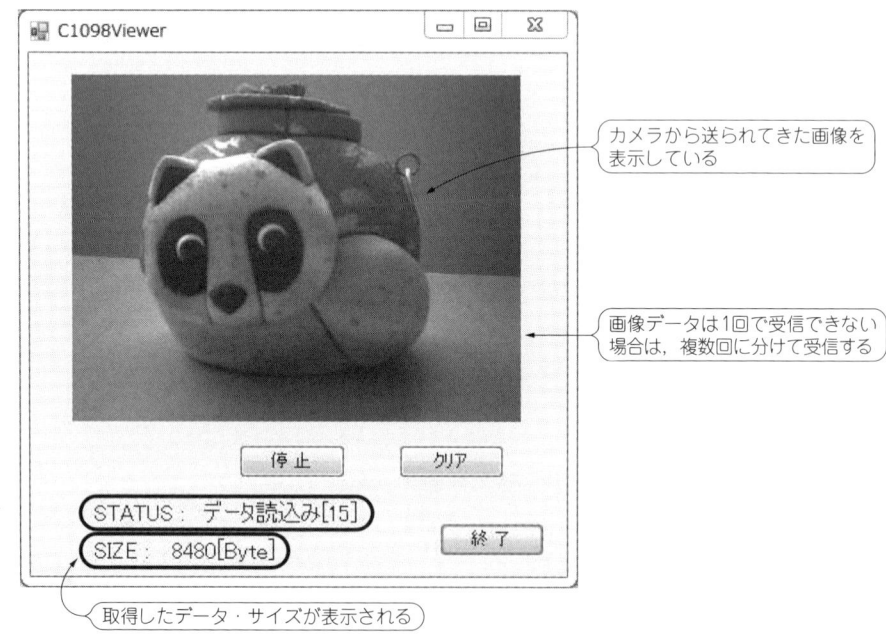

図 6-23
C1098 が取得した画像をPC で表示

mbed のキャラクタ LCD でデータが正常に送信されていることを確認し，C1098 Viewer の［受信］ボタンを押してデータを受信する．しばらくすると，図のようにカメラで撮影した画像がC1098Viewer に表示される．データを受信するまでは，C1098Viewer は処理を受け付けない．

カメラから送られてきた画像を表示している

画像データは1回で受信できない場合は，複数回に分けて受信する

取得したデータ・サイズが表示される

合は，一時的にそれらのソフトウェアを無効にする必要があるかもしれません．

　mbed がデータを送信していることが確認できたら，C1098Viewer の［受信］ボタンを押してデータの受信を開始します．しばらくすると図 6-23 のように，STATUS ラベルに画像データを受信している回数が表示されます．画像データのサイズが大きく一度にすべての画像データを受信できないため，何度かに分けて受信しています．正常にすべてのデータを受信するとカメラで取得した画像が C1098Viewer に表示されます．

　C1098Viewer がデータの受信を完了し，描画の更新処理が終了すると STATUS に［描画完了］と表示さ

れて画像が更新されます．また，SIZE には取得した画像の大きさが表示されます．

　JPEG カメラで取得した画像データを無線 LAN 経由で送信し，パソコンでその画像を受信し表示しました．最初からすべて自分でプログラムを作成すると，かなり時間がかかると思いますが，mbed のライブラリを活用することで動くプログラムを素早く作ることができました．

　このプログラムを応用すれば，マイコン・カーにカメラと XBee を搭載し走行中の画像を表示しながら，マイコン・カーを制御するようなことができると思います．ただし，XBee は全二重通信ができないので，その場合はカメラのデータ送信用とマイコン・カー制御用の 2 個の XBee を使う必要があります．ほかにも，留守中の自宅の防犯カメラなどにも活用できるかもしれません．ネットワークとカメラを連携すると興味深くかつ実用的なものが作れそうですね．

--- * ---

　第 1 章では mbed の基本的な使い方を，そして第 2 章では mbed のライブラリの使い方を紹介しました．また，第 3 章では Socket 通信のプログラムを作成し，mbed と C# で作成したプログラム（UDP や TCP）で通信するプログラムを作成しました．

　第 4 章から第 6 章ではネットワークを使った応用事例を三つ紹介しました．皆さん何か興味が湧くような事例はあったでしょうか？　本書で紹介した事例はありきたりなものかもしれませんが，ネットワークを使って何か作りたいと思ったときに役立つ Tips が詰まっていると思います．

　mbed は思いついたアイデアを形にするのに最適なマイコンです．また，ネットワークとの親和性も高く，ライブラリを活用することで本来複雑な制御を必要とするプログラムも比較的簡単に作成できます．ネットワーク関連の分野は，幅広い知識が必要でかつ新しいサービスや技術がどんどん生まれているので，積極的に情報を収集する必要があり大変な労力を要します．しかし，逆にいうとホビー・ユーザでもアイデア次第で，新しい発想を活かせる場が残されていると思います．ぜひ，皆さんも（mbed ＋ ネットワーク）× アイデアで，「これは！」と思うような面白いものを製作してみてくださいね．

Appendix　ライブラリ

TextLCD ライブラリ	HD44780 互換コントローラ用の TextLCD ライブラリ

　キャラクタ LCD を使用するためのライブラリ．このライブラリを使用するにはキャラクタ LCD のコントローラに，HD44780 もしくはその互換コントローラを使用している必要がある．データの送信には 4 ビット・インターフェースを使用していて，16×2，20×2，20×4 の 3 タイプの LCD に対応している．表示できる文字は英数字やカタカナ，記号などで，漢字などの複雑な文字は表示することができない．

ヘッダ・ファイル `#include "TextLCD.h"`	import が必要なライブラリ ▶TextLCD http://mbed.org/components/HD44780-Text-LCD/

コンストラクタ
```
TextLCD (PinName rs, PinName e, PinName d4, PinName d5, PinName d6, PinName d7, LCDType
type=LCD16x2)
PinName rs, e, d4, d5, d6, d7:DigitalOut
type: LCD16x2(Default), LCD16x2B, LCD20x2, LCD20x4
```
【使用例】StarBoardOrange で `TextLCD` を使用する場合のオブジェクト変数の宣言
```
TextLCD lcd(p24, p26, p27, p28, p29, p30);
```

メンバ関数
- ▶ 画面と表示位置の初期化
    ```
    void cls( )
    ```
    LCD の表示をすべて消去し，カーソルを左上(0, 0)の位置に移動する．

- ▶ 表示位置の指定
    ```
    void locate (int column, int row)
    ```
    (column : 列位置の指定 左側(0)から始まる)
    (row   : 行位置の指定 上段(0)から始まる)

- ▶ LCD に引数で指定した文字を表示する
    ```
    int putc ( int c )
    ```
    (c : 表示する文字の指定)

【使用例】
　TextLCD クラスを `lcd` で変数宣言した場合．
```
lcd.put( 'A' ) ;　文字で指定
lcd.put( 0x41 ); 16 進数の文字コードで指定
```

- ▶ LCD に整形された文字列を表示する
    ```
    int printf(const char *format,...)
    ```
【使用例】
　TextLCD クラスを `lcd` で変数宣言した場合
```
lcd.printf("Hello mbed !");
```
　LCD に[Hello mbed !]と表示される

Ethernet 用 mbed IP ライブラリ	Ethernet で IP を使うためのライブラリ

　IP ネットワークを使ったプログラムを作成する際に，最初にこのライブラリでネットワーク・インターフェースを利用できる状態にする．mbed には DHCP を使った動的 IP アドレスや，固定 IP アドレスを割り当てることができる．ただし，IP ネットワークを利用するためには，イーサネット PHY 用の IC を搭載している mbed(NXP LPC1768 など)を使用しなければならない．ネットワーク・ライブラリには，以前使われていた古いライブラリをベースにして作成されたプログラムやライブラリもあるので，新しいライブラリで開発されたものを利用する．

ヘッダ・ファイル `#include "EthernetInterface.h"`	import が必要なライブラリ ▶ EthernetInterface http://mbed.org/handbook/Ethernet-Interface ▶ mbed-rtos http://mbed.org/users/mbed_official/code/mbed-rtos/

メンバ関数
- ▶ DHCP を使用してネットワーク・インターフェースを初期化する
  `init()`

- ▶ 固定 IP を使用してネットワーク・インターフェースを初期化する
  `init(const char *ip, const char *mask, const char *gateway)`
  (ip   ：mbed に割り当てる固定 IP アドレス)
  (mask   ：ネット・マスク)
  (gateway ：ゲートウェイ)

【使用例】
- ▶ EthernetInterface クラスを eth で変数宣言し，IP アドレスを 192.168.0.10，ネットマスクを 255.255.255.0，ゲートウェイを 192.168.0.1 に設定する．
  `eth.init( "192.168.0.10", "255.255.255.0", "192.168.0.1" );`

- ▶ ネットワーク・インターフェースを利用可能(リンク・アップ)にし，必要なら DHCP を起動する．timeout_ms(タイムアウト)のデフォルトは 15sec
  `int connect( unsigned int timeout_ms = 15000 )`

- ▶ ネットワーク・インターフェースの利用を不可(リンク・ダウン)にする
  `int disconnect( )`

- ▶ mbed に設定されているゲートウェイ・アドレスを取得する
  `char* getGateway( )`

- ▶ mbed が使用している IPAddress を取得する
  `char* getIPAddress( )`

- ▶ mbed の MAC アドレスを取得する
  `char* getMACAddress( )`

- ▶ mbed に設定されているネットワーク・マスクを取得する
  `char* getNetworkMask( )`

NTPClient ライブラリ	NTP サーバに接続し，mbed の RTC と同期する(mbed の時刻をセットする)

NTP サーバからネットワーク経由で取得した時刻を mbed に設定するためのライブラリで，mbed の RTC(Real Time Clock)と NTP サーバの時刻を同期する．ただし，取得した時刻は UTC(協定世界時)なので，日本時間で使用する場合は JST(日本標準時)に補正する必要がある．補正は取得した時刻に 32400 秒(9 時間)を加える．

ヘッダ・ファイル
`#include "EthernetInterface.h"`
`#include "NTPClient.h"`
	import が必要なライブラリ
	▶ NTPClient
	http://mbed.org/users/donatien/code/NTPClient/
	▶ EthernetInterface
	http://mbed.org/handbook/Ethernet-Interface
	▶ mbed-rtos
	http://mbed.org/users/mbed_official/code/mbed-rtos/

コンストラクタ
  `NTPClient()`

メンバ関数
- ▶ NTP サーバと mbed の RTC と時刻を同期する
  `NTPResult setTime(const char* host, uint16_t port = NTP_DEFAULT_PORT, uint32_t timeout = NTP_DEFAULT_TIMEOUT);`

```
host    ：NTP サーバの IP アドレスかホスト名
port    ：NTP ポート(指定がない場合はデフォルトの NTP ポートを使用 123)
timeout ：タイムアウト時間[ms](指定がない場合はデフォルトのタイムアウトを使用 4000)
```
(*) setTime で時刻の同期処理を行うと，処理が完了するまでほかの処理はブロックされる．

【使用例】
　　NTPClient クラスを ntp で変数宣言し，ntp サーバと時刻同期する場合
```
    ntp.setTime("ntp.nict.jp");
```

〈NTPResult〉
```
    NTP_DNS     ：DNS が引けない
    NTP_PRTCL   ：プロトコル・エラー
    NTP_TIMEOUT ：接続タイムアウト
    NTP_CONN    ：接続エラー
    NTP_OK=0    ：成功
```

SMTP クライアント・ライブラリ
メール・サーバに接続しメールを送信する．ただし，SSL/TSL はサポートしていない

　シンプルなメール・クライアント・ライブラリで，mbed をメール・サーバに接続しメールを送信することができる．ただし，最近はセキュリティ対策のため，外部に公開されている Gmail や Hotmail などのメール・サーバに接続するには，サーバとクライアント間の通信を暗号化する SSL/TLS の機能が使用される．しかし，このライブラリは SSL/TLS に対応していないので，本書では mbed からのメールをいったん PC で動作するメール・サーバ・ソフトに送信し，PC メール・サーバの SSL/TLS の機能を使って外部のメール・サーバにメールを送信している．

ヘッダ・ファイル	import が必要なライブラリ
`#include "EthernetInterface.h"` `#include "SimpleSMTPClient.h"`	▶SimpleSMTPClient http://mbed.org/users/sunifu/code/SimpleSMTPClient/ ▶EthernetInterface http://mbed.org/handbook/Ethernet-Interface ▶mbed-rtos http://mbed.org/users/mbed_official/code/mbed-rtos/

コンストラクタ
```
    SimpleSMTPClient();
```

メンバ関数
▶メール・サーバに接続し，メールを送信する
```
    int sendmail (char *host, char *user, char *pwd,char *domain,char *port,SMTPAuth auth);
```
```
    host             ：接続先のメール・サーバ
    user             ：メールを送信するユーザ
    pwd              ：メール・サーバに接続する際のパスワード
    domain           ：ドメインの指定
    port             ：メールのポート
    SMTPAuth         ：認証
    SMTP_AUTH_NONE   ：認証なし
    SMTP_AUTH_PLAIN  ：認証用の文字列(ユーザ名パスワード)を base64 で符号化したもの
    SMTP_AUTH_LOGIN  ：LOGIN 認証
```

▶送信するメッセージの件名と本文をセットする
```
    int setMessage(char *sub,char *msg);
```
```
    sub：メールの件名をセットする
    msg：メールの本文の内容をセットする
```

▶メール本文の最後にメッセージを追加する
```
    int addMessage(char *msg);
```

▶送信者のメール・アドレスをセットする
```
    int setFromAddress(char *from);
```

▶メールの宛先アドレスをセットする
```
    int setToAddress(char *to);
```

▶ メッセージの内容をすべて削除する
　　`void clearMessage(void);`

▶ メッセージの長さを調べる
　　`int msgLength(void);`

【SMTP クライアント・ライブラリの使用例】
メールを送信する前に以下の情報を設定し，その後で `sendmail` 関数を使ってメールを送信する．
　▶ メールの送信者
　▶ メールの宛先
　▶ メールの件名および本文

```
// SimpleSMTPClient クラスの変数宣言
SimpleSMTPClient smtp;

// メールの送信者をセットする
smtp.setFromAddress("from_addr@aaa.bbb");

// メールの宛先をセットする
smtp.setToAddress("to_addr@aaa.bbb");

// メールの件名と本文をセットする
smtp.setMessage("test mail","hello mbed!");

// メール本文の最後にメッセージを追加する
smtp.addMessage("TEST TEST TEST¥r¥n");

// メール・サーバに接続し，メールを送信する
ret = smtp.sendmail(SERVER, USER, PWD, DOMAIN,PORT,SMTP_AUTH_NONE);
```

TCPSocketServer ライブラリ	TCP サーバ用のプログラムを作成する

　TCP サーバ・プログラムを作成するためのライブラリ．TCP サーバ・プログラムは，クライアントからの接続要求を待ち，接続要求を正常に受け付けると，新しく通信用のセッションを作成し，その通信路を使ってデータの送受信を行う．接続が確立された後の通信用セッションは，`TCPSocketConnection` ライブラリの `send/receive` 関数を使ってデータの送受信を行う．

ヘッダ・ファイル `#include "EthernetInterface.h"`	**import が必要なライブラリ** ▶ EthernetInterface http://mbed.org/handbook/Ethernet-Interface ▶ mbed-rtos http://mbed.org/users/mbed_official/code/mbed-rtos/

コンストラクタ
　　`TCPSocketServer ()`

▶ TCPSocketServer のインスタンスにポート番号を割り付ける
　　`int bind (int port)`
　　（`int port`：接続ポート番号）

▶ クライアントからの接続要求待ちを開始する
　　`int listen (int backlog=1)`
　　（`int backlog`：接続待ち行列の数）

▶ クライアントからの接続要求を受け付ける
　　`listen` 関数の接続待ち行列から，接続要求を受け付け接続を確立する．接続が確立すると，新たに `accept` 関数の引数である `TCPSocketConnection` オブジェクトのソケットが作成され，そのソケットを使ってクライアントと通信を行う．
　　`int accept (TCPSocketConnection &connection)`

▶ ブロッキング・モードの設定(default ブロッキング・モード)
　　`void set_blocking (bool blocking, unsigned int timeout=1500)`

```
⎛blocking true ：ブロッキング・モード      ⎞
⎜         false：ノンブロッキング・モード   ⎟
⎝Timeout         ：1.5[秒] (Default)          ⎠
```
ブロッキング・モード：ソケットの処理が完了するまで，次の処理に進まない．
ノンブロッキング・モード：timeout で設定した時間が経過すると，ソケットの処理が完了していなくても次の処理が実行される．

▶ ソケットを閉じる
```
int close (bool shutdown=true)
```

TCPSocketConnectionライブラリ	TCP クライアントのプログラムを作成する

TCP を使ってデータを送受信するためのライブラリ．UDP に比べるとオーバヘッドは大きいが，信頼性の高いネットワーク・プログラムを比較的簡単に作成することができる．SMTP クライアント・ライブラリは，TCPSocketConnection ライブラリを使って作成されている．

ヘッダ・ファイル `#include "EthernetInterface.h"`	import が必要なライブラリ ▶ EthernetInterface http://mbed.org/handbook/Ethernet-Interface ▶ mbed-rtos http://mbed.org/users/mbed_official/code/mbed-rtos/

コンストラクタ
```
    TCPSocketConnection ( )
```

▶ TCP で接続要求し接続する
```
    int connect (const char *host, const int port)
```
```
⎛const char *host：接続先のホスト名もしくは IP アドレス⎞
⎝const int port  ：接続先のポート番号                   ⎠
```

▶ 接続が確立しているか確認する
```
    bool is_connected (void)
```
```
⎛返り値 true ：接続が確立している    ⎞
⎝      false：接続が確立していない   ⎠
```

▶ リモート・ホストにデータを送信する
```
    int send(char *data, int length)
```
```
⎛char *data ：送信するデータ              ⎞
⎝int length ：送信するデータ・サイズの指定⎠
```

▶ リモート・ホストにすべてのデータを送信する
```
    int send_all (char *data, int length)
```
```
⎛char *data ：送信するデータ                   ⎞
⎝int length ：1回に送信するデータ・サイズの指定⎠
```

▶ リモート・ホストからデータを受信する
```
    int receive (char *data, int length)
```
```
⎛char *data ：受信データを格納する配列     ⎞
⎝int length ：受信するデータ・サイズの指定 ⎠
```

▶ リモート・ホストからすべてのデータを受信する
```
    int receive_all (char *data, int length)
```
```
⎛char *data ：受信データを格納する配列          ⎞
⎝int length ：1回に受信するデータ・サイズの指定 ⎠
```

▶ ブロッキング・モードの設定(default ブロッキング・モード)
```
    void set_blocking (bool blocking, unsigned int timeout=1500)
```
```
⎛blocking true ：ブロッキング・モード      ⎞
⎜         false：ノンブロッキング・モード   ⎟
⎝timeout         ：1.5[秒] (Default)        ⎠
```

▶ソケットを閉じる
　　int close (bool shutdown=true)

▶プログラム内で使用している Socket の endpoint の IP アドレスが初期化される
　　void reset_address (void)
　endpoint（リモート・ホスト）の IP アドレスを初期化する．
　※リモート・ホスト自体の IP アドレスが初期化されるわけではない．

▶プログラム内で使用している Socket の endpoint の IP アドレスを設定する
　　int set_address (const char *host, const int port)
　endpoint（リモート・ホスト）の IP アドレスを設定する．
　※リモート・ホストの IP アドレスが実際に設定した IP アドレスに変更されるわけではない．

▶endpoint（リモート・ホスト）の IP アドレスを取得する
　　char *get_address (void)

▶endpoint（リモート・ホスト）のポート番号を取得する
　　int get_port (void)

UDPSocket ライブラリ	**UDP を使ったプログラムを作成する**

　UDP 通信を使ったプログラム作成する際に使用するライブラリ．データが通信途中で紛失したり，データの届く順番が違ったりしてもプログラム側で対応する必要があるが，オーバヘッドが小さいため効率良くデータを送受信するプログラムを作成できる．また，UDP の特徴のひとつである，すべての通信相手に一斉にデータを送信する Broadcast 通信や複数の通信相手に一斉にデータを送信する Multicast 通信のプログラムも作成することができる．

ヘッダ・ファイル	import が必要なライブラリ
#include "EthernetInterface.h"	▶EthernetInterface http://mbed.org/handbook/Ethernet-Interface ▶mbed-rtos http://mbed.org/users/mbed_official/code/mbed-rtos/

コンストラクタ
　　UDPSocket ()

▶UDPSocket に適当なポートを割り当てる
　　int init (void)

▶UDPSocket に指定したポートを割り当てる
　　int bind (int port)
　（int port：ソケットのポート番号）

▶マルチキャストのアドレスをセットする
　　int join_multicast_group (const char *address)
　（const char *address：マルチキャスト・アドレス）
　利用方法については mbed 公式ページ内のソース・ファイル参照
　　http://mbed.org/handbook/Socket

▶ブロードキャスティング・モードの設定
　　int set_broadcasting (bool broadcast=true)
　利用方法については mbed 公式ページ内のソース・ファイル参照

▶リモート Endpoint オブジェクトに設定した宛先にパケットを送信する
　　int sendTo (Endpoint &remote, char *packet, int length)
　（Endpoint &remote：宛先の Endpoint オブジェクト
　　char *packet　　　：送信データ
　　int length　　　　：送信データ長）

▶ リモート Endpoint オブジェクトに設定した送信先からパケットを受信する
　　int receiveFrom (Endpoint &remote, char *buffer, int length)
　　⎛Endpoint &remote：送信元の Endpoint オブジェクト⎞
　　⎜char*buffer　　　：受信データを格納する配列　　　　⎟
　　⎝int length　　　 ：受信データ長　　　　　　　　　　⎠

▶ ブロッキング・モードの設定(default ブロッキング・モード)
　　void set_blocking (bool blocking, unsigned int timeout=1500)
　　⎛blocking true ：ブロッキング・モード　　　　⎞
　　⎜　　　　 false：ノンブロッキング・モード　　⎟
　　⎝timeout　　　　：1.5[秒](Default)　　　　　 ⎠

▶ ソケットを閉じる
　　int close (bool shutdown=true)

Endpoint ライブラリ

Endpoint クラスはソケット通信のソケット部分にあたり，IP アドレスとポート番号の情報をセットにして保持する．

IP アドレスと Port 番号をペアにしたオブジェクトを作成し，UDP パケットを送受信する際にデータを送信する宛先やデータの送信元のソケットの端点を，Endpoint オブジェクトを使って指定する．

コンストラクタ
　　Endpoint (void);

▶ Endpoint の IP アドレスをリセットする
　　void reset_address (void)

▶ Endpoint に指定した IP アドレスとポートを設定する
　　int set_address (const char *host, const int port)

▶ Endpoint の IP アドレスを取得する
　　char *get_address (void)

▶ Endpoint のポート番号を取得する
　　int get_port (void)

HTTP クライアント・ライブラリ

Http サーバからコンテンツを取得する

Web サーバのコンテンツにアクセスし，コンテンツを取得するライブラリ．本書では，Web サーバにアクセスして天候に関する XML データを取得している．コンテンツの取得には get/post メソッドなどが利用できる．

ヘッダ・ファイル #include "EthernetInterface.h" #include "HTTPClient.h"	**import が必要なライブラリ** ▶EthernetInterface http://mbed.org/handbook/Ethernet-Interface ▶mbed-rtos http://mbed.org/users/mbed_official/code/mbed-rtos/ ▶HTTPClient http://mbed.org/users/donatien/code/HTTPClient/

コンストラクタ
　　HTTPClient();

▶ get 関数でコンテンツを取得する処理が完了するまで，ほかの処理はブロックされる
　　HTTPResult get(const char* url, char* result, size_t maxResultLen, int timeout = HTTP_CLIENT_DEFAULT_TIMEOUT);
　　⎛const char* url　　　：URL　　　　　　　　　　　　　　　　　　　 ⎞
　　⎜char* result　　　　 ：URL から get メソッドで取得した情報　　　⎟
　　⎜size_t maxResultLen：get メソッドで取得可能な最大サイズ　　　　⎟
　　⎝int timeout　　　　　：タイムアウトまでの時間　　　　　　　　　 ⎠

▶ post 関数の処理が完了するまでほかの処理はブロックされる
```
HTTPResult post(const char* url, const IHTTPDataOut& dataOut, IHTTPDataIn* pDataIn,
    int timeout = HTTP_CLIENT_DEFAULT_TIMEOUT);
```
　　const char*　　　　　：URL
　　const IHTTPDataOut&：HTTPMap オブジェクトで POST する Key/Value の値をセットする
　　IHTTPDataIn*　　　　：post メソッドで取得した情報を HTTPText オブジェクトに取得する
　　int timeout　　　　　：タイムアウトまでの時間

〈HTTPResult〉
```
HTTP_PROCESSING ：処理中
HTTP_PARSE      ：URL 文法エラー
HTTP_DNS        ：DNS が引けない
HTTP_PRTCL      ：プロトコル・エラー
HTTP_NOTFOUND   ：HTTP 404 エラー
HTTP_REFUSED    ：HTTP 403 エラー
HTTP_ERROR      ：HTTP エラー
HTTP_TIMEOUT    ：接続タイムアウト
HTTP_CONN       ：接続エラー
HTTP_CLOSED     ：リモート・ホストで接続が閉じられた
HTTP_OK = 0     ：成功
```

▶ 最後に取得した Result コード
```
int getHTTPResponseCode( );
```

XMLParser ライブラリ	XML データの構文を解析する

　mbed で XML データを利用するためのライブラリ．このライブラリを使用することで，XML データから必要なデータを抽出し，プログラム内で抽出したデータを利用することができる．XML パーサ・ライブラリは，本書で使用した spxml ライブラリ以外にもいくつかのライブラリが公開されている．

ヘッダ・ファイル	import が必要なライブラリ

`#include "spdomparser.hpp"`
`#include "spxmlnode.hpp"`
`#include "spxmlhandle.hpp"`
	▶spxml ライブラリ
	`http://mbed.org/users/hlipka/code/spxml/`

〈SP_XmlDomParser クラス〉
　　SP_XmlDomParser クラスの詳細
　　http://mbed.org/users/hlipka/code/spxml/file/3fa97f2c0505/spdomparser.hpp

コンストラクタ
　　SP_XmlDomParser()

▶ SP_XmlDomParser オブジェクトに XML データを追加する
```
int append( const char * source, int len );
```
　　source：Xml データを格納する文字型配列の先頭アドレス
　　len　　：Xml データのサイズ
　　返り値 ：buf サイズ

【使用例】
```
SP_XmlDomParser xmlData;
retXml = xmlData.append( buf, strlen(buf));
```
　　※ buf の中には XML データが格納されている

▶ SP_XmlDocument オブジェクトの取得
```
const SP_XmlDocument *getDocument();
```
　　（返り値：SP_XmlDocument）

▶ エラー・メッセージの取得
```
const char *getError();
```
　　返り値
　　NULL：エラーなし
　　Not NULL：エラー・メッセージ

〈SP_XmlDocument クラス〉
SP_XmlDocument クラスの詳細
http://mbed.org/users/hlipka/code/spxml/file/3fa97f2c0505/spxmlnode.hpp

コンストラクタ
SP_XmlDocument();

▶ トップ・レベルの要素を取得する
SP_XmlElementNode * getRootElement() const;

【使用例】
トップ・レベルの要素のハンドルを取得する．
SP_XmlHandle rootHandle(xmlData.getDocument()->getRootElement());

〈SP_XmlHandle クラス〉
SP_XmlHandle クラスの詳細
http://mbed.org/users/hlipka/code/spxml/file/3fa97f2c0505/spxmlhandle.hpp

コンストラクタ
SP_XmlHandle()
SP_XmlHandle(SP_XmlNode * node);
SP_XmlHandle(const SP_XmlHandle & ref);
SP_XmlHandle & operator=(const SP_XmlHandle & ref);

▶ 子の要素ハンドルを取得する
SP_XmlHandle getChild(const char * name, int index = 0) const;
$\begin{pmatrix} \text{name ：子の要素} \\ \text{index：同じ要素が複数あった場合に指定する} \end{pmatrix}$

▶ Xml データの要素を取得する（要素の属性値を取得）
SP_XmlElementNode * toElement()

▶ Xml データの要素を取得する（要素のコンテンツを取得）
SP_XmlCDataNode * toCData();

〈SP_XmlElementNode クラス〉
SP_XmlElementNode クラスの詳細
http://mbed.org/users/hlipka/code/spxml/file/3fa97f2c0505/spxmlnode.hpp

コンストラクタ
SP_XmlElementNode();
SP_XmlElementNode(SP_XmlStartTagEvent * event);

▶ 属性値の取得
const char * getAttrValue(const char * name) const;
$\begin{pmatrix} \text{name ：属性名} \\ \text{返り値：取得した情報} \end{pmatrix}$

【使用例】
要素の属性値を取得する．
以下のような XML データを append 関数で取得した場合
```
// <rss>
//   <channel>
//     <yweather:location city="Kanazawa-shi">
//   </channel>
// </rss>
```

168　Appendix　ライブラリ

```
// トップ・レベル要素のハンドルを取得
SP_XmlHandle rootHandle( xmlData.getDocument()->getRootElement() );

// <yweather:location> 要素の取得
SP_XmlElementNode * location = rootHandle.getChild( "channel" ).getChild( "yweather:location" ).toElement();

// <yweather:location city="Kanazawa-shi"> の属性値 city を取得し表示する
printf("Location:%s",location->getAttrValue("city"));
```

【使用例】以下のように同じ要素が複数ある場合
```
<yweather:forecast day="Thu" date="14 Nov 2013" low="9" high="13" text="Mostly Cloudy" code="28" />
<yweather:forecast day="Fri" date="15 Nov 2013" low="6" high="14" text="Rain" code="12" />

SP_XmlElementNode * forecast;
// 最初の <yweather:forecast> 要素にアクセスする
// <yweather:forecast>要素は複数あるので，getChiledメソッドで何番目の要素にアクセスするか番号で指
// 定する
// 最初の要素は "0"  getChild( "yweather:forecast",0)
forecast = rootHandle.getChild( "channel" ).getChild( "yweather:forecast",0).toElement();

// <yweather:forecast> の属性値を取得して表示する
printf("Date:%s(%s)",forecast->getAttrValue("date"),forecast->getAttrValue("day"));

// 2番目の <yweather:forecast> 要素にアクセスする
forecast = rootHandle.getChild( "channel" ).getChild( "yweather:forecast",1).toElement();
// <yweather:forecast> の属性値を取得する
printf("Date:%s(%s)",forecast->getAttrValue("date"),forecast->getAttrValue("day"));
```

〈SP_XmlCDataNode クラス〉
SP_XmlCDataNode class の情報
http://mbed.org/users/hlipka/code/spxml/file/3fa97f2c0505/spxmlnode.hpp

コンストラクタ
```
SP_XmlCDataNode();
SP_XmlCDataNode( SP_XmlCDataEvent * event );
```

▶ 要素のコンテンツを取得する
```
const char * getText() const;
```

【使用例】
XML データの要素からコンテンツを取得する．
変数 buf 内に以下のような XML データが格納されている場合．
```
<channel>
    <title>Yahoo! Weather - Kanazawa-shi, JP</title>
</channel>
```

このとき，<title> 要素のコンテンツである[Yahoo! Weather - Kanazawa-shi, JP]を取得する場合．

SP_XmlHandle クラスのコンストラクタで，トップ・レベル要素のハンドラ・オブジェクトを生成する．
```
SP_XmlHandle rootHandle( xmlData.getDocument()->getRootElement() );
```

トップ・レベル要素(channel)の子要素である title 要素の SP_XmlCDataNode オブジェクトを作成し，getText() でコンテンツを取得して，printf で表示している．
```
SP_XmlCDataNode * title = rootHandle.getChild("title").getChild(0).toCData();
printf("%s",title->getText());
```
表示結果を確認すると，以下のように <title> 要素のコンテンツが表示される．
Yahoo! Weather - Kanazawa-shi, JP

Nokia製カラー・グラフィックLCD | Nokia6100, 6610 ライブラリ

　Nokia製カラー・グラフィックLCD(Nokia6100,6610)をmbedで利用するためのライブラリ．本書ではこのライブラリに，Nokia3300の設定と日本語フォントを扱えるようにしたNokiaLCD_With_JapaneseFontライブラリを使用している．ただし，日本語については正しく表示されない文字もある．mbedのコンパイラは日本語に対応していないため，本書では日本語については利用していない．

ヘッダ・ファイル `#include "NokiaLCD.h"`	importが必要なライブラリ ▶NokiaLCD http://mbed.org/cookbook/Nokia-LCD ▶NokiaLCD_With_JapaneseFontライブラリ http://mbed.org/users/nucho/code/NokiaLCD_With_JapaneseFont ※どちらか一方のライブラリをimportする．

コンストラクタ
```
NokiaLCD ( PinName mosi,PinName sclk,PinName cs,PinName rst,LCDType type = LCD6100 )
```
$\begin{pmatrix} \text{mosi : SPI Mosi} \\ \text{sclk : SPI Clock} \\ \text{cs　 : Digital Out} \\ \text{rst　 : Digital Out} \\ \text{LCDType　LCD6100} \\ \text{　　　　　LCD6610} \\ \text{　　　　　LCD3300(NokiaLCD_with_JapaneseFontライブラリ使用時のみ認定可)} \\ \text{　　　　　PCF8833(NokiaLCD_with_JapaneseFontライブラリ使用時のみ認定可)} \end{pmatrix}$

▶バック・グラウンド・カラーの設定
```
void background (int c)
```
(int c：24ビット・カラー)

▶画面と表示位置の初期化(0,0)
```
void cls ( )
```

▶塗りつぶし．左上(x,y)から幅width，高さheightをカラーcolourで塗りつぶす
```
void fill ( int x, int y, int width, int height, int colour )
```

▶フォア・グラウンド・カラーの設定
```
void foreground (int c)
```
(int c：24ビット・カラー)

▶表示位置の指定
```
void locate (int column, int row)
```
$\begin{pmatrix} \text{int column：行の指定} \\ \text{int row　　：列の指定} \end{pmatrix}$

▶画面の指定位置に1ドット表示する
```
void pixel (int x, int y, int colour)
```
$\begin{pmatrix} \text{int x　　 ：x座標} \\ \text{int y　　 ：y座標} \\ \text{int colour：色の指定} \end{pmatrix}$

▶引数で指定した文字を表示する
```
int putc ( int c )
```
$\begin{pmatrix} \text{int c　　　：表示するキャラクタ・コード} \\ \text{put('A')　；文字を指定} \\ \text{put(0x41)；16進数で文字コードを指定} \end{pmatrix}$

▶整形された文字列を表示する
```
int printf(const char *format,...)
```

▶[Hello mbed !]の文字列を表示する
```
printf("Hello mbed !");
```

C1098 カメラ・ライブラリ | サイレントシステム社の C1098-SS(Jpeg カメラ) を利用するライブラリ

　サイレントシステム社の C1098-SS(Jpeg カメラ)を制御するためのライブラリ．mbed とカメラは UART を使って接続する．カメラの初期設定では通信速度が 14400bps，画像サイズが 320×240 に設定されている．カメラの動作が不安定になったときは，いったんカメラの電源を OFF にしてカメラを再起動する．

ヘッダ・ファイル `#include "CameraC1098.h"`	**import が必要なライブラリ** ▶ CameraC1098 ライブラリ http://mbed.org/users/sunifu/code/CameraC1098/

コンストラクタ
```
CameraC1098(PinName tx, PinName rx, int baud = 14400);
```
$\begin{pmatrix} \text{tx} & : \text{Serial 送信} \\ \text{rx} & : \text{Serial 受信} \\ \text{baud} : 通信速度(\text{default 14400bps}) \end{pmatrix}$

▶ カメラの初期化
```
ErrorNumber init(Baud baud, JpegResolution jr);
```

▶ カメラの Serial 通信速度の設定
$\begin{pmatrix} \text{Baud baud :} \\ \text{Baud460800} : 460\text{kbps} \\ \text{Baud230400} : 230\text{kbps} \\ \text{Baud115200} : 115\text{kbps} \\ \text{Baud57600} \ \ : 57.6\text{kbps} \\ \text{Baud28800} \ \ : 28.8\text{kbps} \\ \text{Baud14400} \ \ : 14.4\text{kbps}(デフォルト) \end{pmatrix}$

▶ 取得画像の解像度
$\begin{pmatrix} \text{JpegResolution jr :} \\ \text{JpegResolution80x64} \ \ \ : 80\times64(非公式) \\ \text{JpegResolution160x128} \ : 160\times128(非公式) \\ \text{JpegResolution320x240} : 320\times240(\text{QVGA}) \\ \text{JpegResolution640x480} : 640\times480(\text{VGA}) \end{pmatrix}$

　返り値：`CameraC1098::ErrorNumber`
　`ErrorNumber`
　`NoError`：エラーなし
　`UnexpectedReply`：予期しない値
　`ParameterError`：パラメータ・エラー
　`SendRegisterTimeout = 0x0c,`
　`CommandIdError`：コマンド ID エラー
　`CommandHeaderError`：コマンド・ヘッダ・エラー
　`SetTransferPackageSizeWrong`：送信するパッケージ・サイズが不正である

▶ mbed の Serial 通信速度の設定
```
void setmbedBaud(Baud baud);
```
(`Baud`：mbed 側の通信速度)

▶ カメラ-mbed 同期用関数
```
ErrorNumber sync()
```
(返り値：`CameraC1098::ErrorNumber`)

▶ Jpeg カメラ画像取得関数
```
ErrorNumber getJpegSnapshotPicture(jpeg_callback_func)
```
$\begin{pmatrix} \text{引数} \ \ \ : \text{Jpeg 画像 Callback 関数} \\ 返り値：\text{CameraC1098::ErrorNumber} \end{pmatrix}$

【使用例】
▶ CameraC1098 クラスのオブジェクトを変数名 camera で作成
```
CameraC1098 camera(p9, p10);
```
▶ JPEG カメラを通信速度 115200bps，画像サイズ 320×240 で初期化
```
ErrorNumber camera.init(CameraC1098::Baud115200, CameraC1098::JpegResolution320x240)
```

索 引

【記号】
//	32
+++	142, 144
_putp	123

【A】
accept	61
AnalogIn	93, 97
ARM プロセッサ	9
ATWR	143
AT コマンド	142, 144

【B】
bind	61

【C】
C1098-SS	134
C1098Viewer	152, 154
Callback 関数	151
CameraC1098	171
Camera-XBeeWifi	149
Class Reference	31, 33
COM ポート	139
Cookbook	30

【D】
DHCP	145
DHCP サーバ	60

【E】
ECM	93
Endpoint	166
EthernetInterface	36, 161
EthernetNetIf	36

【F】
fill 関数	125
FT232RL	137

【G】
Geo Location	110

【H】
HD44780	30
HTML	111
httpClient	117
HTTPClient	113, 166
HumanDetection	22

【I】
InformEmail	39, 42
init	60
IPAddress コントロール	66, 84
IP_Phone	103
IP アドレス	53

【J】
JPEG カメラ	133
JST	41
JTAG	23

【L】
listen	61
LM358	98

【M】
MaxLength	70
mbed 2.0	13
mbed HDK	13
MBED.HTM	12
mbed-rtos	37
mbed SDK	13
mbed の外観と主な仕様	10
mbed の特徴	11
mbed のピン配置と機能	12
Mercury	45
MP モーション・センサ	18
MSDN ライブラリ	157

【N】
NAT	54
Nokia3300LCD	120
Nokia6100LCD	121
NokiaLCD	123, 170

NokiaLCD_With_JapaneseFont ─── 122, 170
NTPClient ─── 37, 161
ntp.nict.jp ─── 38, 40, 131, 162
NXP LPC11U24 ─── 11
NXP LPC1768 ─── 11

【P】
PictureBox ─── 157
ping ─── 146
p-p ─── 93
printf デバッグ ─── 23
PrintIcon 関数 ─── 125
Program Workspace ─── 21, 27, 33

【R】
RTC ─── 38

【S】
setTime ─── 38
SimpleSMTPClient ─── 37, 51, 162
SMTP ─── 34, 41, 51
SPI 通信 ─── 120
spxml ─── 117
SP_XmlCDataNode ─── 169
SP_XmlDocument ─── 168
SP_XmlDomParser ─── 114, 167
SP_XmlElementNode ─── 114
SP_XmlHandle ─── 114, 168
SPXmlWeather ─── 115
spxml_WeatherLCD ─── 129
spxml ライブラリ ─── 114, 167
SSID ─── 143

SSL/TLS ─── 45
StarBoardOrange ─── 16, 18
STARTTLS ─── 45

【T】
TCP ─── 55
TCPMessageBoard ─── 59
TCPSendMessage ─── 71, 72, 75
TCPSocketConnection ─── 164
TCPSocketServer ─── 61, 163
Tera Term ─── 24
TextLCD ─── 30, 160
Thread ─── 81
timer 関数 ─── 153, 155, 157

【U】
UART ─── 135, 151
UDP ─── 56
UDPJoystick ─── 80
UDPJoystickMonitor ─── 83, 84, 89
UDPSocket ─── 165
USB - シリアル変換 IC ─── 137
USB ストレージ ─── 8
Using ディレクティブ ─── 152
UTC ─── 38

【V】
VisualStudio ─── 61
VoiceRecorder ─── 101

【W】
WebAPI ─── 107
Well Known Port ─── 54

Windows セキュリティの重要な警告 ─── 157
Windows 用シリアル・ドライバ ─── 23
WOEID ─── 109
WOEID Lookup ─── 109

【X】
XAMPP ─── 46
XBee ─── 134
XBeeWifi ─── 135
XBee エクスプローラ USB ─── 136
X-CTU ─── 136
XML ─── 112
XMLParser ─── 114, 116, 131, 167

【Y】
Yahoo Weahter API ─── 109, 112

【あ・ア行】
アカウントの作成 ─── 12, 15
圧電スピーカ ─── 96
インポート ─── 29, 32
お天気アイコン ─── 127
お天気コード ─── 127
音声データ ─── 91, 100

【か・カ行】
改行コード ─── 24
画像表示システム ─── 133, 147
帰宅お知らせシステム ─── 34
キャラクタ LCD ─── 30, 33, 118
クラウド ─── 10
グラフィック LCD ─── 119

グローバル・アドレス — 53	テキスト・データ — 91	プライベート・アドレス — 53
コメント — 32	テキスト・ボックス — 70	プログラムの実行 — 25
コンテンツ — 113	デバッグ — 13	ベース・ボード — 16
	同期処理 — 99	ポート番号 — 54
		ボタン・コントロール — 72

【さ・サ行】

サブミッション・ポート — 43	【な・ナ行】	【ま・マ行】
サンプリング定理 — 99	日本語 — 32	迷惑メール対策 — 43, 44
時刻同期処理 — 38	入力インピーダンス — 96	
遮断周波数 — 95	ノイズ対策 — 106	【や・ヤ行】
出力インピーダンス — 96		要素 — 113
シリアル通信 — 138	【は・ハ行】	
新規プログラムの作成 — 21	バイアス回路 — 94	【ら・ラ行】
属性 — 113	バイナリ・ファイル — 24	ライブラリ — 28
	反転増幅回路 — 94	両電源 — 95
【た・タ行】	ビットマップ — 125, 130	ローパス・フィルタ回路 — 95
タグ — 111, 112	ビットマップ・ファイル — 127	ログイン — 14
単電源 — 95	人検知システム — 18	

著者略歴

飯田 忠夫（いいだ ただお）

　1993年から現職である石川工業高等専門学校で技術職員として勤務し，主にプログラミングや電気・電子系の学生実験や演習で教員をサポートし学生を指導している．また，CMSを活用した授業支援システムの構築をはじめ，サーバやネットワークの管理なども行っている．

　ほかにも，授業で使用する各種教材を開発したり，小中学生を対象に子供たちが科学やものづくりに興味を持ってもらえるように出前授業なども実施している．出前授業のために，筆者が開発した「フリフリ電子オルゴール」は，全国高等専門学校小中学生向理科技術教材開発コンテストで優秀賞を受賞した．著書には，「mbed/ARM活用事例」CQ出版（共著）がある．

◆ 参考・引用＊文献 ◆

第1章
(1) mbed 概略 http://mbed.org/explore/
(2) mbed 2.0 http://mbed.org/blog/entry/mbed-20/
(3) mbed SDK http://mbed.org/handbook/mbed-SDK
(4) mbed HDK http://mbed.org/handbook/mbed-HDK
(5)＊ mbed BaseBoards http://mbed.org/cookbook/Homepage#baseboards
(6) StarBoardOrange http://mbed.org/cookbook/StarBoard-Orange
(7) Tera Term http://ttssh2.sourceforge.jp
(8) NXP mbed ページ http://www.nxp-lpc.com/lpc%5Fboards/mbed/
(9) これから mbed をはじめる人向けリンク集 http://mbed.org/users/nxpfan/notebook/links_4_mbed_primer/
(10)＊ mbed LPC1768 仕様 http://mbed.org/platforms/mbed-LPC1768/
(11)＊ mbed LPC11U24 仕様 http://mbed.org/platforms/mbed-LPC11U24/
(12)＊ NaPiOn モーション・センサ仕様 http://www3.panasonic.biz/ac/j/control/sensor/human/napion/index.jsp

第2章
(1) YahooMail http://www.yahoo-help.jp/app/answers/detail/a_id/47648/p/565/related/1
(2) WLAE-AG300N http://buffalo.jp/products/catalog/network/wlae-ag300n/
(3) 日本標準時プロジェクト（公開NTP） http://www2.nict.go.jp/aeri/sts/tsp/PubNtp/index.html
(4) XAMPP https://www.apachefriends.org/jp/index.html
(5) SMTP コマンド・リファレンス http://www.puni.net/~mimori/smtp/ref.html
(6) TextLCD ライブラリ http://mbed.org/components/HD44780-Text-LCD/
(7) EthernetInterface ライブラリ・ドキュメント http://mbed.org/users/mbed_official/code/EthernetInterface/docs/a54ebf4f45be/classEthernetInterface.html
(8) mbed-rtos ライブラリ http://mbed.org/users/mbed_official/code/mbed-rtos/
(9) NTPClient ライブラリ・ドキュメント http://mbed.org/users/donatien/code/NTPClient/docs/881559865a93/classNTPClient.html
(10) SimpleSMTPClient ライブラリ http://mbed.org/users/sunifu/code/SimpleSMTPClient/

第3章
(1) mbed Socket API http://mbed.org/handbook/Socket/
(2) Visual Studio https://www.microsoft.com/ja-jp/dev/default.aspx
(3) Microsoft Developer Network http://msdn.microsoft.com/dn308572
(4) IPAddressControl ライブラリ https://code.google.com/p/ipaddresscontrollib/
(5) 2軸ジョイスティック http://www.robotsfx.com/robot/AS-JS.html

第4章
(1) ECM WM-61A http://industrial.panasonic.com/www-cgi/jvcr13pz.cgi?J+SS+2+ABA5022+0+4+JP
(2) LM358 データシート http://www.tij.co.jp/jp/lit/ds/symlink/lm2904-n.pdf

第5章
(1) Yahoo Weather API http://developer.yahoo.com/weather/
(2) WOEID https://developer.yahoo.com/geo/geoplanet/guide/concepts.html
(3)＊ HTML のサンプル http://ja.wikipedia.org/wiki/HTML
(4) NokiaLCD http://mbed.org/cookbook/Nokia-LCD/
(5) お天気アイコン http://www.dotvoid.com/weather-icons/
(6) NokiaLCD 日本語フォント対応ライブラリ http://mbed.org/users/nucho/code/NokiaLCD_With_JapaneseFont/
(7) NokiaLCD 日本語フォント・ライブラリ http://javatea.blog.abk.nu/&category?cat=mbed
(8) HttpClient ドキュメント http://mbed.org/users/donatien/code/HTTPClient/docs/tip/
(9) spxml ドキュメント http://mbed.org/users/hlipka/code/spxml/docs/tip/
(10) SD Card FileSystem ライブラリ https://mbed.org/cookbook/SD-Card-File-System

第6章
(1)＊ C1098-SS JPEG カメラ技術情報 http://www.silentsystem.jp/c1098.htm
(2) XBeeWifi RF Module ドキュメント 90002124_D.pdf (http://www.digi.com)
(3) XBee エクスプローラ USB http://www.switch-science.com/catalog/30/
(4) CameraC1098 ライブラリ http://mbed.org/users/sunifu/code/CameraC1098/

> 本書のサポート・ページ
>
> http://mycomputer.cqpub.co.jp/

- **●本書記載の社名，製品名について** ── 本書に記載されている社名および製品名は，一般に開発メーカーの登録商標または商標です．なお，本文中ではTM，®，© の各表示を明記していません．
- **●本書掲載記事の利用についてのご注意** ── 本書掲載記事は著作権法により保護され，また産業財産権が確立されている場合があります．したがって，記事として掲載された技術情報をもとに製品化をするには，著作権者および産業財産権者の許可が必要です．また，掲載された技術情報を利用することにより発生した損害などに関して，CQ出版社および著作権者ならびに産業財産権者は責任を負いかねますのでご了承ください．
- **●本書に関するご質問について** ── 文章，数式などの記述上の不明点についてのご質問は，必ず往復はがきか返信用封筒を同封した封書でお願いいたします．ご質問は著者に回送し直接回答していただきますので，多少時間がかかります．また，本書の記載範囲を越えるご質問には応じられませんので，ご了承ください．
- **●本書の複製等について** ── 本書のコピー，スキャン，デジタル化等の無断複製は著作権法上での例外を除き禁じられています．本書を代行業者等の第三者に依頼してスキャンやデジタル化することは，たとえ個人や家庭内の利用でも認められておりません．

JCOPY 〈(社)出版者著作権管理機構委託出版物〉
本書の全部または一部を無断で複写複製(コピー)することは，著作権法上での例外を除き，禁じられています．本書からの複製を希望される場合は，(社)出版者著作権管理機構(TEL：03-3513-6969)にご連絡ください．

ハイパー・マイコン mbed でインターネット電子工作

2014年7月15日 初版発行 　　　　　　　　　　　　　　　　© 飯田 忠夫 2014
　　　　　　　　　　　　　　　　　　　　　　　　　　　　　(無断転載を禁じます)

　　　　　　　　　　　　　　　　　　　　　著　者　　飯　田　忠　夫
　　　　　　　　　　　　　　　　　　　　　発行人　　寺　前　裕　司
　　　　　　　　　　　　　　　　　　　　　発行所　　CQ出版株式会社
　　　　　　　　　　　　　　　　　　〒170-8461　東京都豊島区巣鴨1-14-2
　　　　　　　　　　　　　　　　　　　　　電話　編集　03-5395-2124
乱丁・落丁本はお取り替えします　　　　　　　　　　販売　03-5395-2141
定価はカバーに表示してあります　　　　　　　　　振替　00100-7-10665

ISBN978-4-7898-1890-2　　　　　　　　　　　　　　　編集担当者　吉田 伸三
　　　　　　　　　　　　　　　　　　　　　　　　　　　DTP　西澤 賢一郎
　　　　　　　　　　　　　　　　　　　　　　　　　印刷・製本　三晃印刷株式会社
　　　　　　　　　　本文イラスト　神崎 真理子／カバー・表紙デザイン　千村 勝紀
　　　　　　　　　　　　　　　　　　　　　　　　　　　　　　Printed in Japan